污染场地可持续风险管控模式与政策体系

蒋洪强　张鸿宇　张 静　张清宇　黄 蕾　郑晓笛　著

中国环境出版集团・北京

图书在版编目（CIP）数据

污染场地可持续风险管控模式与政策体系 / 蒋洪强等著. -- 北京 : 中国环境出版集团, 2024. 10.
ISBN 978-7-5111-6034-8

Ⅰ. X5

中国国家版本馆CIP数据核字第20243AE364号

策划编辑 葛 莉
责任编辑 史雯雅
封面设计 岳 帅

出版发行 中国环境出版集团
（100062 北京市东城区广渠门内大街 16 号）
网 址：http://www.cesp.com.cn
电子邮箱：bjgl@cesp.com.cn
联系电话：010-67112765（编辑管理部）
发行热线：010-67125803，010-67113405（传真）
印 刷 北京中科印刷有限公司
经 销 各地新华书店
版 次 2024 年 10 月第 1 版
印 次 2024 年 10 月第 1 次印刷
开 本 787×1092 1/16
印 张 13.25
字 数 270 千字
定 价 68.00 元

中国环境出版集团郑重承诺：
中国环境出版集团合作的印刷单位、材料单位均具有中国环境标志产品认证。

前　言

污染场地可持续风险管控是指将经济、社会、环境因素纳入传统的污染场地风险管理，融入可持续发展理念，将风险控制在人体或环境可接受水平，采取的系列工程技术和管理措施的总和。可持续风险管控是进入21世纪以来，欧美等发达国家和地区在污染场地修复与管控领域推动的最主要措施，也是当前国际社会土壤环境管理的重要研究前沿和发展趋势。

自我国实施《中华人民共和国土壤污染防治法》和《土壤污染防治行动计划》（国发〔2016〕31号）以来，污染场地治理配套的法规、名录、标准、监测能力以及产业发展稳步推进，并取得积极进展。但我国污染场地管理还处于以行政管理为主、经济政策手段不完善的阶段，存在场地环境绩效评价缺乏、风险管控还未统筹考虑区域土壤环境安全和可持续发展等关键技术问题。当前我国污染场地治理修复加速推进，对污染场地可持续风险管控机制与政策体系开展理论、技术与应用示范研究，阐明场地可持续风险管控机制，探索可持续风险管控模式，建立环境绩效评价体系，对推动污染场地管理具有重要理论与实践意义，必将推进我国污染场地治理体系与治理能力现代化建设。

2020年，科技部设立国家重点研发计划——场地土壤污染成因与治理技术研究专项“污染场地风险管控机制与经济政策技术体系研究”（2020YFC1807500）。项目由生态环境部环境规划院牵头，蒋洪强研究员为负责人，浙江大学、南京大学、清华大学、生态环境部土壤与农业农村生态环境监管技术中心、中国科学院生态环境研究中心、南京工业大学、北京师范大学、安徽省环境科学研究院、北京市生态环境保护科学研究院等单位共同参与。项目以改善土壤环境质量、强化污染场地可持续风险管控为出发点，针对我国污染场地管理存在的绩效评价不完善、管控模式不科学、经济政策手段缺乏、再利用实践开展不广泛等关键问题，通过相关课题研究，最终建立我国污染场地可持续风险管控机制和经济政策技术体系，为全国建立制度化、程序化、规范化的污染场地可持续风险管控流程提供支撑。本书凝练了项目的主要成果，为推动我国污染场地治理体系与治理能力现代化提供了理论依据和研究基础。

全书共分为7章。第1章介绍了全球污染场地管理发展历程及我国污染场地管理面临的“瓶颈”和困难，引出研究的主要内容和技术路线。第2章梳理了场地修复、绿色可持续修复、风险管控、可持续风险管控等基本概念和理论，总结了美国、欧盟等发达国家和地区以及我国在污染场地环境管理绩效评价、可持续风险管控、经济政策手段应用等方面的理论、方法与实践经验。第3章深入探索了污染场地环境管理绩效评价的多维度指标体系和评估方法，建立了具有先进性和较强推广性的表征因子绩效评估方法，创新性地提出了多尺度、多目标、多模型耦合的评估框架，对全国408块污染场地进行了环境绩效评估。第4章构建了全国污染场地基础数据库，开发了污染场地风险中长期变化驱动与调控机制模型，建立了多层次全过程污染场地风险管控指标体系、评估流程、技术筛选矩阵与风险管控模式决策体系。第5章探索了污染场地风险管控的经济政策作用机制，构建了污染场地风险管控环境经济政策体系，研究建立了污染场地风险管控政策实施的费用效益定量化评估模型、经济政策调控技术、投融资模式和管理机制。第6章系统梳理了英、美等国家在可持续风险管控与再利用领域积累的前沿经验，立足我国实际情况并集成各课题研究成果，针对近零排放和生态修复与保护两类典型场地进行示范应用，提出适用于我国国情的可持续风险管控与再利用实践路径。第7章针对项目研究的主要创新点、关键技术突破、管理决策和示范应用效果进行了归纳和总结。

全书由各单位参与项目研究的人员共同编著。蒋洪强研究员负责总体框架设计和审稿，张鸿宇博士负责统稿。第1章由蒋洪强、张鸿宇、张静等撰写；第2章由张鸿宇、蒋洪强、张清宇、黄蕾、张静、董璟琦、郑晓笛等撰写；第3章由张清宇、倪秀峰、蒋超、于静、邓劲松等撰写；第4章由黄蕾、张丽娜、李笑诺、施姜丹、梅丹兵等撰写；第5章由张静、张鸿宇、郝春旭、刘碧云、薛英岚、杜芸、胡溪、赵静等撰写；第6章由郑晓笛、叶晶、张琳琳、邓璟菲、夏冰等撰写；第7章由蒋洪强、张鸿宇、张静等撰写。本书研究得到了生态环境部土壤生态环境司、重庆市生态环境局、安徽省黄山市生态环境局等的大力支持，中国环境出版集团为本书的出版付出了大量心血。生态环境部环境规划院重点实验室的张伟、刘洁、赵静、胡溪、吴文俊、卢亚灵、刘年磊、段扬、李勃、王建童、高月明、赵大地、舒也等在工作中给予了帮助。在此，对以上所有人员表示衷心感谢。由于作者水平有限，书中不足与错误之处难免，恳请读者批评指正。

作　者

2024年4月

目　录

1　研究概述……1
1.1　研究背景与必要性……1
1.2　研究目标……3
1.3　关键科学与技术问题……4
1.4　主要研究内容……5
1.5　研究技术路线……7

2　国内外研究与实践进展……9
2.1　基本概念与理论……9
2.2　污染场地环境管理绩效评估国内外进展……10
2.3　污染场地可持续风险管控国内外进展……12
2.4　污染场地风险管控环境经济政策手段国内外进展……16
2.5　污染场地可持续风险管控与再利用实践国外进展……23

3　污染场地环境管理绩效评价机制方法研究……31
3.1　研究概况……31
3.2　污染场地环境管理绩效评估机制研究……33
3.3　污染场地修复绩效评估表征因子研究……45
3.4　污染场地环境管理绩效评估应用研究……56

4　污染场地可持续风险管控模式研究……65
4.1　研究概况……65
4.2　污染场地可持续风险管控中长期预测模型……67
4.3　区域污染场地可持续风险管控指标体系与评估软件……80
4.4　建立污染场地可持续风险管控模式决策体系……93

5 污染场地经济政策分析与调控机制研究......107
5.1 研究概况......107
5.2 污染场地风险管控环境经济政策作用机制......109
5.3 我国污染场地风险管控环境经济政策体系构建......118
5.4 我国污染场地风险管控政策费效评估模型方法研究......121
5.5 我国污染场地风险管控经济政策调控技术研究......128
5.6 污染场地风险管控与治理修复投融资模式和管理机制研究......134

6 污染场地风险管控与经济政策示范应用研究......144
6.1 研究概况......144
6.2 国际可持续风险管控前沿经验研究......147
6.3 国际可持续风险管控与再利用经验对我国政策启示......154
6.4 中国可持续风险管控与再利用实践指南（建议稿）......162
6.5 近零排放特色区域污染场地可持续风险管控与再开发......167
6.6 生态修复与保护特色区域污染场地可持续风险管控与再开发......178

7 主要结论......190
7.1 主要创新点......190
7.2 关键技术突破......191
7.3 管理决策效果......191
7.4 示范应用效果......192

参考文献......193

1 研究概述

1.1 研究背景与必要性

近40多年来，全球污染场地管理经历了从20世纪80年代早期治理修复技术装备研发、90年代基于风险削减的修复工程应用、21世纪初绿色修复技术推广，到2010年后以可持续风险管控为核心的整体解决方案等阶段。实践表明，场地风险管理和修复工程活动在达到可接受风险水平的同时，还会产生经济、社会和环境的正面效益或负面效益。2010年以后，风险管控、绿色修复与灵活土地开发的理念结合，逐渐使传统的风险管理发展为可持续风险管控，基于可持续风险管控原则的污染场地管理是当前国际社会的重要研究前沿和趋势，我国在这方面的研究与实践还处于起步阶段。

自《中华人民共和国土壤污染防治法》和《土壤污染防治行动计划》（以下简称“土十条”）实施以来，我国污染场地治理配套的法规、名录、标准、监测能力以及产业发展稳步推进，取得积极进展；截至2020年年底，全国重点行业企业用地土壤污染状况调查共调查超过13万个疑似污染地块，已上传13 500多块，公开列入名录697块，已有超过600个场地修复与风险管控工程项目正在实施，我国污染场地治理修复与风险管控加速铺开，对污染场地先进的管理手段、技术和政策提出了紧迫的现实需求。

（1）场地环境管理绩效评价是污染场地降低治理成本和提高管理效率的重要手段

国际上环境绩效的研究主要集中在制定标准指南，完善绩效机制的流程、框架、程序及方法，主要采取费用效益分析（Cost Benefit Analysis，CBA）、“驱动-压力-状态-影响-响应”（Drivers-Pressures-States-Impacts-Responses，DPSIR）等模型方法。研究和实践表明，污染场地环境绩效评价中普遍存在评价对象模糊、评价因子筛选困难、评价手段单一、难以推广应用等问题，无法应对不同类型污染场地复杂情况和不同层次管理需求。针对场地环境管理实施绩效考核及实施过程纠偏的管理绩效评估机制鲜见报道。目前我国土壤环境保护处于初期阶段，开展污染场地环境绩效评价研究较晚。当前工作主要着眼于单一场地管理，对于区域场地环境管理绩效评价鲜有考量。近年来，我国出台了《中华人民共和国土壤污染防治法》“土十条”等法律政策，但尚未开展污染场地环境管理绩效评价机制研究。2018 年，我国多部门联合发布了《土壤污染防治行动计划实施情况评估考核规定（试行）》，但以行政考核为主，对政策落实情况缺乏系统科学的评估手段。如何结合当今大数据驱动的多源数据处理技术，基于 DPSIR 系统模型，根据重点行业在产和关停地块特点，将特征污染因子评估和风险预测融入多尺度污染场地环境绩效评价中，是推进高效精准、面向环境治理现代化的场地环境绩效评估的重点。

（2）构建场地风险管控中长期预测模型-管控决策模式-区划规划相关技术方法是实现场地可持续风险管控的重要举措

自 21 世纪以来，国际上持续探索和推动合理的污染场地修复与再开发等可持续风险管控与区域可持续发展交互促进的遗留土地污染问题妥善解决和社会创新发展机制。欧洲提出将基于风险的土地管理和可持续评价相结合的思路，制定了污染场地可持续管理路线图。美国是较早开展场地全过程风险管控并充分利用场地大数据构建风险管控平台的国家之一，基于场地大数据建立了污染场地危害分级系统，建立全国污染地块空间信息数据库系统，实现场地污染数据综合分析和风险趋势精准预测。我国场地风险管控目前主要存在如下 3 个问题：①当前场地风险管理主要针对单一场地健康风险，评估内容和目标都没有与区域可持续发展充分衔接。亟须研发适应我国场地污染状况的可持续风险管控制度模式、风险-效益评估模型和可持续的风险管控评估指标，完善场地污染风险管理的可持续、全过程管控模式。②现有环境风险管控现代化预测分析能力不足，基于大数据分析的管理体系研究较少，有必要将大数据风险预测技术纳入土壤污染地块的常规管理手段中，做到场地污染风险的实时监测预警和充分衔接区域可持续发展的内在要求。③缺少面向环境治理现代化的可持续风险管控区划和专项规划理论模型与技术工具，迫切需要突破场地生态环境监管独立视角，阐明场地可持续风险区划科学机理和专项规划基础理论，提出我国污染场地风险管控的核心驱动模式和创新驱动机制。

（3）建立污染场地生态环境价值评估和经济政策调控机制是推动污染场地可持续风险管控的关键因素

发达国家污染场地修复起步早，商业模式清晰，开辟了多元化的经济政策，有效解决场地修复资金需求。美国、德国、日本等国家均建立了土壤污染修复基金制度。英国出台政策鼓励私营部门进入土壤修复行业，并于 2012 年成立了第一家致力于绿色经济的投资银行。巴西、墨西哥等国家将污染较重的场地确认为优先治理场地，由财政投资治理，同时大力鼓励成立私人基金用来修复或再开发具备较高经济价值的地块。近年来，发达国家开展了污染场地修复管控与再开发可持续决策机制研究，认为在管控开发决策过程中，综合评估社会、经济、环境目标，加强不同利益相关方风险管控与风险交流，开展生态环境价值评估和经济政策调控，建立交互决策支持系统，是成功开展场地可持续修复和风险管控与再开发的关键要素。自《中华人民共和国土壤污染防治法》、“土十条”

实施以来，我国污染场地风险管控制度体系逐步建立，许多地方在实践中探索了价格补贴、绿色金融、环境污染责任险、第三方治理等土壤污染修复与治理的经济政策试点，但在实践中还不能有效地利用市场激励措施促进土壤污染修复和治理产业发展，目前污染场地治理主要由各级政府财政支出。我国场地管理环境经济政策研究基础匮乏，尚未建立土壤污染防治经济政策体系，缺乏成熟的商业模式，迫切需要通过创新市场经济手段、完善多元化投融资机制、综合利用多种手段推动场地可持续风险管控。

（4）污染场地风险管控多元技术与管理方案有效促进土壤环境质量改善和场地修复产业发展，推动污染场地治理体系与治理能力现代化

项目尝试探索多目标、多要素、多介质污染场地环境管理绩效的耦合机制和综合评价指标与技术，研究基于大数据的场地污染识别、风险评估、风险预测与全过程管控的相关技术理论，建立场地中长期风险预测和全过程管控技术体系，实现场地环境风险变化的实时监测、提前预警、分级治理，探索场地管理的经济政策作用机制，研究“土壤银行”等环境经济政策规范化模式，创新建立基于目标用途与风险评估、经济政策调控、多学科交叉融合的可持续风险管控与污染场地再利用的区域和专项规划技术方法，建立与国际接轨的，全过程、多尺度、多元化的可持续污染场地风险管控与修复实践路径、模式与方案，为我国污染场地可持续风险管控与修复和再开发提供具有超前性的科学理论和技术体系，为我国场地可持续风险管控与全过程管理提供重要决策支撑，为实现风险管控的效益最大化和可持续管理提供技术支撑，助推土壤环境治理相关产业的发展，产生巨大的经济、社会效益和生态环境效益。

项目将针对我国污染场地管理还处于行政管理为主、经济政策手段不完善的阶段，场地环境绩效评价缺乏，风险管控还未统筹考虑区域土壤环境安全和可持续发展等关键技术问题，对污染场地可持续风险管控机制与经济政策技术体系开展理论、技术与应用示范研究，阐明场地可持续风险管控机制，探索可持续风险管控模式，建立环境绩效评价体系。项目的实施对推动污染场地管理具有重要理论与实践意义，必将推进我国污染场地治理体系与治理能力现代化建设。

1.2 研究目标

项目研究的目标是：针对我国污染场地管理还处于行政管理为主、经济政策手段不完善的阶段，场地环境绩效评价和区划规划技术缺乏，风险管控还未统筹考虑区域土壤环境安全和可持续发展等关键技术问题，对污染场地可持续风险管控机制与经济政策技术体系开展理论、技术与应用示范研究。以管理绩效评价-风险管控模式-政策调控机制研究为重点，构建场地管理“驱动-压力-状态-影响-响应”（DPSIR）模型，阐明面向现代化

的场地环境绩效评估方法；探索场地可持续风险管控与区域可持续发展的交互机制，阐明我国场地风险管控预测模型和决策模式；探索场地经济政策分析机理，阐明场地经济政策费效评估和投融资模式；探索以景观价值提升为核心的区划规划机理，阐明污染场地监管-修复-开发一体化的区划规划技术；通过案例示范应用-开发预测模型工具-编制技术导则-探索实践路径，创新我国污染场地多元风险管控机制与政策技术体系，最终推动我国污染场地治理体系与治理能力现代化。

1.3 关键科学与技术问题

（1）关键科学问题

1）构建与国际接轨的场地管理和责任体系，构建与可持续发展高度契合、融合大数据分析的污染场地环境管理绩效评价框架和国家-省级-地市（区、县）多尺度的污染场地环境绩效评价指标、机制、程序和方法，建立面向环境治理现代化的污染场地环境绩效评价机制，研究多目标、多要素、多介质、多阶段、分层次的绩效评价指标及其耦合关系。

2）阐明场地全过程环境风险管理与区域可持续发展的交互作用机理，建立可持续发展目标导向下符合我国污染场地管理实际和“十四五”土壤污染防治要求的风险管控全生命周期可持续评估体系；通过对开发价值和绿色效益等的综合考量，开展场地精细化风险管控模式决策。

3）构建经济政策框架，分析经济政策作用机制，研究提出环境经济政策体系和规范化模式；构建污染场地风险管控经济政策评估模型和效益量化技术方法，探索污染场地风险管控投融资平台构建机制，形成投融资规范化模式，提出可供政府实施的投融资政策，解决污染场地风险管控与治理修复中的资金“瓶颈”问题，提供可持续发展模式。

4）探索不同空间尺度下传统场地风险管控模式与可持续性评估耦合作用机制，提出污染场地可持续风险区划机理和专项规划的理论体系。突破污染场地生态环境监管独立视角，阐明面向治理现代化的污染场地可持续风险区划科学机理；探索我国污染场地可持续风险管控专项规划基础理论，提出污染场地风险管控的核心驱动模式和创新驱动机制，凝练面向“十四五”和支撑区域可持续发展的污染场地管理模式。

5）探索区域与场地尺度纳入环境、经济、社会等多方面诉求的可持续风险管控与再利用的实践模式，阐明实践路径。构建适应我国国情的多尺度、全过程的污染场地可持续风险管控与再利用的实践框架和路线图，摸清区域、场地尺度多方利益相关者诉求，建立可持续风险管控分类分级体系，阐明关键决策环节与实践步骤和不同情境下路径选择的应激反馈机制。

（2）关键技术问题

1）如何平衡数据量增加造成的绩效评估效率的降低和评估准确度的关系，准确高效评估场地环境管理绩效？如何筛选确定绩效评价表征因子？如何确定分级绩效阈值，提出多尺度的、可操作性强的场地环境管理现代化绩效评价体系？

2）如何构建国家层面污染场地全过程风险管控基础数据库，对过去场地风险效益管控模式进行追溯总结？如何考虑政策、经济、区域差异性、社会发展、场地利用模式等未来不同发展情景进行场地风险管控中长期变化趋势预测？如何基于修复消耗、环境容量等因素，通过对开发价值、绿色效益等的考量，开展可持续精细化风险-效益评估和模式决策？

3）如何设计规范化的污染场地风险管控环境经济政策调控机制？如何对污染场地风险管控与治理修复的环境经济政策进行定量分析？如何通过经济政策对污染场地的风险管控与治理修复进行调控？如何构建污染场地风险管控投融资平台，完善投融资管理机制？如何推进投融资规范化模式的运用，实现风险管控与再开发一体化，落实可供政府实施的投融资政策？

4）如何开发场地可持续风险管控区划及规划多元交互决策技术方法与软件工具，构建基于污染场地可持续风险管控的绿色发展路径？如何识别污染场地可持续风险管控区划理论方法中的可持续发展核心要素，建立与可持续发展指标耦合交互的场地风险管控区划技术方法，提出“十四五”期间面向环境管理现代化的我国污染场地可持续风险管控与开发专项规划调控模式？

5）如何结合我国土壤污染情况与国土空间规划发展阶段建立适应我国国情的污染场地可持续风险管控与再利用的实践框架和路线图？是否存在普适实践路径，还是需要建立分类分级的污染场地可持续风险管控与再利用的实践框架和路线图？

1.4 主要研究内容

基于研究目标和需要解决的关键科学与技术问题，本研究专项共分解为 5 个课题开展研究，主要研究内容如下：

课题 1：污染场地管理绩效评价机制与方法研究

这是本研究专项研究的出发点。构建基于 DPSIR 的绩效评价模型，提出面向现代化的指标体系和评价方法。梳理我国已有的污染场地名录管理目标和要求，分析现行管理缺陷，设计与可持续发展高度契合的污染场地环境管理绩效评价框架和内容，基于 DPSIR 模型的架构，确定国家-省级-地市（区、县）的不同层次考核需要的变量，建立各指标权重，建立模型库、确定使用范围和绩效可行区间，阐明场地管理绩效水平。研究统筹治理-管理-环境-经济-社会和高质量发展要求的表征因子和表征系数，建立精准的、多目标融合的、快速遴选的、方便查询的指标库。建立多目标、多要素的污染场地环境绩效评价的耦合关系模型，建立技术体系和指南。评估不少于 50 个典型污染场地的环境绩效。最终形成一套污染场地环境管理绩效综合评估指标体系、评估方法和评估机制，为探索我国土壤环境质量改善路径提供支撑。本课题是课题 2、课题 3 和课题 4 明确研究对象和识别科学问题的重要基础。

课题 2：污染场地可持续风险管控模式研究

这是本研究专项研究的第一支撑点。从国家-区域-场地各尺度研发污染场地可持续风险管控的中长期预测模型、构建可持续风险管控指标体系与评估技术、建立污染场地可持续风险管控模式决策体系。构建国家层面污染场地全过程风险管控基础数据库，构建可追溯的风险效益评估模型，运用深度学习算法构建不同发展情景下的风险管控中长期预测模型。开展以可持续发展目标为导向的污染场地风险管控评估研究，构建我国区域尺度可持续性综合评估指标体系，研发可操作、可推广的污染场地风险管控可持续评估规范化模式，提出风险管控制度创新建议，建立综合考量环境、经济、社会和技术等因素的场地可持续风险管控模式决策体系，开发管控模式决策支持系统，选择案例场地进行验证。课题 2 为课题 3、课题 4、课题 5 提供部分案例和数据支撑，课题 3、课题 4 将反馈调控机制、区划与规划方法，辅助构建不同政策背景下国家场地中长期风险预测模型及可持续评估指标体系的构架。

课题 3：污染场地经济政策分析与调控机制研究

这是本研究专项研究的另一支撑点。提出污染场地可持续风险管控经济价值评估方法，建成规范化的污染场地风险管控环境经济政策体系，提出基于“土壤银行”“土壤医院”等土壤修复治理的环境经济政策规范化模式。研发污染场地风险管控经济政策评估方法与调控工具，构建污染场地风险管控经济政策评估的综合概念模型和效益量化技术方法，探明影响风险削减的关键环节和污染修复有效措施的关键因素，提出基于环境净效益最大和生态环境恢复导向的污染场地风险管控政策调控技术体系。通过污染场地风险管控投融资管理机制与规范化模式构建，加大投融资力度，解决资金“瓶颈”问题。基于污染场地风险管控金融平台，创新投融资管理机制，促进投融资模式规范化，实现风险管控与再开发一体化。

课题 4：污染场地管控区划与规划技术工具研究

这是本研究专项研究的着力点。开发污染场地可持续风险管控区划模型方法，探索大型场地、工业园区和城市尺度的污染场地多元、分级、可持续风险区划理论和模型；揭示污染场地可持续风险管控规划原理技术，构建支撑区域和城市可持续发展的污染场地监控预警、治理修复、风险管控和可持续开发利用一体化的污染场地可持续风险管控专项规划理论方法；构建污染场地可持续风险管控规划技术体系，开发经济政策、监管手段、资金投入、开发效益、技术扩散和资源消纳一体化的专项规划目标指标、主要任务和重点工程规划技术体系；开发多元交互决策支撑平台。课题 4 是课题 1～课题 3 开展的污染场地环境管理绩效评价、可持续风险管控模式、环境经济政策调控机制研究成果的应用和延伸，为课题 5 开展案例示范应用提供基础和平台。

课题 5：污染场地风险管控与经济政策示范研究

这是本研究专项研究的落脚点。开展污染场地风险管控与可持续再利用国际经验借鉴研究，建立污染场地可持续风险管控与再利用实践模式，阐明多尺度的污染场地可持续风险管控与再利用的实践路线与步骤。在本课题自主开展路径研究的基础上，主要基于课题 2、课题 3 和课题 4 研究成果，构建污染场地可持续风险管控与再利用实践框架，阐明多尺度的污染场地可持续风险管控与再利用的实践路线与步骤；开展区域尺度可持续风险管控与再利用决策的支持验证，并选择各类典型行业场地进行场地尺度的实践验证；选取北京副中心和安徽黄山特色示范区开展实践验证，提供风险管控多元技术与经济政策实践方案。

1.5 研究技术路线

本研究专项以“绩效评估-管控模式-调控机制”为主线，着力开展“一个出发点、两个支撑点、一个着力点、一个落脚点”等 5 个课题研究。以设计场地风险管控模式和构建经济政策模型为支撑点，强化场地风险全过程管控技术与经济政策措施，形成多属性综合决策技术支撑。以研发场地空间区划理论和专项规划方法为着力点，规范场地风险管控区划和规划技术体系。以集成示范案例研究为落脚点，开展全过程污染场地风险评估-分区-调控的多元技术和政策应用。技术路线如图 1-1 所示。

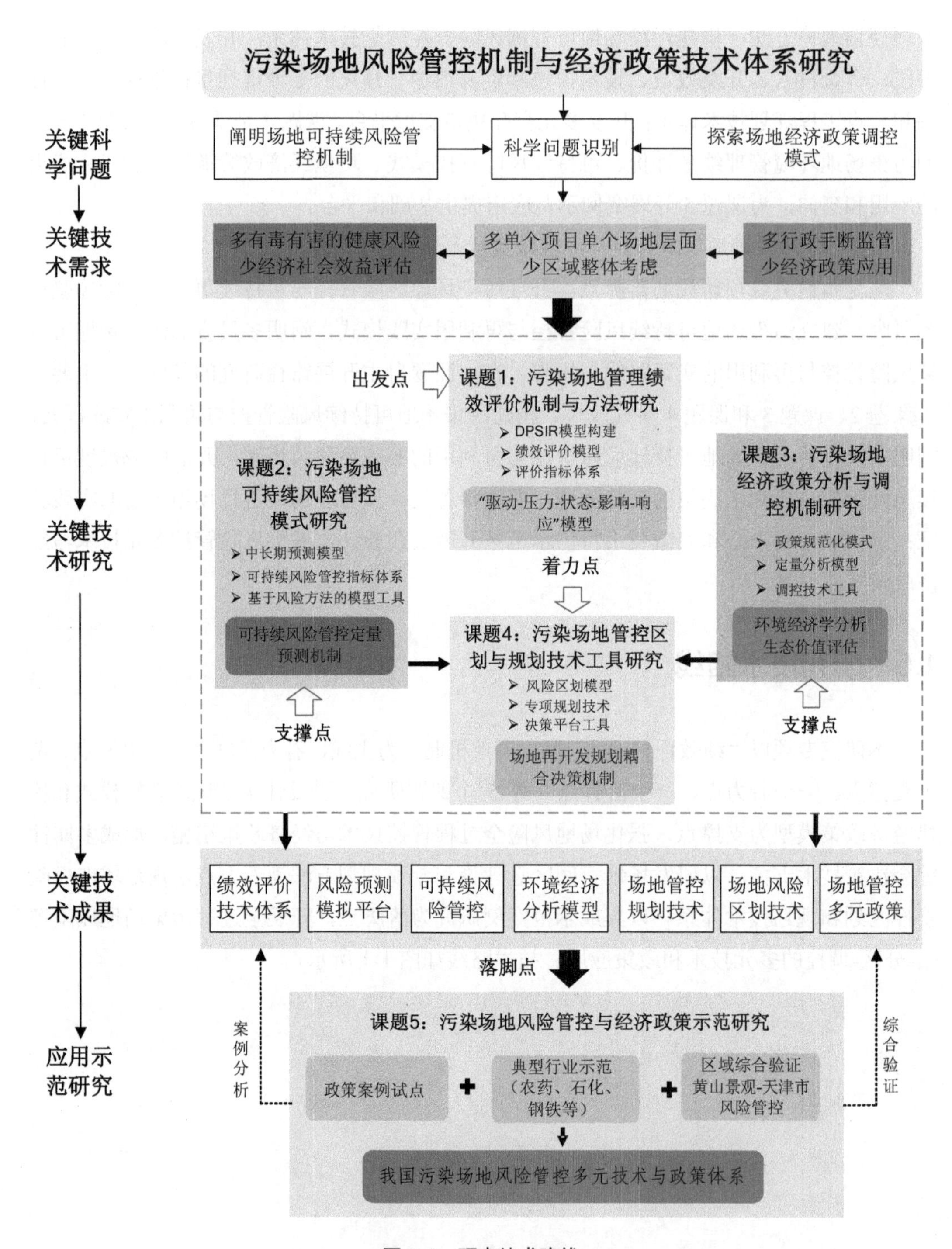

污染场地风险管控机制与经济政策技术体系研究
关键科学问题
关键技术需求
关键技术研究
关键技术成果
应用示范研究
阐明场地可持续风险管控机制
科学问题识别
探索场地经济政策调控模式
多有毒有害的健康风险
少经济社会效益评估
多单个项目单个场地层面
少区域整体考虑
多行政手断监管
少经济政策应用
出发点
课题1：污染场地管理绩效评价机制与方法研究
DPSIR模型构建
绩效评价模型
评价指标体系
"驱动-压力-状态-影响-响应"模型
课题2：污染场地可持续风险管控模式研究
中长期预测模型
可持续风险管控指标体系
基于风险方法的模型工具
可持续风险管控定量预测机制
课题3：污染场地经济政策分析与调控机制研究
政策规范化模式
定量分析模型
调控技术工具
环境经济学分析
生态价值评估
着力点
课题4：污染场地管控区划与规划技术工具研究
风险区划模型
专项规划技术
决策平台工具
场地再开发规划耦合决策机制
支撑点
支撑点
绩效评价技术体系
风险预测模拟平台
可持续风险管控
环境经济分析模型
场地管控规划技术
场地风险区划技术
场地管控多元政策
落脚点
课题5：污染场地风险管控与经济政策示范研究
案例分析
综合验证
政策案例试点
典型行业示范（农药、石化、钢铁等）
区域综合验证黄山景观-天津市风险管控
我国污染场地风险管控多元技术与政策体系

图 1-1 研究技术路线

2 国内外研究与实践进展

2.1 基本概念与理论

（1）污染场地修复

污染场地即因堆积、储存、处理、处置或其他方式（如迁移）承载了有害物质的，对人体健康和环境产生危害或具有潜在风险的空间区域。根据《建设用地土壤污染风险管控和修复术语》（HJ 682—2019），地块治理修复的定义为采用工程、技术和政策等管理手段，将地块污染物移除、削减、固定或将风险控制在可接受水平的活动。顾名思义，污染场地修复即采用工程、技术和政策等管理手段，将污染场地污染物移除、削减、固定或将风险控制在可接受水平的活动。

（2）土壤绿色可持续修复（GSR）

土壤修复是污染场地修复的重要组成部分，根据《建设用地土壤污染风险管控和修复术语》（HJ 682—2019），土壤修复的定义为采用物理、化学或生物的方法固定、转移、吸收、降解或转化地块土壤中的污染物，使其含量降低到可接受水平，或将有毒有害的污染物转化为无害物质的过程。根据《污染地块绿色可持续修复通则》（T/CAEPI 26—2020）中的定义，绿色可持续修复即在满足地块环境功能、使用功能和风险控制的基础上，为了减少修复本身所带来的负面影响，综合考虑修复全生命周期内的环境、社会、经济因素，采取使修复净效益最大化的方案和措施。因此，土壤绿色可持续修复即在开展土壤修复全生命周期内采取的使土壤修复环境、社会、经济等综合效益最大化的方案和措施。

（3）污染场地风险管控

污染场地风险管控是指通过一系列工程或制度措施对污染场地实行污染物迁移阻隔和受体暴露途径切断，将风险控制在人体或环境可接受的水平。污染场地风险管控有狭义和广义之分。从狭义来看，主要是指对污染物实行阻隔和对受体暴露途径进行切断，以防止污染扩散；从广义来看，还包括利用异位、原位等工程技术手段对污染场地进行修复治理。

（4）污染场地可持续风险管控

污染场地可持续风险管控是指将经济、社会、环境因素纳入传统的风险管理，融入可持续发展理念，将风险控制在人体或环境可接受水平采取的系列工程技术和管理措施的总和。污染场地可持续风险管控贯穿风险管控全生命周期。

可持续风险管控重点内容包括消除已有污染和风险，减少管控过程的负面影响，提高地区经济效益，增强社会公平与稳定，推动土地资源可持续利用。其涵盖场地污染物迁移暴露对人体造成的健康影响，修复行为所造成的资源和能源消耗及二次污染等影响，场地修复后用途改变所造成的影响。同时对环境、经济、就业、土地价值和社会稳定产生一定的正面效益。

美国材料与试验协会（ASTM）发布的可持续修复导则中，污染场地可持续风险管控包含：土地和生态系统、修复效率与成本节省、资源和废弃物、大气排放、水影响、能源、土地和生态系统、对当地政府的经济影响、对当地社区的经济影响、社区参与活力等“十大核心要素”。

污染场地可持续风险管控的实施是保护和改善生态环境、防治土壤污染、推动土壤资源永续利用、保障公众健康、促进社会可持续发展和推进生态文明建设等“六大战略目标”的可靠路径。

（5）污染场地风险管控与可持续发展间的交互机制

污染场地风险管控与可持续发展间的交互机制是指通过建立场地修复与风险管控的经济、社会、环境等可持续发展目标影响分析方法，计算风险管控对经济、社会、环境的影响，开展风险管控措施的经济成本与效益评估，为可持续发展提供量化手段，提出污染场地可持续发展的对策建议。污染场地风险管控经济政策调控机制指的是政府制定和运用经济政策来调节污染场地风险管控活动的手段，其目的是在保证污染场地风险可控和修复达标的前提下，促进社会资本与力量积极参与污染场地风险管控，推动区域污染场地有序可持续修复和再开发。

2.2 污染场地环境管理绩效评估国内外进展

（1）绩效评估相关概念及理论

绩效评估是指通过科学的方法和原理来评定与测量组织工作行为和工作效果的一种方法。绩效评估不仅涉及组织内部的工作成绩和效率，还可能包括管理工作达到效果的其他相关的影响因素。这个过程通常涉及对组织实际工作绩效与既定标准或期望标准的比较。绩效评估的结果可以影响组织工作、资金的分配，甚至可能涉及工作流程的调整。此外，绩效评估也是组织活动决策的重要参考，同时也是组织活动达到既定成效规划的基础。

环境绩效评估是环境绩效管理工作的一种工具，它按照预先设定的评估指标或准则，针对被评估活动在一定时期内的环境相关工作和活动进行考察、评定，给出反映被评估对象真实环境绩效水平的状况和信息。为后期绩效提升与改进活动提供支持和帮助是开展环境绩效评估的最终目的。简言之，利用适当的指标对环境绩效进行测量与评估即环境绩效评估。环境绩效评估是环境绩效管理过程中不可或缺的部分，是开展环境绩效管理工作的前提和基础，具有承上启下的重要作用。

（2）国内外研究进展

绩效可用于评估各类政策实施效果及成效延续，并指导未来政策的制定。[1,2]国际层面上环境绩效的研究主要集中在：①制定国际化标准并发布《环境绩效评价指南》[3,4]，主要体现在完善绩效机制的流程、框架、程序及方法；②不断完善可持续发展的环境绩效指标[5-8]，探索评价指标的可行性和涵盖范围；③基于 DPSIR 模型研究复杂系统中各因素的相互联系[9,10]，主要研究层次分析法、模糊三角函数、灰色关联度分析、数据包络分析和随机前沿分析等方法在评估系统中的应用效果。[11-13]上述研究主要侧重在污染场地的综合风险评估、分级和管控等方面，而针对污染场地管理中各类政策实施情况的绩效考核及实施过程纠偏的管理绩效评估机制鲜见报道。

由于缺乏污染场地环境管理绩效评估方法，一些国家也付出了很大的代价，出现耗资巨大而土壤污染治理未见预期成效的现象，例如，美国设立超级基金制度，投入 600 多亿美元进行土壤污染治理，加拿大对污染土地进行审计，荷兰实行土壤污染防治和可持续利用的全过程管理，却依然面临资金来源匮乏、治理效率低下、土地再利用受阻等日益凸显的问题，其重要原因之一就是缺乏完善的基于政绩考核的污染场地环境管理绩效机制。[14-17]

近年来，我国针对土壤污染管理出台了很多政策，2016 年，国务院印发“土十条”，2019 年 1 月 1 日《中华人民共和国土壤污染防治法》施行，目前我国依法保护土壤的工作仍处于启动调查阶段。场地是一个包含土壤、地下水和大气的复杂体系，从污染场地尺度到区域尺度，再到国家尺度，从微观到宏观，不同尺度有不同的管理目标和要求。[18]而国内开展污染场地环境绩效评价研究较国外更晚，现有的研究和实践应用也主要是借鉴国外经验和案例，且主要着眼于污染场地风险评估和管控，而对于污染场地实际管理情况鲜有考量，这使我国针对污染场地环境管理绩效评价机制的研究仍然处于起步阶段，也造成了“土十条”以及《中华人民共和国土壤污染防治法》等重要土壤相关政策法律落实和实行情况缺乏更科学的评估手段。

国内外的研究和应用经验表明，首先，污染场地环境绩效评价中普遍存在评价对象模糊、评价因子筛选困难、评价手段单一、难以推广应用等问题，无法应对不同类型场地复杂的污染情况、不同层次的管理需求。其次，纵观国外污染场地的标准和政策制定发展历史，可以预见，今后我国土壤标准的污染因子范围会持续扩大，政策也会向土壤保护的方向发展。然而，将土壤标准中的所有污染物都纳入环境绩效评估体系会导致管理效率大幅降低，不利于环境绩效评估机制的可持续性。再次，土壤污染治理需要大量的资金，预计国内土壤修复市场的规模将达千亿以上，而绩效评价是如何用好经济杠杆的关键环节[19]，因此，必须将经济效益纳入环境绩效评估机制。最后，如何结合当今大数据驱动的多源数据处理技术，根据重点行业启用、在用和退役场地的特点，将特征污染因子评估和风险预测融入污染场地环境绩效评价，是推进高效精准的面向现代化的环境绩效评估的重点。[20,21]因此，亟须建立一套以政府为评价对象，既契合可持续发展又符合我国国情的多尺度、多介质、多目标的高效的面向现代化的污染场地绩效评价考核机制，以实现重点追踪不同尺度土壤污染管理实践中“土十条”和《中华人民共和国土壤污染防治法》的实施效果，这将是我国土壤污染治理工作的创举，具有科学和现实的创新意义。

2.3 污染场地可持续风险管控国内外进展

（1）污染场地可持续风险管控概念

为规范、指导和快速推动场地修复的可持续发展，自美国首次提出“绿色可持续修复”的概念，美国材料与试验协会（ASTM），美国环境保护局（USEPA），国际标准化组织（ISO），欧洲工业场地修复网络（CLARINET）和美国、英国、荷兰、加拿大等国的可持续修复论坛（SuRF）相继制定发布了一系列可持续修复相关的实践框架、标准指南和修复技术评估导则等，[22,23]系统阐述了可持续修复与管控的衡量指标、评估方法、决策工具和实施框架。虽然说国际上对于绿色可持续修复与管控的内涵有不同的定义，但是包括 USEPA、SuRF 在内发布的权威导则或指南关于可持续修复与管控的共同点在于修复活动中不仅要考虑修复技术的效率和成本，还要考虑修复活动对技术、经济和环境等方面的影响，以实现修复活动的总体效益最大化。

（2）污染场地可持续风险管控评估方法研究进展

可持续风险管控评估是基于绿色可持续修复与管控理念提出的一种污染场地风险管控评价方法。欧美等发达国家和地区的专家与中国科学院等研究机构的学者对如何进行绿色可持续修复与管控评估进行了大量研究，发展了多种绿色可持续修复与管控评价方法。USEPA 提出了基于最佳管理实践[24]（Best Management Practices，BMP）的污染场地可持续风险管控评价方法，这是一种贯穿于修复技术的整个流程中，利用绿色可持续修复理念，对修复技术的经济、环境等方面的影响进行比较和改进的评价方法，其不需要对修复技术进行太多的定量分析和计算，只需要根据要求对修复技术进行调整和优化。另外，欧美等国家在早期开展污染场地绿色可持续修复与管控评价阶段多使用多目标分析法（Multi-criteria Decision Analysis，MCDA）[25,26]，这是一种使用绿色可持续性评价指标对修复技术进行综合考察的方法和工具，通过确定各评价指标的权重系数，根据修复技术在各指标下的表现进行打分，并用数学方法对各指标进行综合打分，并根据这个值的大小对修复技术进行筛选。我国开展污染场地可持续风险管控评估时期较欧美等发达国家和地区较晚，以生命周期评价法（Life Cycle Assessment，LCA）为主，这是一种对修复技术在修复项目的生命周期中进行定量环境影响评价的方法，也是绿色可持续评价中最常用的评价方法，缺点是它只能评价修复技术的环境影响。近年来生命周期理论发展很快，已经有了基于环境、经济和社会的综合性生命周期理论体系。CHEN[27]、孟豪[28]等采用生命周期评价法对我国焦化、钢铁场地及区域尺度污染场地修复与管控可持续度进行了综合评估。有些国内外学者将污染场地修复管控与后期再利用开发相结合，开发了净环境效益分析法（Net Environmental Benefit Analysis，NEBA）。这是一种对不同的用地管理模式下自然资源价值的变化（包括生态价值和人类使用价值）进行系统评估的方法，通过比较不同的修复方案，来确定如何在最大化环境效益的同时，最小化经济和社会的影响。近年来，随着我国“双碳”战略的提出，刘文晓等[29]将环境碳足迹引入污染场地可持续风险管控评价，利用环境足迹分析法对污染场地修复过程中消耗的材料、能源和水，产生的废物和废气排放等环境指标进行量化和评价，以衡量污染场地修复过程对环境的影响和贡献，指导污染场地修复过程中采取相应的技术和措施，促进污染场地修复过程的绿色可持续化。欧洲、澳大利亚、加拿大等国家和地区也开展了相关的研究和实践，如 SuRF-UK（英国可持续修复论坛）、SuRF-ANZ（澳大利亚可持续修复论坛）、SuRF-Canada（加拿大可持续修复论坛）等，形成了一系列的指南、框架和案例，表明环境足迹分析法应用于污染场地修复过程评价可以提高资源利用效率，降低环境影响，增加社会效益，促进绿色可持续修复的实施。国内环境足迹分析法应用于污染场地修复过程评价的研究起步较晚，主要集中在 21 世纪初以来。最早的研究是中国科学院生态环境研究中心开展的“中国污染场地修复技术评估与示范”项目，该项目对北京市朝阳区一处有机溶剂污染场地进行了修复技术比较和优化。随后，清华大学、中国科学院生态环境研究中心、中国环境科学研究院等单位又开展了其他相关的研究和实践，如对北京市一处重金属污染场地进行了修复技术比较和优化，对北京市一处多环芳烃污染场地进行了修复技术比较和优化，对北京市一处氯代烷烃污染场地进行了修复技术比较和优化等。这些研究和实践表明，环境足迹分析法应用于污染场地修复过程评价可以为我国污染场地修复技术选择提供科学依据和参考方法。当前国内外针对碳足迹评估的主要工具包括 USEPA 开发的电子表格工具（SEFA），美国空军的可持续修复工具（SRT），巴特尔公司与美国陆军和美国海军联合开发的 SiteWise™，以及可持续修复论坛开发的“修复行业足迹分析和生命周期评估指南”等。

总体而言，污染场地绿色可持续修复与管控的评估需要综合考虑环境、经济和社会 3 个维度的影响。目前，各国和各机构都在探索建立绿色可持续修复的指标体系，如 SuRF-US（美国可持续修复论坛）、SuRF-UK 等都提出了自己的指标框架，但还没有形成统一的标准指标体系。我国开展污染场地可持续修复与管控的系统研究不足 10 年，虽然通过成立国际可持续修复论坛（中国）（SuRF-China），编写《绿色可持续性修复指南》，发布《污染地块绿色可持续修复通则》[30]等举措极大地推动了我国污染场地修复产业的可持续发展，然而仍未形成标准、规范、具有行业指导意义的可持续评估指标体系、方法工具和实施框架。实际操作中，修复项目仍停留在以政策目标为导向、以环境质量标准为底线的传统思路，可持续思想仅在修复技术的筛选评估层面有所体现，测度指标或完全照搬国外或根据评估者偏好选取，忽视区域背景巨大差异性的同时又具有严重的主观性和片面性。上述问题都使我国污染场地风险管控的可持续发展流于形式，直接影响了整体效益的最大化和决策过程的合理性。亟须结合我国实际国情，开发符合我国实际需求的污染场地可持续风险管控评估方法体系。

（3）污染场地可持续风险管控技术筛选研究进展

污染场地可持续风险管控技术的确定一般需要通过修复技术初筛和详细评价两个步骤。国内外研究主要集中在专家评价法（Expert Evaluation Method，EEM）、类比评价法（Analogous Evaluation Method，AEM）和指标综合评价法（Index Comprehensive Evaluation Method，ICEM）等方法上。专家评价法是一种根据污染土壤的分析、风险评估和实际情况，通过专家的分析论证，确定最适合的修复技术的方法，其主要用于土壤污染较为复杂或紧急的情况，同时其评价结果可能受到专家主观因素的影响。类比评价法是由美国联邦修复技术圆桌会议（Federal Remediation Technologies Round Table，FRTR）提出的一种根据污染场地的特征条件对已有的修复技术案例进行类比，并选取适合的修复技术的方法。其拥有大量的成功修复案例信息库，但是存在主要关注修复技术的技术方面而忽略了经济、环境方面的因素等缺点，不能对修复技术做出全面的评价。指标综合评价法是一种常用的统计分析方法，其可以根据不同的研究目的建立一个包含多个方面的指标体系，结合数学方法，综合各个指标的信息，从而得到一个反映整体情况的评价值，最终对不同的研究对象进行比较和评价。其优点是可以使评价过程更直观、透明，可以有效地结合定量分析和定性分析，有利于避免主观评价导致的决策失误。但是其也存在评价指标多为定性指标、评价指标多只关注修复技术在修复场地内的情况而忽略了修复技术在修复项目生命周期中的情况等缺点。为了解决上述单一评价方法的缺陷，刘文晓等对某焦化场地开展了基于多方法耦合的污染场地可持续管控技术筛选研究，打破了传统评价方法的局限性。[31]

（4）污染场地可持续风险管控技术与手段研究进展

污染场地管控修复技术的选择取决于多种因素的综合考量。[32]其中，修复目标、效果、周期和成本是主要影响因素。此外，场地污染物的特征和来源也会影响修复技术的优化和选择。美国在20世纪90年代投资近千亿美元用于污染土壤修复[33]，USEPA发布的《超级基金修复行动选择导则》中确定了9个基本原则，包括短期效果、长期效果、减少污染物危害、可操作性、成本、适用性、环境与人体健康保护、州政府接受度和公众接受度等。从USEPA经验来看，土壤修复技术的选择是需要多方商榷的，为了更快地修复污染场地，其启动了超级基金修复项目。[34]截至2022年8月，美国国家优先名录（National Priorities List，NPL）上有1 329个超级基金场地[35]，在可获取决策文件的1 595个污染场地中，有1 498个场地选择了修复措施，包含1 243个场地修复项目和352个风险管控项目[36]，其土壤修复技术应用情况反映了在污染场地治理方面的技术特点和发展趋势。从技术应用数量来看，物理分离技术、原位土壤气相抽提技术和异位固化/稳定化技术是最常用的3种技术，占总数量的41.2%。说明美国超级基金项目重视对污染物的有效去除和隔离，以及对土壤功能的恢复和保护。与此同时，近几年美国原位修复技术应用以每年1.5%的速度增加，尤其以原位热处理技术、多相抽提技术、原位化学氧化/还原技术、固化/稳定化技术应用较多，监测自然衰减在地下水修复中较为常见。

近年来，我国污染场地的土壤修复与风险管控技术应用数量在不断攀升。2007—2018年，异位修复技术占据主导地位，但自2017年起有降低趋势，而原位修复和风险管控技术应用逐渐增加。对全国建设用地土壤环境管理信息系统的案例进行分析的结果表明，2018—2022年，我国共有1 563个地块被列入修复名录，其中679个地块已经完成了修复工作。主要应用了14项修复技术，技术应用的总数量为850次。其中化学氧化/还原技术、固化/稳定化技术、水泥窑协同技术和热脱附技术占了实施总数量的近七成，说明这些技术在我国具有较高的适用性和成熟度。而生物修复技术、常温解析技术等相对新兴的技术应用数量较少，可能是因为这些技术存在一定的局限性和不确定性，需要进一步的研究和验证。我国污染场地修复技术选择倾向于周期短、成本低的技术，但随着我国污染场地修复技术体系的不断完善和实际需求的转变，我国污染场地管控逐渐从污染物总量控制转变为污染风险评估，需要参考国外先进的经验和适合我国国情的实践，制定相关的指南和导则。需要根据不同的污染物种类、污染程度、修复目标和场地特征，科学地选择最佳的修复技术或技术组合，避免不适当的技术选择造成资源、资金和时间的浪费，甚至二次污染。发展绿色化、综合化、工程化的技术，提高修复效率和经济性，减少对环境和人体健康的影响，实现土壤资源的可持续利用。

2.4 污染场地风险管控环境经济政策手段国内外进展

2.4.1 发达国家污染场地风险管控环境经济政策经验梳理

国际上在污染场地风险管控环境经济政策方面开展了很多有益的探索。美国《综合环境反应、赔偿与责任法案》（又称《超级基金法》）建立了超级基金制度，为污染场地的治理修复提供了重要的资金保障。德国建立了土壤污染基金，用于在土壤污染的责任主体无力承担修复责任、多主体之间无法有效确定责任的情况下承担土壤污染治理工作。荷兰通过司法实践及《土壤保护法》确立了修复成本的可赔偿性，污染者或潜在责任者有多种方式的资金保障，如环境保险、环境基金等。日本建立了土壤污染整治基金，专项用于土壤污染治理和修复，如果土壤污染治理等措施需要资金数额较大时，政府组织还会对土地所有者或实体施行税制优惠政策。英国积极出台政策鼓励私营部门进入土壤修复行业，并成立了专门为绿色低碳项目融资的投资银行，还会邀请社会第三方共同投资。总体来看，发达国家污染场地修复起步早，发展迅速，商业模式清晰。通过开辟多元化的经济政策，有效解决了污染场地修复的资金需求。

2.4.1.1 典型发达国家污染场地风险管控环境经济政策体系

（1）美国

1980 年，美国国会通过了《综合环境反应、赔偿与责任法案》，该法案因其中的环保超级基金（Super Fund）而闻名，因此又被称为《超级基金法》[37]。该法案的建立主要是为了加速危险废物场地的清理并追究污染责任人的法律责任。超级基金的经费主要来源于国内石油产品税、化学品税、环境税、常规拨款、污染责任者的罚款及利息、其他投资收入等。[38]超级基金只有在特定情况下才能使用，为了使更多的被污染场地得到治理，美国联邦及各州环保局对全国的污染场地进行了打分评定，将超过分值限额的场地纳入国家优先名录（National Priority List，NPL），而超级基金只对收入该名录的污染场地的修复工程提供资金支持，且只有在责任主体无法确定时，法案才会生效，使用基金来支付治理费用。随着《超级基金法》逐步深入实施，美国又出台了《超级基金修正与重新授权法案》对《超级基金法》进行了改进，重视并鼓励创新型的修复技术的探索应用，包括工程控制技术（封存与阻隔）、制度控制技术、监控自然衰退技术等，并增加了进口化学衍生物税（Imported Chemical Derivatives）和公司环境收入税（Corporate Environmental Income）补充信托基金，增加公众参与度，对修复标准进行了规定，成本过高时可使用阻隔、隔断、制度控制等切断传播途径的方式。[39]

随着对污染场地风险管控的发展，超级基金模式虽然为污染治理提供了资金，但是其连带责任制度过于苛刻，促使人们有意避开带有污染问题土地的开发，反而产生了适得其反的效果。2002 年，针对这一现象美国通过提供更多的优惠政策和补贴，提出了针对未得到有效开发的污染土地的管理模式。通过了《小企业责任减免与“棕地”复兴法》，提出了美国政府加大对棕地开发治理的财政支持，还改变了超级基金严格的无限连带责任制度，减免了周边土地所有者及未来购买者的责任。更加明确了污染责任人和非责任人的界限，通过保护无辜的土地所有者或使用者的权利，避免了棕地的废弃或闲置等。在鼓励棕地再利用、促进土地可持续发展的同时，美国又开始探索场地绿色治理。2006 年，美国成立了可持续修复论坛，通过一系列可持续发展文件的陆续发布，推动了可持续发展理念与美国污染场地风险管控的融合[40]，促进社会可持续发展，也更加强调利益相关者参与场地治理的必要性。

在一般性的污染场地风险管控之外，1956 年，美国还针对耕地侵蚀出台了《土壤银行计划》，包括短期和长期的停耕激励措施[41]：短期，若农民自愿短期停耕一部分耕地，政府将给予相当于停耕土地收入的补贴；长期，农民将一部分耕地用于植树造林，每年可从政府获得补贴，类似于目前我国退耕还林的生态补偿制度。在政策出台的 5 年内，通过《土壤银行计划》的实施，美国实现了 2 870 万英亩①的耕地休耕保护，通过与农民签订合同促进了更长期的退耕还林还草。

（2）德国

自 1975 年以来，德国就开始在污染场地风险管控方面进行了一系列探索，随着德国鲁尔区出现大量棕地，为了解决土地污染问题，鲁尔区对棕地进行了大规模的修复整治和再利用，并逐步形成了污染场地风险管控经济政策体系。[42]在污染场地风险管控政策方面，德国实行的是“谁污染，谁付费”的原则，环保部门在获取土壤或地下水污染对人体健康或环境造成的损害事实时，会直接下达土壤调查和修复治理的命令。如果企业拒绝清除自身造成的污染危害，不构成犯罪的，可以直接进行处罚，如有异议，可以申请法院裁决。责任人不仅要承担土壤修复治理的费用，如果土壤和地下水对人体与周边环境造成了危害，还需要承担赔偿责任。对历史遗留的无责任主体场地，由土壤保护部门进行调查和修复治理，费用由政府承担。[43]

为支持污染场地风险管控政策，德国联邦与各州政府都有关于土壤保护与污染场地治理的专门法律和相关法律。为解决土壤保护以及历史遗留问题，自 1998 年以来，德国制定了《联邦土壤保护法》及《土壤保护和工业污染场地处理条例》等土壤保护的专门法律法规，明确了土壤污染基金等制度的详细内容，资金来源包括产品消费税、有害废

---

① 1 英亩≈4 046.86 m^2。

弃物特别税、污染责任者的罚款及利息、政府和企业投资等，支持范围包括土壤或地下水污染的场地，为土壤治理进行保驾护航[44]。为解决污染场地修复资金短缺问题，德国政府支持公司和城市政府形成政府和社会资本合作（Public-Private-Partnership，PPP）的合伙制关系，共同推动棕地治理和工业区再开发项目。政府出资部分主要用于项目规划、改善场地及周边环境的基础设施建设，企业资金则用于场地土壤修复治理及再开发。目前，德国每年大约会在土壤污染治理工作中投入16亿马克，另外还有一些政府财政补贴、税收优惠以及优惠性贷款等。[45]

（3）荷兰

荷兰的污染场地风险管控始于20世纪80年代，以Lekkerkerk污染事件为开端。Annemarie等[46]分析了荷兰污染场地风险管控政策实施的社会成本效益，并提出了若干土壤修复资金替代方案，具体分析了每种方案的优劣，对荷兰土壤修复资金保障机制完善有重要作用。Tore等[47]介绍了荷兰污染场地风险防控经济政策的基本原则，以及有效利用财政资源治理和修复被污染场地的路径。Marjolein等[48]指出城市重建属于地方政府责任，通过一系列重点项目的分析，评估了荷兰政府参与地方重建的情况。随着民众环境保护意识的提高，荷兰污染土壤修复法律制度也逐渐完善。从最开始的“一刀切”修复到统一“标准值”，采取因地施策的政策管理手段，再到基于风险评估实施修复管理，最终形成了以土壤环境保护法和土壤环境标准为核心，以土壤/场地环境调查、风险评估、治理修复等为关键环节的技术体系和监管制度。[49]

2.4.1.2 典型投融资模式与机制

早在20世纪70年代，英国就开始对污染场地进行研究和治理，[50]美国、法国紧跟其后。由于棕地治理需要庞大的资金投入，欧美国家除了财政投入，还引入各类社会资本，通过长期的探索与实践，形成以下4种较为通用的污染场地风险管控投融资模式，如表2-1所示。

表2-1 国外典型污染场地风险管控投融资模式分析

投融资模式	污染场地类型	优缺点对比	典型场地
以政府投资和募集基金为主、税收为辅	一般适用于环境破坏比较严重、亟须修复的老工矿业城市或地区	优点：一般不以获取商业利益为目的，主要对污染场地进行综合治理和生态修复[51]； 缺点：所修复的污染场地具有公益性，回报收益率低，治理时间长，资金投入量大	• 加拿大蒙特利尔圣米歇尔环保中心 • 英国伊甸园工程 • 伦敦奥林匹克公园 • 德国北杜伊斯堡景观公园
以企业和社会投资为主、政府资助为辅，并享有税收优惠	一般适用于注重对历史文化遗产的保护、传承和再利用的污染场地	优点：在一定程度上实现了污染场地治理、文化保护和经济发展的有机结合； 缺点：一些投资者为了追求更多的经济利益，忽略环境治理和生态修复，从而埋下隐患	• 美国普罗维登斯钢铁工厂庭院 • 西雅图煤气厂公园 • 法国巴黎的奥赛艺术博物馆 • 德国艾森矿业同盟工业区

投融资模式	污染场地类型	优缺点对比	典型场地
政府资助、专项基金、企业和社会投资、项目改造收益以及税收返还等多元化融资	一般适用于规模较大的污染场地、需要全面转型的传统工业城市或者地区	优点：政府通过综合治理和开发、生态系统优化、产业结构提升和社会建设，逐步实现区域系统的均衡和可持续发展； 缺点：需要大量且持续的资金，导致地区全面转型比较困难，修复时间长	• 德国卢萨蒂亚
“污染者付费”模式	一般适用于能够明确责任主体的污染场地，且责任主体具备修复治理能力或能够提供资金支持	优点：责任界定明确，能够缓解政府资金压力，与污染者利益挂钩，有效管控污染者； 缺点：一些污染场地的发现时间距离污染时间间隔过长，难以确定污染场地的责任人[52]	• 挪威南部弗莱克峡湾

近年来，除以上传统的投融资模式外，欧美等发达国家和地区积极倡导污染场地治理中的生态环境导向的开发（Ecological Office District，EOD）模式和政府中间组织私人部门工作（Public Intermediary Private Partnerships，PIPP）模式。EOD 模式以生态资源保护和利用为导向，兼顾生态环保建设与产业开发运营，通过向公众提供生态绿色产业的发展空间及相关服务来获取相关收益。[53]一般采用中央财政、地方财政、国家开发银行和各类商业银行贷款等作为污染场地的资金来源，其突出优点是可以利用生态优势，构建生态建设与经济发展之间的关系，并且因地制宜做出决策。PIPP 模式在 PPP 模式的基础上引入第三方组织，作为政府与社会资本机构的协调者，为数量庞大的小额私人资本参与棕地治理提供途径，PIPP 模式的资金来源广泛，除了中央专项基金、税收优惠、企业资金，还鼓励和提倡金融机构、境内外投资者前来投资，其突出优点是可以减缓政府财政压力，提高资金使用效率。[54]

2.4.2 我国污染场地风险管控环境经济政策研究与实践进展

2.4.2.1 我国污染场地风险管控环境经济政策的研究进展

（1）我国污染场地风险管控环境经济政策框架研究

随着污染场地的治理修复和风险管控实践的不断深入，资金匮乏成为阻碍我国污染场地风险管控有效实施的“瓶颈”。[55]土壤修复产业缺乏有力的政策驱动，污染场地风险管控环境经济政策逐渐得到学界重视，部分学者对污染场地的环境经济政策的框架进行了研究。高彦鑫等[56]在借鉴国外超级基金制度、棕地资金管理制度的基础上，提出适用于我国污染场地风险管控的环境经济政策制定原则、管控融资机制、运作模式和治理范围等，初步构建了我国污染场地风险管控的资金框架。王红旗等[57]揭示了我国污染场地修复产业面临的资金“瓶颈”，如资金投入不足、来源单一、分配不合理等，对比了我国与发达国家在融资政策和机制上的差距，提出包括税收减免政策、预算内财政补助政策、专项发展基金政策、技术引进减免关税政策、政府绿色采购政策等一系列污染场地风险管控环境经济政策，并倡导推行 PPP 模式和污染场地绿色金融。马中等[58]基于“土十条”中“到 2030 年，受污染耕地安全利用率达到 95%以上”的目标，测算了 2021—2030 年我国耕地安全利用和修复的资金需求，并从财政投入机制、充分发挥土地资源属性、改变污染耕地土地使用性质等角度提出耕地修复资金的有效实现机制。

（2）我国污染场地风险管控基金制度研究

在众多类型的污染场地风险管控环境经济政策中，根据发达国家的成功经验，我国学者普遍认为应设立长效、可持续的污染场地风险管控基金制度，作为风险管控和污染修复的资金来源保障，并以此为主题开展了一系列相关研究。蓝虹等[59]首先提出构建我国政府性土壤修复信托基金，并配套提出了基金运行的法律基础、资金来源和管理机制。董战峰等[60]针对“土十条”巨大的基金需求，在总结发达国家土壤污染防治基金实践经验的基础上，提出我国国家土壤污染防治基金方案，包括设计思路、资金来源、基金规模、管理机制、使用范围和基金监管等。在 2020 年多部委出台《土壤污染防治基金管理办法》（财资环〔2020〕2 号）后，周志方等[61,62]从“央地分权”视角研究了土壤重金属污染修复基金组织机制，并基于收支平衡提出了我国土壤污染修复基金预算管理体系，在《土壤污染防治基金管理办法》的原则性要求上拓展了污染场地风险管控基金的应用范围和运行形式。

（3）我国污染场地风险管控投融资模式研究

我国学者对于污染场地风险管控投融资方面的研究主要集中在投融资模式的类型、资金来源，以及对投融资模式创新的一些探讨上。王云[63]认为我国污染场地风险管控投融资模式包括污染方付费、收益方付费、政府财政出资回购、PPP 模式、产业基金、专项治理债券等。在资金来源方面，张红振等[64]提出污染场地修复投融资模式的资金来源包括 5 个方面：①国家土壤专项资金的投入；②部分发达省（市）主要的资金来源为政府直接出资，而某些二线省（市）以 PPP 等融资模式为主；③房地产驱动污染场地修复投融资；④关于土地污染状况调查和管理体系强化的投资；⑤园区工业环境管理相关资金等。虽然我国污染场地修复投融资模式发展起步晚，但围绕投融资模式创新的研究仍在不断探索中。孙院贞[65]认为污染场地修复投融资模式需注入社会资本从而得以创新，如修复+拿地、修复+开发+运营 PPP、修复专项债、专项基金、农田与矿山修复模式创新等。王妍[66]通过研究我国有色金属工业土壤重金属污染防治现状，探索解决资金不足等问题的方式，如 EOD、PPP 等商业模式。

2.4.2.2 我国污染场地风险管控环境经济政策的实践进展

与发达国家相比，我国污染场地风险管控环境经济政策的实践起步较晚，根据相关政策出台和措施实践情况，可大致分为两个阶段：

（1）起步阶段（2004—2015 年）

2015 年以前，对污染场地风险管控的环境经济政策关注程度不足，只是对污染场地的风险管控提出了要求，这些要求散见于我国环境保护部门出台的指导意见中，如 2004 年国家环境保护总局发布的《关于切实做好企业搬迁过程中环境污染防治工作的通知》（环办〔2004〕47 号）[67]和环境保护部于 2008 年发布的《关于加强土壤污染防治工作的意见》（环发〔2008〕48 号）。[68]2012 年，环境保护部、工业和信息化部、国土资源部、住房和城乡建设部联合印发《关于保障工业企业场地再开发利用环境安全的通知》[69]，初步确定“谁污染，谁治理”原则，将企业搬迁土壤环境调查、风险评估、治理修复等所需费用列入企业搬迁成本或土地整治成本。

（2）发展阶段（2016 年至今）

2016 年，国务院印发了“土十条”，明确我国土壤污染防治思路为“预防为主、保护优先、风险管控”，污染场地的风险管控制度及配套的环境经济政策逐渐得到重视。2018 年 8 月，我国发布《中华人民共和国土壤污染防治法》，将建立土壤污染防治基金制度从法律层面正式提上日程。

在国家层面，2020 年 1 月，财政部、生态环境部、农业农村部等多部委联合印发了《土壤污染防治基金管理办法》（财资环〔2020〕2 号，以下简称《基金管理办法》）[70]，这是我国首次出台污染场地风险管控领域的环境经济政策。《基金管理办法》将土壤污染防治基金明确为政府投资性质的基金，其设立、运作、终止和退出需遵循市场化要求，并鼓励社会资本的加入；基金运营和管理方案由省级财政部门会同生态环境等部门共同制定，采用绩效管理模式，监督机构为省级财政部门和有关业务部门。《基金管理办法》的出台为各省设立污染场地风险管控基金提供了原则和框架。

在省级层面，吉林、湖南和江苏等省份陆续设立了省级土壤污染防治基金，实施情况如表 2-2 所示。可以看出，目前省级层面的土壤污染防治基金规模在数亿至数十亿之间，首期均为省级财政出资认缴，后面陆续放开社会资本进入。与各地区庞大的污染场地修复资金需求相比，目前的资金规模显然远不能满足，因此基金的投资运营原则一般为优先投资有收益的风险管控项目，力推“滚动回收使用”模式。但由于推出时间尚短，所以目前还没有明确项目支持的案例。

表 2-2 我国省级土壤污染防治基金实施情况

省份	设立时间	规模	支持领域	投资运营原则	运营方
吉林	2020年6月	总规模3亿～5亿元，存续期8年	农用地、工矿用地、公共设施场地等土壤污染防治，土壤污染治理与修复技术研发、工程设计和施工等相关产业发展	政府引导、市场运作、科学决策、滚动发展	由省财政厅、省生态环境厅共同管理，委托吉林省股权基金投资有限公司全资子公司吉林省吉政创新投资有限公司运营
湖南	2020年11月	总规模12亿元，其中首期规模3亿元	投资有收益的土壤污染防治项目，积极探索土壤污染防治项目多元化筹资的渠道	实现治理资金从"只能使用一次"向"滚动回收使用"的转变	由湖南省财政厅、湖南财信金融控股集团有限公司、航天凯天环保科技股份有限公司共同发起
江苏	2020年12月	总规模20亿元，其中，江苏省政府投资基金认缴出资6亿元	重点投向农用地土壤污染防治、土壤污染责任人或者土地使用权人无法认定的土壤污染防治、重点行业企业用地污染和相关工业园区的土壤污染风险监测及管控、具备土壤污染防治和修复技术研发及转化能力的企业或项目等	防治土壤污染、推动土壤资源再利用、保护和改善生态环境	江苏省财政厅设立，机构投资者招募社会资本

2.4.2.3 小结

发达国家自20世纪80年代起即建立了污染场地风险管控环境经济政策体系，经过40余年的发展，目前已形成了较为完善的制度体系，并逐步融合可持续发展理念，在责任界定、管理模式、绿色治理等方面开展改革，在一定程度上达到了效率和公平的平衡。我国在此领域研究与实践起步较晚，国内研究主要着眼于梳理和总结国外相关政策制度的成功经验，结合国内污染场地风险管控实际需求提出政策建议。在实施方面，2018年出台的《中华人民共和国土壤污染防治法》中才正式提出建立土壤污染防治基金制度，2020年发布了国家层面的《基金管理办法》，截至2021年仅有3个省份出台了《基金管理办法》的省级实施细则；在实施角度，《基金管理办法》也未能对基金管理机构、使用条件和监督内容等做出明确规定。总之，我国的污染场地风险管控环境经济政策与国外相比尚存在较大差距。

2.5 污染场地可持续风险管控与再利用实践国外进展

2.5.1 研究概述

相较于西方发达国家而言，我国在污染场地的修复和治理方面起步较晚。欧美发达国家和地区早在 20 世纪 80 年代就已经将土壤污染防治与保护纳入国家政策层面，建立了较为完善的法律规范、技术标准、管理制度体系，采取以风险管控为核心、治理修复与土地再利用为一体的污染土壤可持续风险管控策略。经过几十年的发展，发达国家在污染场地相关研究与实践方面已经积累了大量成熟经验，可以为尚处于初创阶段的我国提供多方面的启发与参考。至今，国际上的土壤污染防治领域已经过几次理念革新，风险管控的基础理念愈加凸显。同时，在欧美近几十年的实践项目统计中，风险管控的应用比例赶超传统的修复技术，并显现出诸多优势。2010 年前后，美国、英国等国家以及一些国际组织也逐步发展至将可持续理念融入污染场地管理与再开发中，强调不仅要清除或控制土壤污染，还要在整个过程中追求实现经济、环境、社会等多方面的综合效益，至今各自都已形成较为成熟的体系，并形成了一系列可参考的实践案例。

美国在污染场地修复与再生方面建立了完善的法律法规体系，主要法律有《超级基金法》和《资源保护及恢复法案》。此外，美国发布了与污染场地风险评估相关的规范指南，如《土壤筛选导则》，为污染场地提供基于风险评估和分类修复的管理框架。此外，美国建立污染场地国家优先名录，根据危害排序系统，确定哪些污染场地应当被优先纳入名录或移除名录。

英国在污染场地管理与治理方面的核心法律为《环境保护法案》2A 部分，将风险评估的理念纳入土壤污染防治的过程中。此外，英国的土壤污染防治技术强调“分阶段的风险评估”，主要分为 3 个阶段，分别用以评估“污染场地特征”“污染暴露情况”以及“修复行动计划”，将“风险管控”与“可持续理念”贯穿污染场地修复再生的全过程。此外，英国可持续修复论坛从环境、社会和经济 3 个方面定义了 15 个污染场地再生的可持续评估指标，形成了第一个完整的可持续修复框架和修复技术评估指标导则。

欧盟在土壤污染防治和再利用方面已建立较为完善的技术体系，主要有两大主体共同致力于探索并解决污染场地的修复和再利用问题，分别是欧洲工业场地修复网络（CLARINET）与欧洲工业污染场地协会（NICOLE），CLARINET 提出“基于风险的场地管理”核心理念，为欧盟各个国家重建污染场地提供合理科学的技术建议，NICOLE 为促进欧洲工业污染场地的振兴提供国际合作与交流的平台。

欧盟体系下的荷兰、德国在污染场地风险管控与治理方面具有一定的前沿性和典型性。荷兰是最早从法律层面落实土壤污染防治与保护的国家之一，颁布的与土壤修复相关的法律法规有《土壤保护法》《土壤修复通告》等，荷兰在污染场地修复过程中，遵循风险评估、适用性原则、可持续利用等前沿理念，强调根据土地当前用途和再开发用途来确定治理目标，通过技术标准明确土壤背景值、干预值和最大值标准，对于污染土壤进行分级分类管理，将土地分为清洁土壤、轻度污染土壤和重度污染土壤，进而为受污染场地的再利用提供不同的风险管控途径，合理规划受污染土地再利用方式。[71]

德国在土壤污染防治方面已经建立联邦—州政府完善的法律法规体系，核心法为《联邦土壤保护法》，配套法为各类联邦法规与各州土壤污染保护法。在风险管控层面，德国提出了 3 种基于风险的土壤环境标准，分别是：①适用于暴露途径的触发值（涉及人体、植物、地下水，其中涉及人体时还考虑到不同土地的利用性质，如商业、居住、科教等）；②基于触发值的行动值（涉及人体、植物、地下水）；③防止新的土壤污染发生的预防值。

日本是世界上最早发现土壤污染的国家之一，伴随法律体系和绿色修复技术的不断完善，逐步跻身土壤污染防治世界先进行列。日本将土壤污染作为七大典型公害之一[72]，在立法层面已经形成以基本法为核心，公害防治法为专项，各类政令、省令、告知、通知等为补充的多元法律体系，重要法律主要有《环境基本法》《土壤污染对策法》《农业用地土壤污染防治法》等，规定 3 类共 26 种特定有害物质的基准值，构建“中央政府—都道府县地方政府—企业团体”三级行政管理体系。日本已经对国土范围内的污染土壤面积、数量及修复成本进行了统计与预估，每年与土壤污染防治与修复相关的数据都会被纳入环境白皮书加以公示。

2.5.2 国外研究案例

（1）再生为公园绿地的案例——加拿大约克维尔重金属场地

加拿大多伦多约克维尔公园占地面积约为 0.36 hm^2，位于多伦多市中心以北的老城区的两街区交汇处，将约克维尔 20 世纪的联排房屋与布卢尔街区的商业大楼连接起来。该基地建设计划可追溯到 20 世纪 50 年代，相关调查显示，当时基地的污染物主要包括重金属、石油、焦油及润滑剂等，大量有毒的工业污染物已经渗透到土壤和地下水中，基地的生态环境受到严重破坏。通过绿地工程，多伦多公园规划、森林筑造部着手将此污染场地规划设计为城市高密度地区的街头公园。自 1994 年起，多伦多市政府便组织对基地的污染情况进行现场勘查，制订详细的生态修复规划。在项目前期，项目组根据多伦多受污染场地目录清单，通过设计问卷调查，结合公众意愿，制定了修复策略。随后，通过特定场地风险评估法（SSRA）建立治理标准，测评并进行治理最低成本估算，选择使用混凝土、土壤或其他材料将污染物就地掩埋。覆土后，引入加拿大松树、桤木等本国物种，形成独特的生态环境。

约克维尔公园的设计目标是建设邻里规模的高密度城区下的高品质休闲娱乐绿色公共空间。公园被划分为 5 个线性花园，花园沿着周边 19 世纪的建筑物的地界线而建。每个线性公园设置一种不同类型的加拿大景观主题，如加拿大松树林中的开放区和密集的种植空间有节奏地交替变换，4 m 高的雨帘喷泉及钢架元素穿梭于公园之中，营造了多样又富有个性的公园环境；裸露岩层和可移动的桌椅形成对比，在为行人提供休憩场所的同时增加了园区的灵活性。

约克维尔公园的建设不仅改善了受污染土地的环境美感，刺激了周边经济的复苏，也增强了社区感和居民认同感。该项目于 2012 年获得美国景观设计师协会奖（ASLA 奖）的地标优秀奖。总结约克维尔重金属污染区拓展生态公园有以下 3 个亮点，包括：

1）结合城市景观园林建设，从安全利用角度实施污染场地再利用规划。污染修复是公园建设的前提条件，拓展生态公园、绿色空间是受污染场地再利用规划的决策内容。两者相辅相成，在两者的基础上，采取覆土掩埋与植被修复相结合的再利用策略，结合景观地形改造和覆土阻隔，建立水平覆盖层以控制风险的同时，为公众提供环境优美的社区绿色公园。

2）在项目实施后，通过土壤抽样检测等方法进行后续环境安全监测管理。政府公共部门根据制定的环境修复和验收技术标准，设置监测系统，对场地及周边环境实施长期跟踪监控，保障受污染土地再利用的可持续性。[73]

3）加强政府公共部门与私营投资者的合作，社区居民参与再利用规划决策。经当地居民和企业主的多次游说之后，多伦多市政府才同意将这片占地 1 英亩的受污染土地改造成一个社区生态公园。这样的信息共享举措在处理受污染土地管理带来的社会效益方面发挥了至关重要的作用。

（2）再生为公园+商业园区的案例——英国斯道克利园区

英国的斯道克利园区（Stockley Park）是对垃圾填埋场进行成功再利用的典范。园区占地约 142 hm^2，距离伦敦市中心仅 40 km，位于伦敦希斯罗国际机场的北面。从大约 1859 年开始的 100 年间，该场地为伦敦的建设活动提供了大量的砖土和砾石，1916 年，采土采石留下的大坑逐渐成为垃圾的倾倒场地，20 世纪 80 年代早期，用以建筑垃圾为主的渣土对场地做了简单覆盖，垃圾最厚处达到了 12.5 m，场地内并未设置填埋气与渗沥液的导排处理系统，属于非正规垃圾填埋场。[74]经过当地政府与私人开发商的共同努力，垃圾填埋场得到了整治再生，场地北部约 81 hm^2 的土地被建设为郊野公园，包含高尔夫球场、游憩场地、骑马道和其他的休闲设施，而南部剩下的 61 hm^2 土地被开发为技术商业园区（图 2-1）。

1945 年改造前

1999 年改造后

图 2-1 英国伦敦斯道克利园区改造前后

污染土壤在场地内的治理方式成为项目成功的关键。斯道克利园区项目的污染土方是多年填埋的生活垃圾和建筑垃圾，排出的渗沥液对场地南边界的大联合运河（Grand Union Canal）中的水质造成了严重的污染。为了将项目施工对周边区域的干扰降至最小，同时节省运输与治理费用，所有污染土壤均在场地内处理，这也使对其利用达到了最大化。场地内的垃圾从南向北进行了重新布局，南部未来商业园区用地内的垃圾被彻底迁移至北部郊野公园的用地内，这样做一方面确保了商业园区的场地不再受环境污染的威胁，另一方面利用新移来的垃圾在郊野公园塑造了丘陵起伏的地形。并且，垃圾整体的占地面积缩小了，有利于渗沥液和填埋气的收集处理与监测。[74]如图 2-2 所示。

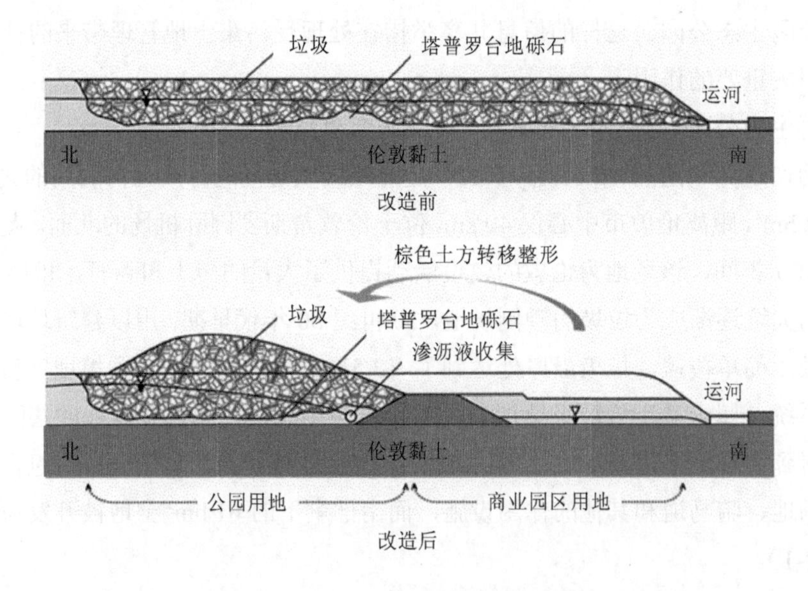

图 2-2 改造前后的园区剖面示意图

垃圾层底部是一种被称为“伦敦黏土”（London Clay）的不透水黏土层。通过探测，项目团队发现垃圾层与黏土层之间还有采石期间遗留下的部分砾石层。于是，砾石被挖掘出来作为南部商业园区的建筑地基，而部分黏土则用于修筑阻止北部垃圾渗沥液向南部渗透的地下隔断。并且，从北部挖出黏土与砾石也腾出了更多的空间，可以用于填埋从南部移来的垃圾。斯道克利园区项目施工时，共有 400 万 m^3 的土方工程，是当时欧洲正在进行的最大的土方工程项目。

生活垃圾填埋场的污染监测是一个长期的过程，斯道克利园区布置有 40 个永久性的监测井对水质和排放气体进行长期监测。为了将填埋气对植被的影响减到最低，垃圾堆体迁移整形的过程中将新鲜垃圾填埋在陈腐垃圾之下。封场后的第一年，场地中仅播撒了草种形成临时覆盖。这样做有两个目的，其一是改善土壤结构、增加有机质并防止地面侵蚀；其二是作为填埋气逸出点的“指示物种”，进而采取相应的处理措施。场地的土壤构成也充分地利用了场地中的棕色土方，原来表层以建筑垃圾为主的覆盖层被按照其所含碎石的比例多少分为两类，少于 40%的为 A 类，其余为 B 类。改造后的场地植被层土壤分为两层，底层为 75 cm 厚的 B 类覆盖物与陈腐垃圾的混合层，顶层为 55 cm 厚的 A 类覆盖物和附近两个污水处理厂所产生的污泥形成的混合物。场地中共种植了超过 14 万株的乔灌木，成活率非常高。一般而言，垃圾填埋场上树木的死亡率会达到 30%，甚至更高，但是斯道克利园区树木的死亡率仅为 7%[75]。

（3）再生为太阳能产业园的案例——美国砖镇垃圾填埋场[76]

砖镇垃圾填埋场（Brick Township Landfill Superfund Site）从 20 世纪 40 年代末开始运作，主要处理生活垃圾、建筑垃圾、植物垃圾以及污水和化粪池垃圾，1979 年停止填埋作业。垃圾填埋场的污染物渗入地下水、土壤和沉积物，大约有 470 英亩地下水受到影响。最终 USEPA 于 2008 年制订了安装不透水的填埋场盖的计划，并实施地下水监测计划及限制地下水的使用。USEPA 鼓励在受污染的土地上开发太阳能和其他可再生能源，并建立绿色能源伙伴关系，为场地购买者提供技术支持、专家服务、工具和资源等。场地所有者最终决定利用场地实施可创造较高收入的太阳能再开发项目，将污染场地用途转变为清洁能源供应（表 2-3、图 2-3）。

表 2-3 砖镇垃圾填埋场治理过程主要时间线

时间	实践
1940—1979 年	垃圾填埋场作业
1980 年	新泽西州环保局（New Jersey Department of Environmental Protection，NJDEP）开始调查
1983 年	USEPA 将其列入 NPL
1980—2007 年	NJDEP 和 USEPA 治理并监测地下水

时间	实践
2008—2009 年	USEPA 发布治理调查/可行性研究和计划并开始实施治理计划
2010 年	镇政府发布填埋场重建计划
2012 年	镇政府议会成员投票通过太阳能设施建设方案
2012—2014 年	开始安装太阳能电池板并投入使用

图 2-3 砖镇垃圾填埋场治理后照片

总结项目风险管控与再开发措施，首先 USEPA 与州环保机构合作紧密，对场地污染进行调查，后又与场地所有者镇政府针对再利用用途进行商讨，使项目能较顺利地实现污染的控制和绿色能源再利用。同时，一定进深的种植隔离带有效保护了周边居民的生活环境，并在项目实施过程中始终保持与居民的充分沟通。本项目是污染场地项目在污染物无法完全得到治理的情况下，也可以创造经济价值的成功案例。

（4）再生为混合用途的案例——美国米德维尔矿渣场[77]

米德维尔矿渣场位于美国犹他州（Utah）盐湖城（Salt Lake City）以南 12 英里①的米德维尔市（Midvale City），占地 700 多英亩，并且坐落于城市中心区域。米德维尔市、USEPA、犹他州环境质量部门（the Utah Department of Environmental Quality，UDEQ）、Littleson，Inc（地块所有者）进行合作，试图对场地进行治理和再开发，虽然在最初的工作中，并没有将场地再利用列入计划中，以至于限制了未来的使用机会，但最终各方面还是达成一致，使其成为 1999 年区域内第一个 USEPA 超级基金再开发试点的项目，项目有了突破性的进展。

1871—1958 年，场地周边共有 5 家冶炼厂在场地内或附近加工铅和铜，现场作业和

① 1 英里≈1 609.34 m。

肥料导致土壤和地下水受到重金属的污染（图 2-4、表 2-4）。

图 2-4 米德维尔矿渣场冶炼设备历史照片（1941 年）

表 2-4 米德维尔矿渣场治理过程主要时间线

时间	实践
1871—1958 年	场地内有 5 家铅和铜冶炼厂
1982—1992 年	USEPA 对场地进行调研并将场地放入 NPL
1996—1999 年	在未考虑再利用的情况下，治理活动出现无法推动的情况，于是在 1999 年将场地列入超级基金再开发试点项目
2000 年	米德维尔市议会通过宾厄姆枢纽再利用评估和总体规划
2000—2008 年	多方统一意见并将治理和重建场地相关联
2009—2011 年	场地逐步按照规划建设完成

20 世纪 90 年代末，犹他州米德维尔市面临人口增加和经济增长带来的城市扩张挑战，使城市土地变得十分紧张。毗邻市中心的米德维尔矿渣超级基金场（Midvale Slag Superfund Site）与沙伦钢铁厂的再利用，可以缓解城市用地紧张的情况。于是在 2000 年，一个集商业办公、零售、住宅、公寓和公共绿地等用途于一体的城市区域规划——宾厄姆枢纽再利用评估和总体规划（Bingham Junction Reuse Assessment and Master Plan）被率先提出。在 USEPA、州、市和土地开发者的共同努力下，污染场地实现了以再利用为导向的可持续治理，保证了工作效率的同时也节约了投资。

历经 30 年的从单纯的场地污染治理到治理与再开发相结合的发展策略的变化，象征着决策者如 USEPA 及其他利益相关者在以变化的眼光看待污染场地治理和再开发存在的政策扶持、资金筹措和未来投资前景等问题，并没有一味地要求任何一方承担无法承受的经济责任或压力。经过多年的发展，场地已发展为有活力的混合功能区域：住宅、办公楼、商业设施、公共绿地等共存于场地内，同时创造了约 600 个工作岗位、150 万美元的财产税收，以及 1.31 亿美元的房产增值（图 2-5）。

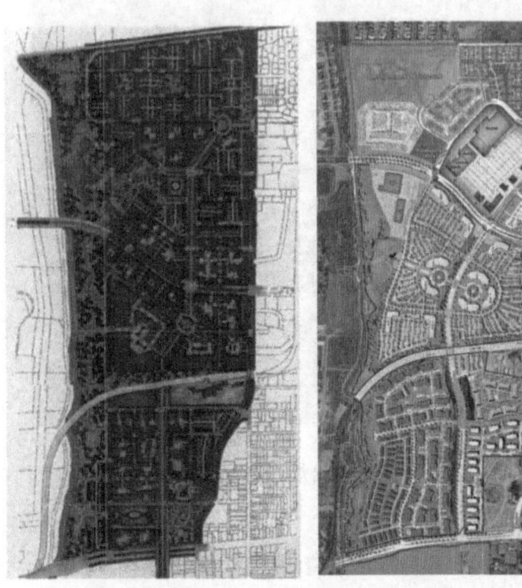

图 2-5　场地早期规划和最终实现的规划

来源：https：//semspub.epa.gov/work/08/1570714.pdf。

在项目运行过程中，USEPA 积极与利益相关者合作，如 UDEQ、市政府、场地所有者、潜在买家等，使场地污染治理和再利用共生于场地中，在治理中就可以依据未来需要处理污染物；在实施流程中，USEPA 负责提供工具和资源，州环保部门、当地政府和社区则在更细致的场地建设中投入；他们积极与利益相关者共享信息，以更有效地推动项目进程和进行决策；同时当地政府扮演了重要的领导作用，以协调项目进程；最后场地顺利的再利用得益于超级基金计划对场地细致的调研及可行性研究。

3 污染场地环境管理绩效评价机制方法研究

本章针对我国污染场地环境管理绩效评价的现状和需求，改进并创新性地建立了基于 DPISIR 框架的污染场地环境管理绩效评价指标体系和方法，构建了多模型耦合的污染场地环境管理绩效评估机制模型库，确定了污染场地环境管理绩效阈值方法。面对绩效评价指标复杂繁多的困难，本章运用机器学习等大数据研究方法筛选建立污染场地环境管理绩效表征因子库，极大地提高了污染场地管理效率。结合污染场地环境管理绩效评价技术方法体系和表征因子研究，建立了多尺度的污染场地环境管理绩效评价方法指南，该指南应用到了全国 400 余个场地的环境绩效评价中。

3.1 研究概况

我国污染场地数量庞大，据估计有 30 万～50 万块污染场地，污染原因和程度还不清楚，场地修复与风险管控资金已投入上千亿元，但仍然存在资金匮乏、治理效率低下、管理责任落实不到位等问题。归根结底，我国污染场地环境绩效管理水平亟待提升。绩效评估作为管理成效的重要考核评估工具，对于改善场地环境质量、提高场地治理资金分配使用效率、打通再利用渠道和落实环境目标责任制都具有重要意义，有助于实现污染场地治理体系与能力现代化。

为解决上述问题，本研究首先梳理了我国污染场地相关的管理政策、分析了污染场地管理目标，根据目标导向，构建了多模型耦合的污染场地环境管理绩效方法，并结合可持续发展目标（SDGs）构建了多尺度、多层次的污染场地环境管理绩效评估机制，收集了 408 个污染场地数据，对有效的 389 个污染场地的环境管理绩效进行评估，建立了多目标、多要素的污染场地环境管理绩效评价的耦合关系模型。量化绩效评估阈值，研究分级污染场地环境管理绩效机制，形成多尺度的环境管理绩效评价程序与方法体系。

污染场地环境管理绩效评估机制及方法的研究旨在阐明污染场地环境管理绩效评估机制，建立可持续发展的污染场地环境管理绩效评估模型，设计面向现代化的污染场地环境管理绩效评估的指标，构建污染场地环境管理绩效机制的方法、程序和内容，为“土十条”考核和《中华人民共和国土壤污染防治法》执法检查，以及国务院、生态环境部和各省（区、市）制定的具体污染场地安全利用考核细则和考核办法细则等提供科学支撑，为重点解决建设用地安全利用和再开发的突出性的污染问题等提供技术支持。

绩效研究的主要内容如下：

（1）基于 DPSIR 的绩效评价模型构建

调研我国 408 块污染场地管理目标和要求，分析现行行政监管体系下的污染场地管理的缺陷，尤其是与面向现代化和国际接轨的不足，设计与可持续发展高度契合的污染场地环境管理绩效评价框架和内容，基于 DPSIR 模型的架构，确定国家—省级—地市（区、县）不同层次考核需要的变量，确定各个变量的定量值和定性值，再结合污染场地类型，确定绩效评价指标体系指标量，根据指标量对模型的贡献，建立各指标权重，研究不同模型应用的绩效综合值算法，并建立模型库，给出模型库使用的范围和绩效可行区间，进而阐明场地环境管理绩效水平。

（2）面向环境治理现代化的评价指标

基于现代化污染场地治理要求，分析 3 种类型污染场地化学成分谱，调研污染场地环境管理绩效的影响因素，研究污染场地环境管理绩效的特征变化规律与其他要素的关系，探索不同污染场地管理表征因子及其定量化关系，确定评价指标。同时研究治理能力、治理效率、管理目标、环境质量、经济效益、社会影响、环境治理现代化程度、高质量发展要求的表征因子和表征因子系数，建立精准的、多目标融合的、快速遴选的、方便查询的指标库。

（3）多尺度的环境管理绩效评价程序与方法体系研究

借鉴国际经验，解耦污染场地的使用、污染修复和防治、风险管控、经济效益等目标之间的关系，并量化不同目标对绩效评估的影响值，探明多目标、多要素、多阶段场地污染环境管理绩效评价的技术方法，建立多目标、多要素的污染场地环境管理绩效评价的耦合关系模型。量化绩效评估阈值，研究污染场地管理分级绩效机制，形成多尺度的环境管理绩效评价程序与方法体系并开展实例应用。同时探索融合大数据分析的污染场地环境管理绩效评估方法，评估不少于 50 块典型污染场地的环境管理绩效，建立技术体系和指南，被国家有关部门采纳。

具体的技术路线见图 3-1。

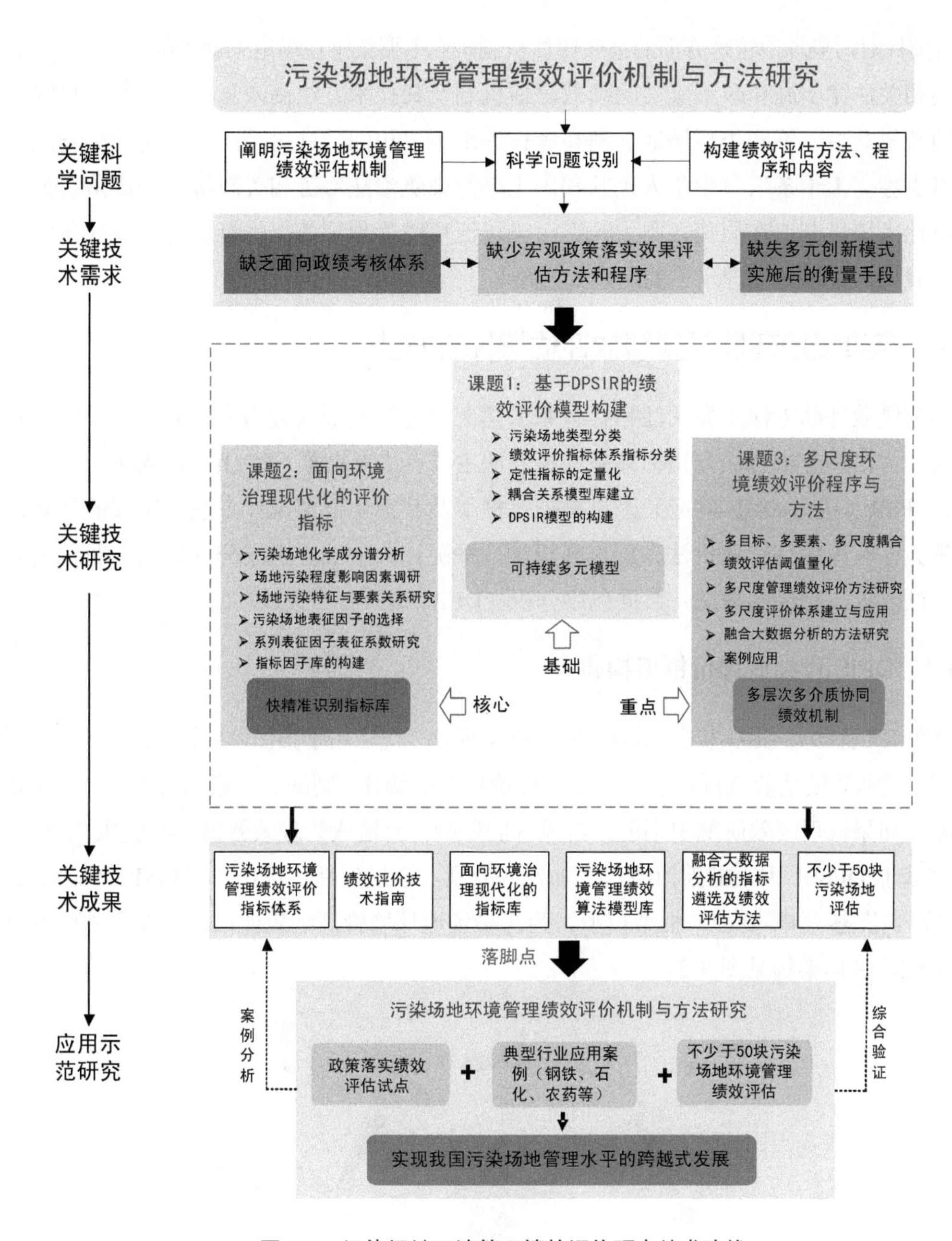

图 3-1 污染场地环境管理绩效评价研究技术路线

3.2 污染场地环境管理绩效评估机制研究

近年来，国际上许多国家逐渐开展环境绩效评估实践，为各国环境政策的制定、方向改进和途径优化提供了有力依据。[78-80]我国也开展了环境相关领域的绩效评估研究工作，然而目前针对污染场地管理方面的绩效评估机制研究主要集中在场地土壤风险评估方面，针对土壤相关法律实施和政策落实的绩效评估机制及其技术方法尚未见报道。[81-85]我国污染场地数量众多，不同类型场地管理和考核诉求不尽相同，针对不同类型的污染场地，构建以支撑“土十条”、《中华人民共和国土壤污染防治法》等相关政策和法律落实为目标的量化考核机制迫在眉睫，亟须开展污染场地环境管理绩效评价机制与方法的研究，以实现我国污染场地管理水平的跨越式发展。

3.2.1 污染场地环境管理绩效评估指标与方法

环境绩效评估方法主要关注指标体系的建立，已发展形成较为成熟的绩效评价指标体系构建方法和分析方法。指标体系构建方法主要有主题框架，IOOI（投入-产出-结果-影响）、PSR（压力-状态-响应）因果框架等框架及其衍生框架设计方法。主要的绩效评价分析方法有模糊综合评价法、层次分析法、平衡计分卡法、主成分分析法、灰色关联度分析法、人工神经网络法、数据包络分析（DEA）法等。

3.2.1.1 DPISIR 绩效评价框架构建

DPSIR（驱动力-压力-状态-影响-响应）框架模型广泛应用于指标体系构建。在研究过程中发现，该框架模型若直接用于环境绩效评价体系的构建，则缺少了最重要的一项——投入要素。如果管理绩效研究中不能分析投入的影响，会造成管理绩效值存在较大的误差。本研究基于 DPSIR 因果框架模型，增加投入要素，改进创新，提出了 DPISIR（驱动力-压力-投入-状态-影响-响应）框架模型，为污染场地环境管理绩效评估机制及方法研究奠定了基础，具体架构见图 3-2。

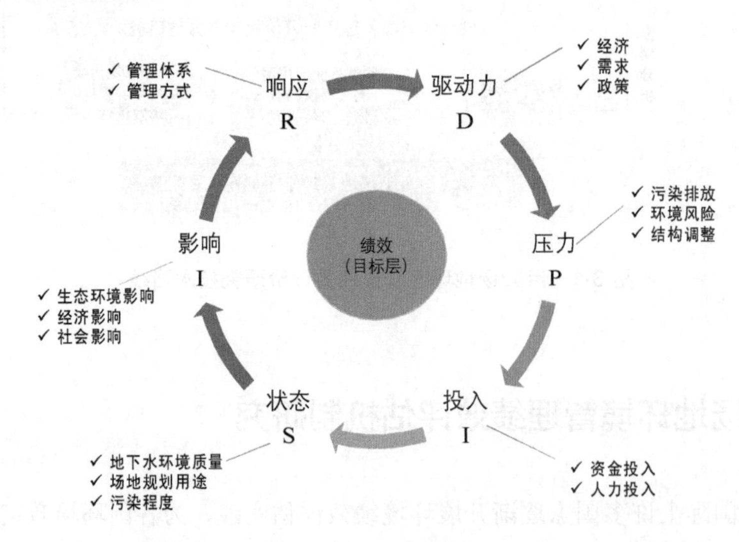

图 3-2 DPISIR 模型

3.2.1.2 评价指标体系与方法

基于我国污染场地环境管理绩效评价机制的政策梳理，综合多种管理绩效评价体系建立方法，构建了基于 DPISIR 框架模型的多模型耦合的污染场地环境管理绩效评估机制的模型库关系图（图 3-3），提出了包括随机森林及毒性当量法确定表征因子及表征因子系数、多因子相关分析及多要素拟合确定影响因子、定性因子 Russell 模糊定量化分析、多因子投入产出的 DEA 分析确定指标因子、熵权 TOPSIS 法确定权重及决策、聚类及自然断点法确定不同绩效水平阈值、莫兰指数及 Getis-Ord Gi*热点分析的空间分析确定场地-市（县）-省域-国家多层次的污染场地环境管理绩效评估机制研究模型库，解决了我国污染场地环境管理绩效评估顶层设计中存在的实际问题。

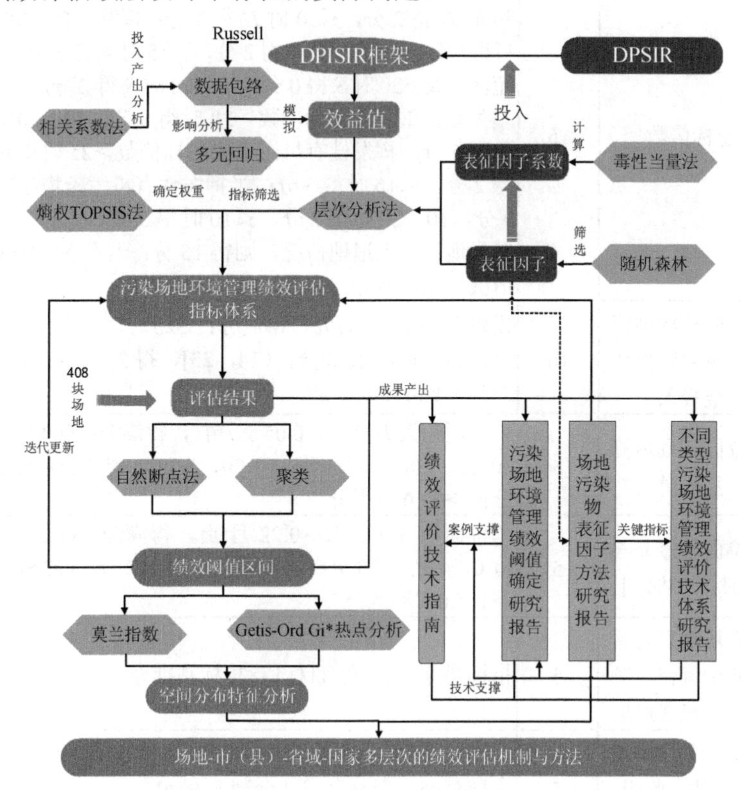

图 3-3　污染场地环境管理绩效评估机制和方法研究模型库关系图

根据耦合模型及污染场地数据构建了污染场地环境管理绩效评估的指标体系。该体系以污染场地的再利用需求为出发点，考虑污染类型和污染程度，创造性地引入了投入指标（资金、时间和人力成本）。状态指标则从时间维度的经费使用状态和管理进程入手。影响和响应指标分别从生态环境、经济、社会 3 个方面综合考量，指标体系详情见表 3-1。污染场地指标体系使用基准分结合赋分规则的方法给分。

表 3-1 基于 DPISIR 的污染场地环境管理绩效评估指标体系

一级指标	二级指标	三级指标	基准分	评分方法
驱动力 D	需求	用地规划类型	5	一类地：居住用地（R）、公共管理与服务设施用地（A）、商业服务业设施用地（B），高，得 5 分 二类地：工业用地（M）、道路与交通设施用地（S）、物流仓储用地（W）、公用设施用地（U），中，得 3 分 三类地：暂不开发用地（P）、绿地与广场用地（G），低，得 1 分
压力 P	环境风险	污染类型	15	污染类型分数=基准分×（$1-x_i$），其中，x_i 为特定污染物类型的对应分数。各污染物类型的分数为：重金属类污染物为 0.35，挥发性有机物（VOCs）为 0.20，半挥发性有机物（SVOCs）为 0.40，其他有机物为 0.05
		超标倍数	15	分数=$H_i+V_i+S_i$。一类地：重金属超标倍数＞30 时 H_i 得 0 分，20～30 时 H_i 得 2 分，＜20 时 H_i 得 5 分；挥发性有机物超标倍数＞25 时 V_i 得 0 分，15～25 时 V_i 得 2 分，＜15 时 V_i 得 5 分；半挥发性有机物超标倍数＞20 时 S_i 得 0 分，10～20 时 S_i 得 2 分，＜10 时 S_i 得 5 分。 二类地：重金属超标倍数＞30 时得 0 分，20～30 时得 2 分，＜20 时得 5 分；挥发性有机污染物超标倍数＞25 时得 0 分，15～25 时得 2 分，＜15 时得 5 分；半挥发性有机污染物超标倍数＞20 时得 0 分，10～20 时得 2 分，＜10 时得 5 分。 三类地：若无退地情况，则得 15 分；若存在一类或二类地的退地情况，则得 0 分
投入 I	资金	单位面积场地修复与风险管控资金投入	10	投资金额≤0.5 万元，得满分；(0.5，1]，得 9 分；(1，3]，得 7 分；(3，14]，得 5 分；(14，23]，得 3 分；(23，380]，得 1 分；＞380 不得分
	人力	单位面积场地修复人员	5	单位面积人力投入≤0.05 人/亩[①]，得满分；(0.05，0.22]，得 4 分；(0.22，1.00]，得 3 分；(1.00，5.20]，得 2 分；(5.20，25.0]，得 1 分；＞25.0 不得分
	时间	单位面积修复与风险管控时间	5	单位面积时间投入≤0.22 月/亩，得满分；(0.22，1.0]，得 4 分；(1.0，4.0]，得 3 分；(4.00，22.5]，得 2 分；(22.5，105.0]，得 1 分；＞105.0，不得分
状态 S	经费使用状态	污染场地风险管控和治理修复项目开展经费进度	5	指标得分=实际值/目标值×指标基准分
	管理进程	完成相关阶段规定的评估、监测、验收等相关要求	5	全部有=5，部分有=3，全部没有=0
影响 I	生态环境影响	固体废物排放量	5	单位面积固体废物排放量≤0.06 t/亩，得满分；(0.06，0.7]，得 3 分；(0.7，8.4]，得 1 分；＞8.4，不得分
		废水排放量	3	单位面积废水排放量≤0.33 t/亩，得满分；(0.33，2.4]，得 2 分；(2.4，17.5]，得 1 分；＞17.5，不得分
		二氧化碳排放量	5	单位面积碳排放量≤1.3 t/亩，得满分；(1.3，7]，得 3 分；(7，36]，得 1 分；＞36，不得分

① 1 亩≈666.67 m^2。

一级指标	二级指标	三级指标	基准分	评分方法
影响I	经济影响	出售地价	5	高出该地区的平均地价 20%及以上：5；其他：3；低于该地区的平均地价 20%及以下：1，北上广深杭津赋值为 5 分
	社会影响	对区域可持续发展影响度	5	高：5；中：3；低：1。规划为道路用地、工业用地、科研教育用地、生产用地，价值相对较高，为高；单纯商住用地、居住用地、公园绿地等为中；规划为暂不开发、农田、林地等为低
响应R	经济响应	带动地方和社会资金投入	3	一类用地再利用得 3 分；二类用地再利用得 2 分；三类用地再利用得 1 分；退地得 0 分。一类地：居住用地（R）、公共管理与服务设施用地（A）、商业服务业设施用地（B）；二类地：工业用地（M）、道路与交通设施用地（S）、物流仓储用地（W）、公用设施用地（U）；三类地：暂不开发用地（P）、绿地与广场用地（G）
	生态环境响应	绿地恢复率	6	指标得分=实际值/目标值×指标基准分；超过目标值，按满分计算
	社会响应	周边群众满意度	3	满意度≥90%，得满分；[80%，90%)，得 2 分；[60%，80%)，得 1 分；＜60%，不得分

投入产出（产出指标包括影响和响应指标）指标和污染超标倍数的打分依据 DEA 模拟的绩效和该指标的曲线关系拟合得到（图 3-4），以其中人力投入的评分方法为例。根据绩效值对应的单位面积人力投入值确定赋分阈值，以此确定给定场地人力投入区间下的得分。人力投入对应绩效阈值与对应赋分情况如表 3-2 所示。

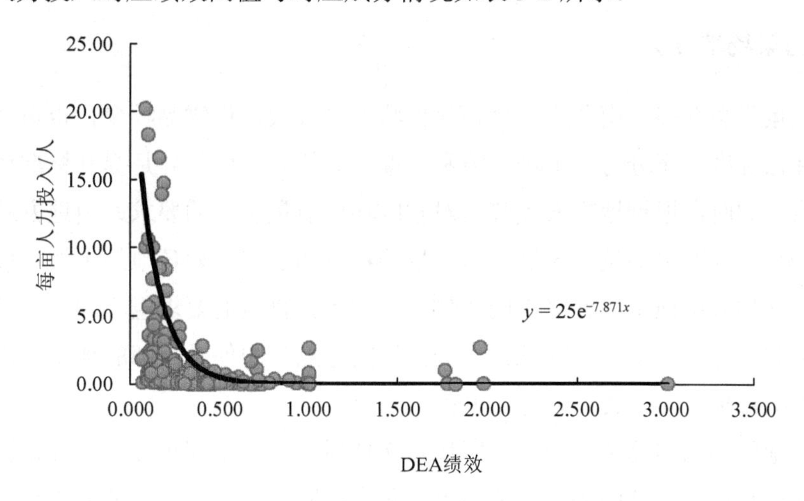

图 3-4 人力投入与 DEA 绩效的拟合曲线

表 3-2 人力投入值赋分表

绩效值	0	0.2	0.4	0.6	0.8	＞0.8
每亩人力投入/人	25.00	5.18	1.07	0.22	0.05	＜0.05
赋分	0	1	2	3	4	5

污染场地环境管理绩效评价结果量化为百分制综合评分，并按照综合评分进行分级。综合评分为80分（含）以上的为“优”，65分（含）至80分的为“良”，50分（含）至65分的为“中”，50 分以下的为“差”。区域污染场地环境管理绩效评价：10%（含）以上的污染场地环境管理绩效等级为优且小于5%的污染场地环境管理绩效等级为差的区域，区域污染场地环境管理绩效等级为优；10%（含）以上的污染场地绩效等级为优且大于5%（含）的污染场地绩效等级为差的区域，区域污染场地环境管理绩效等级为良；10%以下的污染场地绩效等级为优、大于 30%（含）的污染场地绩效等级为良且无绩效等级为差的区域，区域污染场地环境管理绩效等级为良；10%以下的污染场地绩效等级为优、大于 30%（含）的污染场地绩效等级为良且有绩效等级为差的区域，区域污染场地环境管理绩效等级为中；10%以下的污染场地绩效等级为优、小于 30%（含）的污染场地绩效等级为良且小于5%的污染场地绩效等级为差的区域，区域污染场地环境管理绩效等级为中；其他污染场地环境管理绩效皆为差。

3.2.2 污染场地环境管理绩效评估应用分析

该污染场地环境管理绩效评估方法体系应用到全国范围内不同行业类型、不同区域、不同污染类型和污染程度，以及不同技术类型等的 408 个场地中，应用结果具有普遍参考意义。

3.2.2.1 污染场地分类

我国土壤类型众多，南北方土壤理化性状差异较大，作物品种变化也很大。因此，对于土壤环保标准，充分考虑土壤环境和土壤污染的区域性差异是提升标准体系适用性的重要因素。同时，根据地方人民政府对辖区环境质量负责的要求，由地方政府制定土壤环境保护相关标准更能反映区域土壤环境的特点和要求，如各地的土壤环境背景值就不尽相同，又如农用地土壤针对不同作物品种的污染物限值要求也不同，应具体问题具体分析。因此，土壤污染具有区域性、局部性的特点。即使是相邻的地块，由于使用目的不同、保护目标不同，其污染特征也存在差异。

由于土地的不同用途和差异性的区域水文地质特征，不同重点行业如钢铁、化工、农药等的在用和退役场地的潜在特征污染物各有不同，导致土壤污染通常呈现不均匀分布，空间变异性较大，区域性污染特征显著。所以应围绕场地污染管理这个核心，对于不同地区、不同污染程度的土壤，突出重点，对症下药，因地制宜。针对该地区的环境特征、污染物迁移转化规律、土壤岩性、土壤及地下水理化性质特征等，提出基于场地的应对措施，这样才能有效地推进场地环境的综合治理，深化污染场地的环境质量管理，提高居民的生存环境质量。先对污染场地进行分类，才能对指标进行分类。

因此，研究使用区域、行业类型、污染类型、规划用地类型等分类维度开展污染场地的绩效评价指标选取和评价工作（表 3-3）。行业类型结合场地情况分为 8 个大类（GB/T 4754—2017），按照规划用地类型将场地分为居住用地等 9 类（GB 50137—2011），其中居住用地、公共管理与服务用地和商业服务业设施用地属于敏感的一类用地（GB 36600—2018）；按照污染类型中的重金属（HM）、挥发性有机物（VOCs）和半挥发性有机物（SVOCs）及其组合等分成 8 类场地。此外，还按照场地所使用的修复与风险管控模式和技术类型将场地划分为不同的类型，通过绩效评估探索不同类型污染场地修复与风险管控策略和再利用规划选择等科学问题。

表 3-3 污染场地分类

分类	子类	指标	指标描述
场地属性	行业	行业类型	化工（CI）、矿业开采与加工（ORE）、金属冶炼与加工（MSP）、能源开采与供应（EPS）、非金属制造（NMPI）、纺织与制革（TT）、机械制造（MM）和其他（OS）
	污染	污染类型	HM[1]，VOCs[2]，SVOCs[3]，其他有机物，HM + VOCs，HM + SVOCs，HM + VOCs + SVOCs，VOCs + SVOCs
	用地规划	规划用地类型	居住用地（R）、道路与交通设施用地（S）、商业服务业设施用地（B）、工业用地（M）、暂不开发用地（P）、公共管理与服务用地（A）、绿地与广场用地（G）、其他（农地、林地等，Q）和物流仓储用地（W）
修复与风险管控	修复	修复模式	原位、异位（包括原地和异地）、原位和异位、原地异位、异地异位
		技术类型	物理化学修复技术（Tech1）、生物修复技术（Tech2）、热处理修复技术（Tech3）、风险管控技术（Tech4）、联合修复技术（Tech5）、联合修复与风险管控技术（Tech6）
	风险管控	风险管控模式	治理修复（M1），工程控制 + 制度控制（M2），治理修复 + 工程控制 + 制度控制（M3）

注：1：HM = 重金属；2：VOCs = 挥发性有机物；3：SVOCs = 半挥发性有机物。

3.2.2.2 污染场地特征分析

（1）污染场地数据收集

收集全国范围内的污染场地修复与风险管控工程管理过程报告，包括污染调查报告、风险评估报告、修复与风险管控工程技术方案、修复实施方案、验收报告等，本研究所收集的都是已经完成修复与风险管控工程及处于后续管理阶段中的场地的相关报告。从相关报告中提取场地环境管理绩效评估指标体系中的对应数据和地块名称、地址、城市、省份、经纬度、所属国民经济行业类型、风险管控模式、土壤处置方式、污染类型、污染物超标倍数等指标。形成的污染场地环境管理绩效评价数据库见图3-5。

序号	地块id	地块名称	省/直辖市	城市	经度	纬度	行业类型	风险管控模式	修复技术	土壤处置方式	污染类型	污染物超标倍数	修复原因	投产年份	土方量（修复与风险管控）
1		安庆市宜秀区大龙山息锑废弃石矿宕口区	安徽省	安庆市	117.01236	30.60914	有色金属矿	治理修复+工程	原地异位-土	原地填埋	无机型（	1.61	污染严重	2019	29
2		安庆曙光精细化工厂原厂址	安徽省	安庆市	117.20977	30.50003	化学原料和	治理修复+工程	原地异位-异	原地填埋	无机型（	25.18	不符合长江	2019	5
3		原滁州市金丰化工有限责任公司	安徽省	滁州市	118.00114	32.8056	化学原料和	治理修复	异地异位-水	资源化利用-水	无机型+有	1.92	土十条工作	2020	1287
4		定远县泉鑫化工原厂址	安徽省	滁州市	117.27527	32.57862	化学原料和	治理修复	异地异位-水	资源化利用-水	有机型（	6.15	关闭搬迁企	2020	
5		界首市昊源化工有限公司原厂址地块	安徽省	阜阳市	115.38061	33.26278	化学原料和	治理修复	原地异位-异	原地填埋	无机型+有	32.44	关闭搬迁企	2020	
6		原凤台县淮河化工厂	安徽省	淮南市	118.49458	33.04662	化学原料和	治理修复	原地异位-异	原地填埋	有机型（	134.5026797	风险：污染	2019	3176
7	66	黄山市新光不锈钢材料制品有限公司	安徽省	黄山市	117.84253	29.9121	金属制品业	治理修复	原地异位-异	原地填埋	有机型+无	55.46	月潭水库	2021	10
8		花山区濮塘镇笔架山废弃矿区	安徽省	马鞍山市	118.64211	31.69992	其他采矿业	工程控制	原位-风险管	-	无机型（	4.57	矿产开发	2019	19
9		芜湖市新兴铸管弋江区老厂5#地块	安徽省	芜湖市	118.16992	31.2261	黑色金属冶	治理修复+工程	原地异位-异	原地填埋	无机型+有	190	不符合城市	2019	15921
10		芜湖新兴铸管弋江老厂区11#地块	安徽省	芜湖市	118.16992	31.2261	黑色金属冶	治理修复	原地异位-土	原地填埋	无机型+复	118.95	不符合城市	2022	5951
11		芜湖新兴铸管弋江老厂区12#地块	安徽省	芜湖市	118.16992	31.2261	黑色金属冶	治理修复	原地异位-土	原地填埋	无机型+有	7.67	不符合城市	2022	21744
12		芜湖市造船厂原厂址二期地块场地	安徽省	芜湖市	118.17881	31.25322	铁路、船舶	治理修复	异地异位-水	资源化利用-水	无机型（	13.87	不符合城市	2022	822
13		东方化工厂地块	北京市	北京市	108.65857	19.1011	化学原料和	治理修复+工程	原位-原位多	-	有机型（	5	不符合城市	2020	150
14		北辛安棚户区改造项目690、692地块	北京市	北京市	117.93333	39.91363	化学原料和	治理修复	异地异位-水	资源化利用-水	无机型+复	48.34428571	不符合规划	2019	11507
15		北京市民政工业总公司改造地块	北京市	北京市	116.39015	39.98817	通用设备制	治理修复	异地异位-水	资源化利用-水	无机型（	36.68	为解决职工	2019	1
16		丰台区卢沟桥南里4、5、6号地块定向安置	北京市	北京市	116.24065	39.85373	通用设备制	治理修复	异地异位-异	资源化利用-水	有机型（P	NA	为建设定向	2017	1663
17		首钢园区三号高炉及周边道路地块污染土	北京市	北京市	108.74258	30.64058	黑色金属冶	治理修复+工程	原地异位-异	原地填埋	有机型（	28.48	发改委压缩	2018	568
18		首钢园区脱硫车间地块及周边道路-污染	北京市	北京市	113.13297	23.02385	黑色金属冶	治理修复+工程	原地异位-异	原地填埋	有机型（	22.48	发改委压缩	2018	6
19		制粉车间改造地块	北京市	北京市	113.13297	23.02385	黑色金属冶	治理修复+工程	原地异位-异	原地填埋	无机型+复	41.312	发改委压缩	2018	23330
20		首钢园区群明站地块	北京市	北京市	116.1773	39.91448	黑色金属冶	治理修复+工程	原地异位-异	原地填埋	有机型（	13.742	发改委压缩	2018	1582.
21		首钢园区冬季奥运会冰上项目训练中心地	北京市	北京市	116.1773	39.91448	黑色金属冶	治理修复+工程	原地异位-异	原地填埋	有机型+无	63.7	发改委压缩	2018	1237
22		将乐县三华轴瓦有限公司原址地块	福建省	三明市	117.53163	26.77621	金属制品业	治理修复	异地异位-水	资源化利用-水	有机型+无	51.01	工业企业退	2021	24656
23		莆田市荔城区恒赫五金电镀厂	福建省	莆田市	119.01948	25.43975	金属制品业	治理修复	原地异位-异	原地填埋	无机型（	46.35	停产多年，	2020	442
24		岷县曙光金矿龙王矿区土壤污染治理项目	甘肃省	定西市	104.23669	34.52294	有色金属矿	治理修复+工程	原位+原地异	原地填埋	无机型（A	6.05	非法采矿	2018	9
25		兰州市自来水管线（兰州石化公司厂区属	甘肃省	兰州市	103.61072	36.12998	石油、煤炭	治理修复+工程	原地异位+原	-	有机型（	NA	突发环境事	2021	157
26		东莞市洪梅镇污水处理中心地块	广东省	东莞市	113.59524	22.99764	水的生产和	治理修复+工程	原地异位-土	原地填埋	无机型（	4.63	再开发利用	2021	6503
27		佛山市三水区西南【2019-2020】01地	广东省	佛山市	112.90347	23.16192	橡胶和塑料	治理修复	原地异位-异	原地填埋	无机型+有	9.64	三旧改造	2017	3
28		广东煤炭地质局嘉禾基地大院地块	广东省	广州市	113.26569	23.24106	通用设备制	治理修复	原地异位-异	原地填埋+原地	无机型+有	162.68	三旧改造	2019	9584
29		黄边工业园改造（一期）地块	广东省	广州市	113.27966	23.23157	金属制品业	治理修复	原地异位-水	原地填埋	无机型+有	38.7	工业园改造	2015	269
30		广州市海珠区南边路6号地块	广东省	广州市	113.26769	23.08613	纺织业（	治理修复	原地异位+异	原地填埋	有机型（	NA	纳入政府	2022	8
31		天河区车利岗北街168号梅花铝材厂地块	广东省	广州市	113.3273	23.17974	计算机、通	治理修复	原地异位-异	原地填埋	有机型（	14.26	关闭搬迁	2019	4370
32		广州广船国际有限公司一期地块	广东省	广州市	113.66243	22.69692	铁路、船舶	治理修复+工程	原地异位-异	原地填埋	无机型+有	18.5730303	三旧改造	2019	22
33		广州广船三期地块	广东省	广州市	113.25798	23.07766	铁路、船舶	治理修复	原位+原地异	原地填埋	无机型+有	43.25	三旧改造	2022	100

图3-5 污染场地环境管理绩效评价数据库

（2）数据统计分析

研究总共收集全国27个省级行政区①的408个场地报告信息，其统计属性和信息如下：

1）样本类型和空间分布

样本的总体区域分布中以东部沿海和中南部制造业大省进入治理阶段场地数量较多，如湖南、浙江、江苏、广东。从图3-6可以看到，样本场地主要集中在湖南，长江三角洲地区的浙江、江苏、安徽，珠江三角洲的广东，西部的四川、重庆、贵州。从污染场地的行业分布来看，湖南有众多的化工、金属冶炼与加工行业和矿业开采场地，这是因为湖南是我国重要的金属原材料开采与加工基地。浙江是化工和金属冶炼与加工场地第二大省，同时有较多的纺织与制革行业场地，江苏状况相似，但更多一些机械制造和能源开采与供应场地。四川场地总数少，占多数的是化工、金属冶炼与加工和能源开采与供应场地；重庆比四川多一些机械制造行业场地；贵州也是以化工、机械制造和金属冶炼与加工场地为主。从图3-7可以发现，化工行业场地最多，其次是金属冶炼与加工和机械制造。治理修复模式仍是主流，但风险管控及其与治理修复模式的组合运用也占据着越来越重要的位置。在矿业开采与加工中较多地使用了单独的风险管控模式，可能因为这类场地通常距离城市和人群较远，开发价值低，且场地规模大、修复成本高；修复模式上原地异位和异地异位是主流；物理化学修复技术和联合修复技术是使用频率较高的技术类型，多种技术融合和组合使用是一种趋势，热处理修复技术主要运用在化工、金属冶炼与加工等出现挥发性有机物（VOCs）和半挥发性有机物（SVOCs）的行业场地

① 本书第3章和第4章中全国尺度的研究基于27个省级行政区的408个场地，所以所称"全国各省份"仅包括这27个省份。

中；从污染类型来看，重金属（HM）污染场地最多，矿业开采与加工行业只有HM污染场地，金属冶炼与加工和机械制造行业场地有较多的HM+SVOCs、VOCs和VOCs+SVOCs污染场地，可能是机械制造过程中大量使用的有机助剂、溶剂等释放引起。纺织与制革行业场地也有较多的VOCs和SVOCs。在场地的再开发利用中，居住用地是最广泛的用途，其次是工业用地和公共管理与服务用地。不同分类维度下不同行业类型场地数量统计见图3-8。

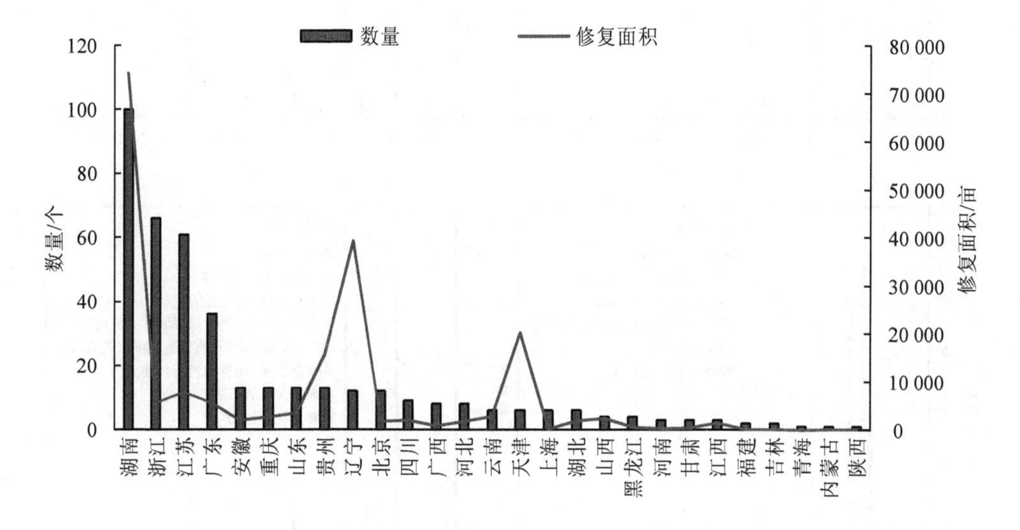

图3-6 污染场地样本区域分布

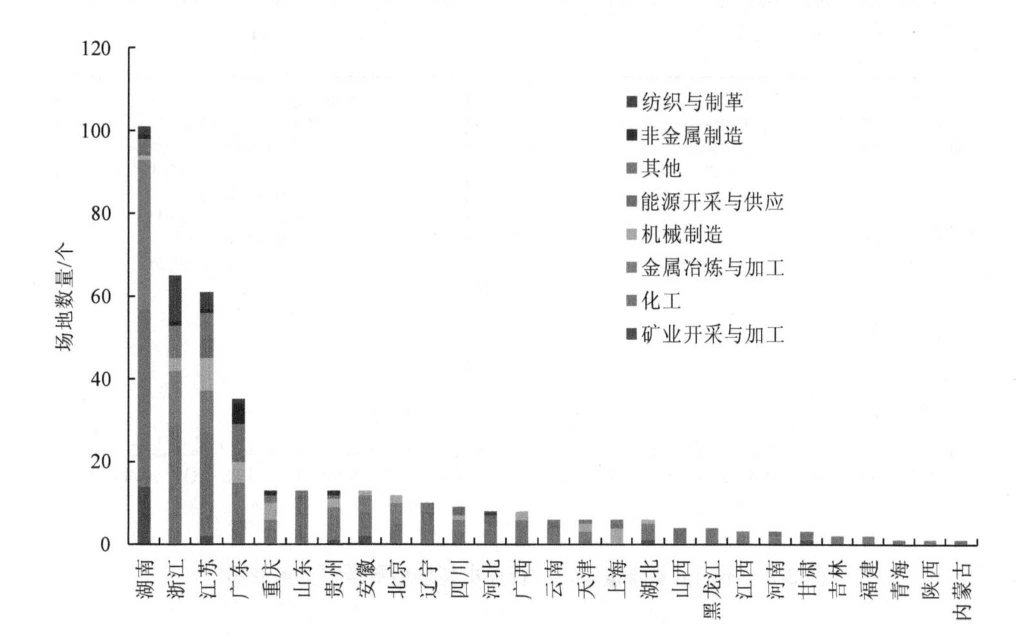

图3-7 场地行业和空间分布

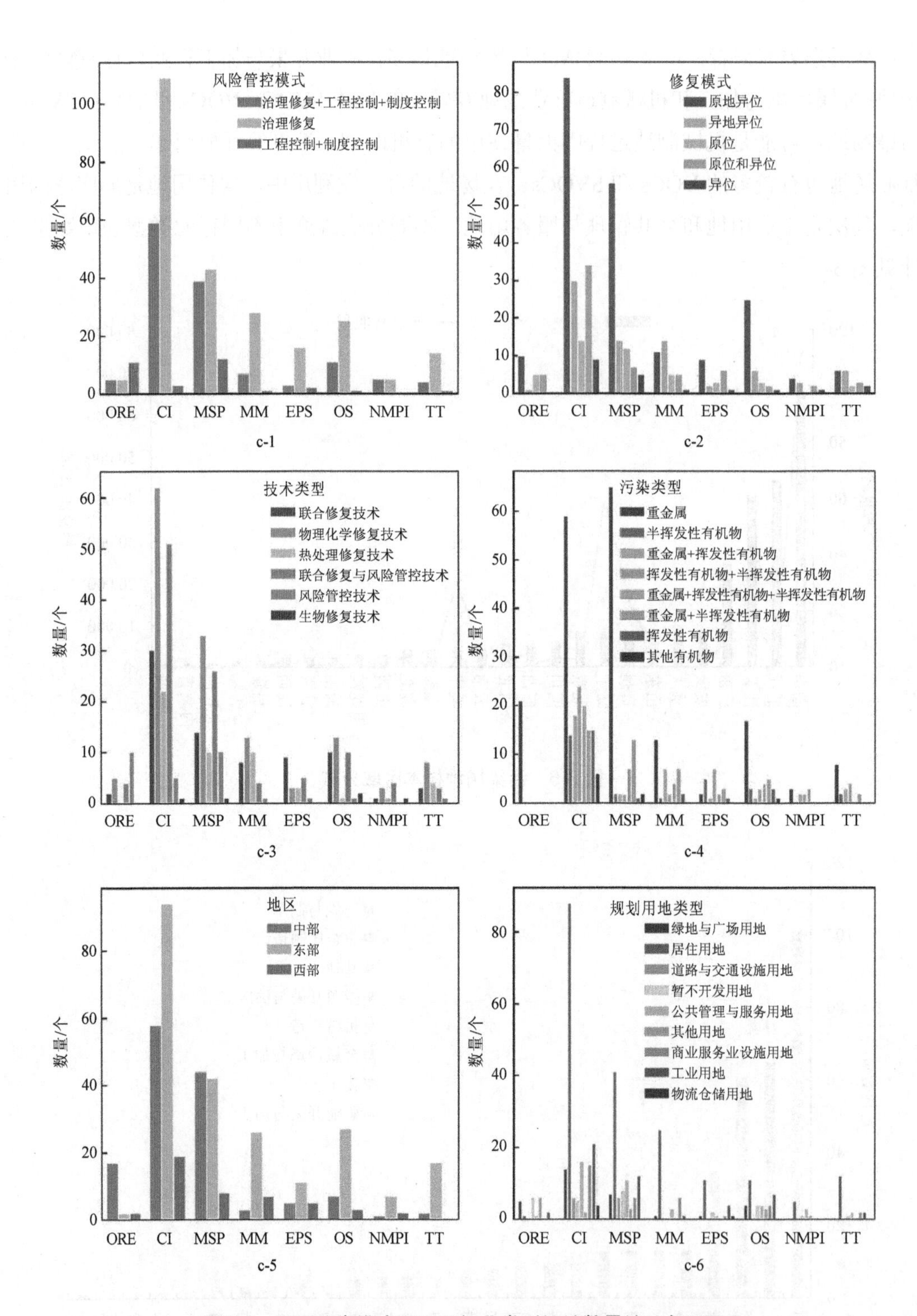

图 3-8 不同分类维度下不同行业类型场地数量统计条形图

2）投入产出指标的统计分析

表 3-4 显示，全部样本的资金投入均值在 5 126.14 万元，其中仅有约 25%的修复与风险管控项目资金投入在 1 000 万元以下，部分集中连片的大型或超大型场地资金规模达到数亿元甚至达到 10 亿元以上，可见污染场地修复与风险管控资金投入量通常都较大，平均投资规模中东部最高，西部其次，中部最低，为 4 854 万元；劳动力投入均值为 47 人，75%的场地劳动力投入规模在 50 人及以下，东部平均劳动力投入大于中西部；50%的修复与风险管控项目工期在 5 个月以下，平均工期为 6.86 个月，仅进行风险管控的项目工期比仅进行治理修复的项目长 0.78 个月；75%的项目固体废物排放量在 28.76 t 以下，相反的是废水的排放数量大得多，通常这部分废水和固体废物都会纳入市政污水官网或就地处置，并不存在直接外排的问题；样本所包含的 408 个场地修复与风险管控项目 2014—2022 年累计碳排放量达到 250.60 万 t，年平均排放量达到 27.85 万 t。修复与风险管控的土方量（固体废物处理量）平均规模在 111 000 m^3，一半的项目规模在 21 700 m^3 以上，东部场地项目规模明显大于西部和中部；仅有 56.6%的场地涉及污染地下水、遗留废液和基坑废水等废液的处理及风险管控，废液平均处理规模为 26 600 m^3，但也有一半的场地废液处理规模在 214 m^3 以下。东部场地中高水平植被恢复度之和明显低于中西部，这可能是因为东部地区城市人地矛盾更为尖锐，污染场地修复后更多地被规划为建设用地，植被恢复较少，而中西部则有更多余地在场地规划中设计为绿地或直接作为绿地使用。土地价值与区域经济发展水平密切相关，呈现东部最大，中西部次之的规律。公共管理与公共服务支撑度中仍然是东部较高，西部、中部次之，反映了东部在污染场地修复后的规划中较多地向满足人们居住和公共管理与服务用地的角度倾斜，更兼顾场地社会效益和经济效益。

表 3-4　指标描述性统计

指标	单位	均值	方差	最小值	25%	50%	75%	最大值
资金投入	万元	5 126.14	14 019.52	11.43	971.05	1 970.97	4 410.76	231 525.0
劳动力投入	人	47	66.57	2.00	16.00	30.00	50.00	790.0
时间投入	月	6.86	5.88	0.03	3.00	5.00	9.50	60.00
固体废物排放量	t	197.35	1 410.08	0.04	2.75	7.88	28.76	25 117.19
废液排放量	t	2 209.03	8 413.28	1.60	121.18	401.13	1 358.36	127 273.63
碳排放量	t	6 142.28	22 559.81	0.00	404.54	1 348.61	4 880.97	301 479.36
固体废物处理量	m^3	111 000.0	723 000.0	0.0	6 780.0	21 700.0	67 000.0	14 100 000.0
废液处理量	m^3	26 600.0	196 000.0	0.0	0.0	214.0	6 320.0	3 570 000.0
植被恢复度	—	0.14	0.007 7	0.06	0.06	0.18	0.18	0.30
地价	万元	4 723.17	32 513.69	3.14	194.19	530.57	1 763.04	558 205.22
公共管理与公共服务支撑度	—	0.42	0.43	0.00	0.00	0.31	1.00	1.00

3）场地数量时间分布

在时间上，2016 年和 2018 年有两次增长高潮，场地数量环比有大幅增加（图 3-9），这是因为“土十条”和《中华人民共和国土壤污染防治法》的颁布极大地推动了场地修复行动的开展。

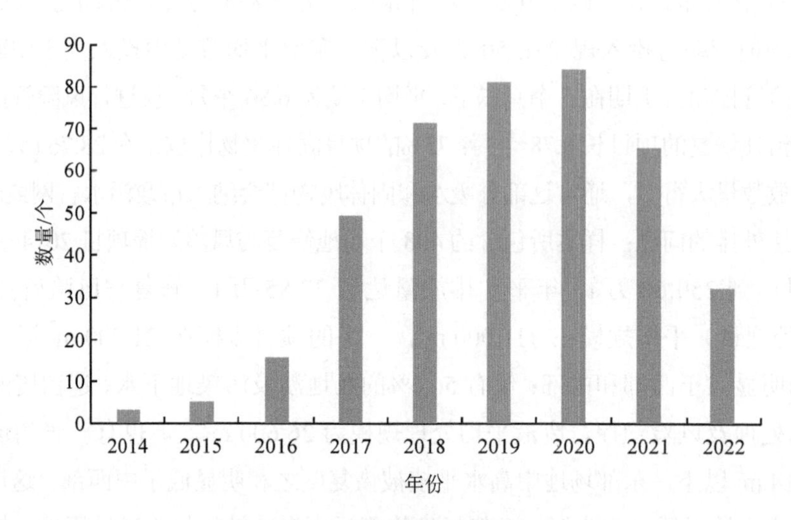

图 3-9　场地数量时间分布

4）指标相关性分析

从投入产出指标的相关性分析（图 3-10）发现，投入与期望产出和非期望产出之间存在不同程度的相关关系，例如，资金投入与碳排放量有强相关性，还与时间投入、废液排放量以及废液处理量存在弱相关性，劳动力投入与固体废物处理量、时间投入与碳排放量弱相关，这些相关性组别与工程规模存在直接或间接的关系。期望产出和非期望产出之间存在弱相关关系，固体废物排放量与废液处理量弱相关，废液排放量与碳排放量呈弱正相关关系，体现的是非期望产出的弱处置性。期望产出之间由于逻辑联系存在弱相关关系。

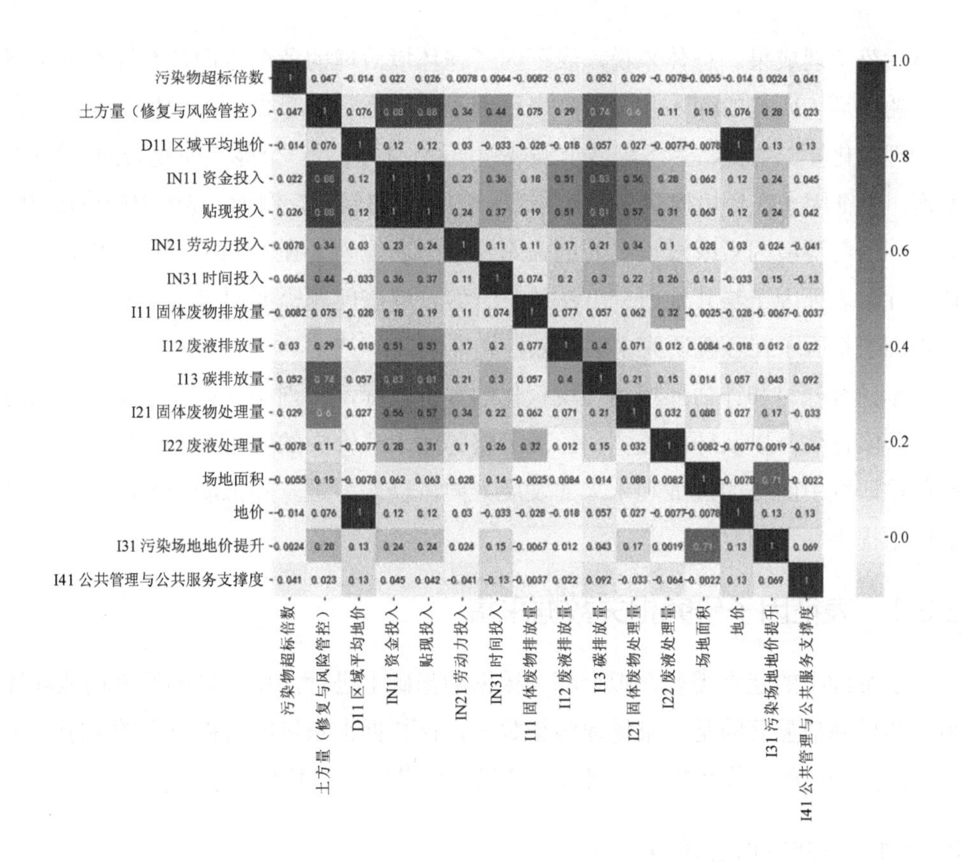

图 3-10 指标相关性分析

3.3 污染场地修复绩效评估表征因子研究

表征因子在环境治理现代化评价指标的框架中扮演着重要角色，因为它们提供了评估环境治理效果的关键数据。这些因子在多个方面发挥作用。它们可以追溯环境污染物的来源和归宿，如使用同位素比值区分不同来源的污染物。它们有助于评估环境污染物的暴露水平和健康风险，例如，通过生物表征因子（biomarkers）监测人体内污染物的代谢和毒性。[86]

表征因子能揭示环境生物体对环境压力的响应和适应机制，如利用基因表达探索其对温度变化的调节，以及理解环境系统的结构、功能及其变化规律，例如，通过生态表征因子（ecological markers）描述生态系统中的物质循环和能量流动。[87]

表征因子还用于重建过去和现在的气候状态及其变化历史，如通过冰芯中气体组成推断古气候，以及预测未来的气候变化和全球变暖趋势，又如使用温室气体模拟温室效应。它们对于评价环境监测和管理措施的效果与效率至关重要，如使用水质指数来衡量水体污染治理成果。总体来说，表征因子在环境治理的各个方面都发挥着不可或缺的作用。随着环境研究的深入和发展，表征因子的种类和数量也不断增加与丰富，它们涵盖了物理、化学、生物、生态等多个领域和层次，形成了一个庞大而复杂的表征因子体系。然而，表征因子在环境研究中也面临着一些挑战和问题，例如，表征因子的选择和验证、表征因子与环境因素或过程之间的关系建模、表征因子在不同空间尺度和时间尺度上的适用性、表征因子与其他研究方法的整合等。这些问题需要研究者不断地探索和解决，以提高表征因子在环境研究中的有效性和准确性。[88]

本研究探讨和评估环境治理现代化的评价指标，特别是它们在环境污染源的识别、环境风险评估，以及环境监测和管理策略的效果评价中的应用。本书还讨论了表征因子在环境研究中面临的挑战和未来的发展方向，以期为进一步推动表征因子在环境研究中的应用提供参考和启示。[89]

3.3.1 表征因子研究相关数据采集

表征因子的建立需要在拟合相关数据的基础上进行，由于影响污染场地环境管理绩效评估效率最显著的是污染场地污染数据，该数据也是风险管控重要的因子，本研究选取了污染场地的污染数据进行研究，通过采样获得土壤数据。

3.3.1.1 采样地点选择与分布

采样地点选择和分布应根据场地的污染状况、污染物的种类和迁移特征、地质和水文条件、土壤类型和土壤质量标准等因素综合考虑。一般来说，采样地点应覆盖场地内所有可能受到污染影响的区域，包括污染源区、迁移路径区和受体区。采样地点的分布应尽可能均匀，以反映土壤污染的空间变异性。同时，采样地点应尽量避免人为干扰和干扰源，如建筑物、道路、管线、排水沟等。[90]几种常见的布点方法及适用条件见表 3-5。

表 3-5 几种常见的布点方法及适用条件

布点方法	适用条件
系统随机布点法	适用于污染分布均匀的场地
专业判断布点法	适用于潜在污染明确的场地
分区布点法	适用于污染分布不均匀，并获得污染分布情况的场地
系统布点法	适用于各类场地情况，特别是污染分布不明确或污染分布范围大的情况

采样点垂直方向的土壤采样深度可根据污染源的位置、迁移特征和地层结构以及水文地质条件等进行判断设置。若对场地信息了解不足，难以合理判断采样深度，可按

0.5～2 m 等间距设置采样位置。[91]具体见《建设用地土壤污染风险管控和修复监测技术导则》（HJ 25.2—2019）。

在初步采样分析的基础上制订详细采样分析工作计划。详细采样分析工作计划主要包括：评估初步采样分析工作计划和结果，制定采样方案，以及制定样品分析方案等。详细调查过程中监测的技术要求按照 HJ 25.2—2019 中的规定执行。

评估初步采样分析工作计划和结果：分析初步采样获取的场地信息，主要包括土壤类型、水文地质条件、现场和实验室检测数据等；初步确定污染物种类、程度和空间分布；评估初步采样分析的质量保证和质量控制。[92]

制定采样方案：根据初步采样分析的结果，结合场地分区，制定采样方案。应采用系统布点法加密布设采样点。对于需要划定污染边界范围的区域，采样单元面积不大于 1 600 m^2（40 m×40 m 网格）。垂直方向采样深度和间隔根据初步采样的结果判断。[92]

制定样品分析方案：根据初步调查结果，制定样品分析方案。样品分析项目以已确定的场地关注污染物为主。[93]

其他：详细采样分析工作计划中的其他内容可在初步采样分析工作计划基础上制订，并针对初步采样分析过程中发现的问题，对采样方案和工作程序等进行相应调整。[94]

本研究采样点分布见图 3-11。

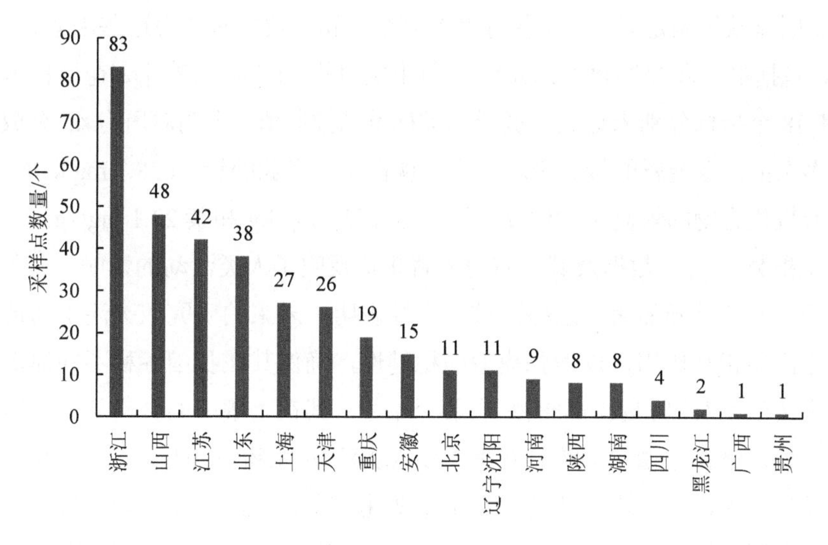

图 3-11 采样点分布图

3.3.1.2 数据与场地污染物表征因子的综合分析

在对数据预处理后，根据要求进行了综合分析，具体的分析如下：

对重金属的最大值超标情况展开分析发现，砷的超标情况最为严重，其余重金属存在极少数超标的情况；挥发性有机物（VOCs）的超标情况较少，个别场地涉及四氯化碳、氯仿、1,1-二氯乙烷、1,2-二氯乙烷、顺-1,2-二氯乙烯、二氯甲烷、1,2-二氯丙烷、四氯乙烯、1,1,2-三氯乙烷、三氯乙烯、1,2,3-三氯丙烷、氯乙烯、氯苯、1,4-二氯苯、乙苯、甲苯、间二甲苯+对二甲苯的超标，1,1-二氯乙烯、氯甲烷、反-1,2-二氯乙烯、1,1,1,2-四氯乙烷、1,1,2,2-四氯乙烷、1,1,1-三氯乙烷、苯乙烯、邻二甲苯等未检出超标情况；半挥发性有机物（SVOCs）超标情况少，项目中苯胺、苯并[*a*]蒽、苯并[*a*]芘、苯并[*b*]荧蒽、苯并[*k*]荧蒽、䓛、二苯并[*a,h*]蒽、茚并[1,2,3-*cd*]芘、萘有个位数场地有超标情况，硝基苯未检出超标情况。

本研究覆盖了 354 个点位，发现土壤污染物浓度超出《土壤环境质量　建设用地土壤污染风险管控标准（试行）》（GB 36600—2018）一类和二类土壤环境质量风险控制标准的比例分别在 0～4.7%和 0～2.4%。重金属（HM）、挥发性有机物（VOCs）和半挥发性有机物（SVOCs）中超标最严重的分别为铅（二次产业中 4.7%）、苯（4.0%）和苯并[*a*]芘（3.1%），这凸显了中国经济增长中土地再利用问题的复杂性。[95,96]这种复杂性突出了将人为因素融入环境标准设定的重要性。尽管我国制定了国家土壤-环境质量标准，但在我国实施这些标准面临诸多挑战，如恢复成本、行政负担和文化因素的影响。[97,98]此外，不同地区在技术和环境治理能力上的差异，可能会影响这些标准的实际应用。[99-101]我们建议决策者，特别是国家政策制定者，在确保标准的可行性和有效性时考虑这些因素。二类超标的情况类似，包括铅（第二产业中 2.4%）、三氯甲烷和苯（1.7%）、苯并[*a*]芘（1.7%）。此外，有 16 个和 18 个指标分别未达到一类或二类标准的控制值，表明对所有 45 个成分进行分析可能是多余的。重金属的最高平均浓度出现在第三产业的铅（628.7 mg/kg），挥发性和半挥发性有机化合物的最高平均浓度分别为苯 157.9 mg/kg 和萘 22.1 mg/kg。

地累积指数（I_{geo}）数据及其按省份的背景值反映了人类活动的影响，[89,90]在不同重金属和行业之间的差异显著。这些区域多样性表明，未来的研究应关注不同地区动态与行业特性之间的相互作用，以增强模型的稳健性，确保其在我国各种不同地形中的全面适用性。人类活动对镉和汞污染的影响最为显著，其在土壤中的含量从中到高。相反，除少数地点外，铬在土壤中的污染几乎不受人类活动的影响。此外，一次和三次产业的污染水平差异不大，但二次产业的污染水平变化较大。一次、二次和三次产业分别涉及从地球中提取原材料、将其转化为成品或制成品以及直接向消费者提供服务的经济活动。总体来说，土壤中的重金属浓度和人类影响程度表明，一次产业造成的土壤污染小于二次产业。不同产业对土壤污染的影响与其对空气污染的影响类似，但一次产业地点的镉浓度较高。这可能是因为一次产业在生产过程中使用了含镉的磷酸盐肥料[91,92]，具体见图 3-12。重金属在土壤中的长期存在意味着产业之间在重金属水平上存在定性和定量的差异，这可能有助于在重新开发前区分拟议土地用途的健康风险。这种方法可能有助于提高评估的效率和准确性。

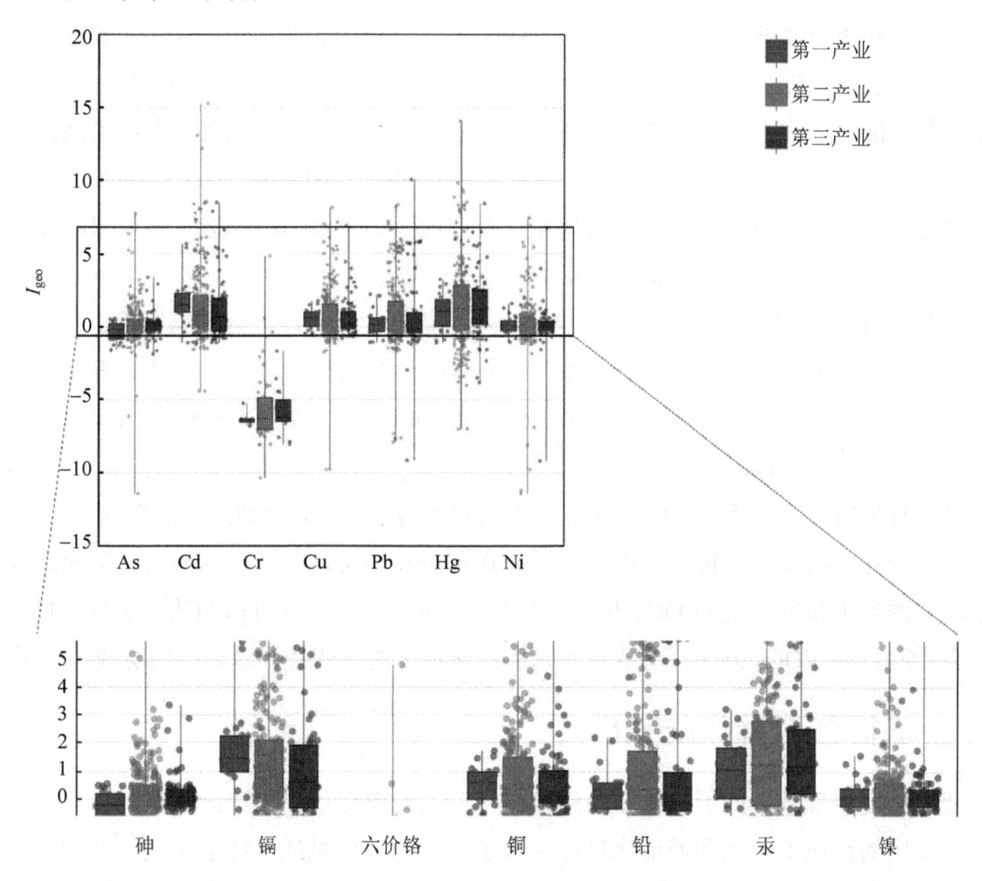

图 3-12 根据行业和重金属类型设置的土壤采样点的地累积指数（I_{geo}）箱形图

注：箱体表示四分位数范围，箱体内的水平线代表中位数，胡须线延伸至四分位数范围之外 1.5 倍距离内的最远点，点状标识代表各个数据点。

3.3.1.3 区域及行业环境治理评估

分区域分析超标情况，北京区域超标的有砷、六价铬、铅、汞、镍，没有 VOCs 和 SVOCs 的超标，且超标的都是宅基地、填埋用地等非生产用地；黑龙江超标的两块场地，其中一块化工生产用地涉及砷超标；江苏 44 个场地中超标情况主要涉及化工、计算机、通信和其他电子设备制造业和批发业的重金属和类金属砷、镉、六价铬、铜、铅、汞、镍，化工、金属制品、批发行业、家具制造业中 VOCs 中的四氯化碳、氯仿、1,2-二氯乙烷、顺-1,2-二氯乙烯、二氯甲烷、四氯乙烯、1,1,2-三氯乙烷、三氯乙烯、1,2,3-三氯丙烷、氯乙烯、苯、1,2-二氯苯、乙苯、苯乙烯、甲苯，[93,102]化工、批发行业、家具制造业涉及 SVOCs 中的苯并[*a*]蒽、苯并[*a*]芘、苯并[*b*]荧蒽、二苯并[*a,h*]蒽、茚并[1,2,3-*cd*]芘、萘的超标；山东的40个场地主要涉及非金属矿物制品业、化工、电力、热力生产和供应业中重金属和类金属砷、六价铬、铅、汞的超标，[103]电力、热力生产和供应业还涉及较多的苯、三氯乙烯、1,2-二氯丙烷等VOCs超标，[104]电力、热力生产和供应业还涉及SVOCs中萘、苯并[*a*]芘、苯并[*a*]蒽的超标，这可能与火电厂的能源结构有关[92,93]；山西涉及超标的主要是石油、煤炭及其他燃料加工业及其关联的燃气供应等行业，SVOCs中的多环芳烃等超标严重，以及少数的砷和汞超标；上海地区的工业园区制造业涉及镍的超标；天津的工业园区涉及砷、汞的超标，其次就是石化场地涉及氯代烃、苯等VOCs的超标情况；浙江的84个场地中，制造业、电镀、钢铁等行业类目涉及砷、镉等重金属和类金属关联行业，其余钢铁、少数制造业涉及部分VOCs的超标；重庆涉及煤炭开采加工行业和化工行业的重金属和类金属砷、铅、汞、镍，VOCs中1,2,3-三氯丙烷、苯，以及VOCs中多种多环芳烃的超标。

砷超标情况最为严重，其中主要是在华东和西南地区（东北地区仅两个场地），从整体看其他元素，例如，六价铬、镍和铅也是在华东和西南地区超标率偏高，华北地区超标率较高的是汞和砷。在SVOCs方面，主要是苯并[*a*]芘、二苯并[*a,h*]蒽等多环芳烃超标率达到25%；在VOCs方面，主要是华东和西南地区的氯代烃和苯超标情况较为严重。

3.3.2 表征因子指标与方法研究

我国环境治理领域的历史演变为绩效指标库的构建提供了丰富的背景。自改革开放以来，我国的快速工业化和城市化进程带来了显著的环境挑战，特别是在土壤和水体污染方面。这促使我国政府制定了一系列重要政策和法规，如《中华人民共和国土壤污染防治法》和“土十条”等，旨在有效应对这些挑战。绩效指标库的构建正是在这样的历史背景下进行的，它不仅吸取了过去环境治理经验和教训，也融合了新的科学研究成果和技术进步，旨在为我国的土壤污染治理提供更为系统和科学的评估工具。

3.3.2.1 指标库的构建

在构建绩效指标库的过程中，我们深入探究了一个全面、科学且实用的污染场地环境管理绩效评估模型的构建。本模型旨在为环境治理的政策和法律实施提供坚实的科学基础，同时确保环境治理实践能够与理论研究紧密结合。

在绩效指标库的内容方面，我们进行了全面而深入的细化。首先，指标库涵盖了多种污染物的综合分类，包括但不限于重金属、有机污染物、放射性物质等，每类污染物均经过精确刻画和分类。其次，本研究针对不同产业如化工、农业、矿业等的特定污染特征进行了深入分析，揭示了这些行业的环境影响及其管理挑战。最后，我们还考虑了不同地理区域的环境治理特点，包括城市、农村、工业区等，以确保指标库能够全面反映各类环境背景下的污染情况。

为了展示指标库的实际应用效果，我们融入了多个具体案例，如某工业区的重金属污染治理，以及农业地区对农药残留的管理策略。这些案例不仅展现了指标库在实践中的有效性，也为未来的环境治理提供了可行的参考模式。

3.3.2.2　随机森林模型

随机森林（RF）分析可以避免过度拟合，同时寻找决定因素。此外，模型可以防止出现“黑箱”情况，为正确理解结果提供机制，并减少干扰。[105]随机森林模型作为一种监督学习方法，已成为一种常用的回归和分类方法，其能有效地评估非线性关系，量化变量的相对重要性和边际效应，为土壤污染标准评估提供了有力的工具。[106]通过对比不同表征因子的研究，我们选择随机森林模型进行表征因子的研究，选择毒理当量法进行表征因子系数的研究，本研究的随机森林决策树结构见图 3-13。

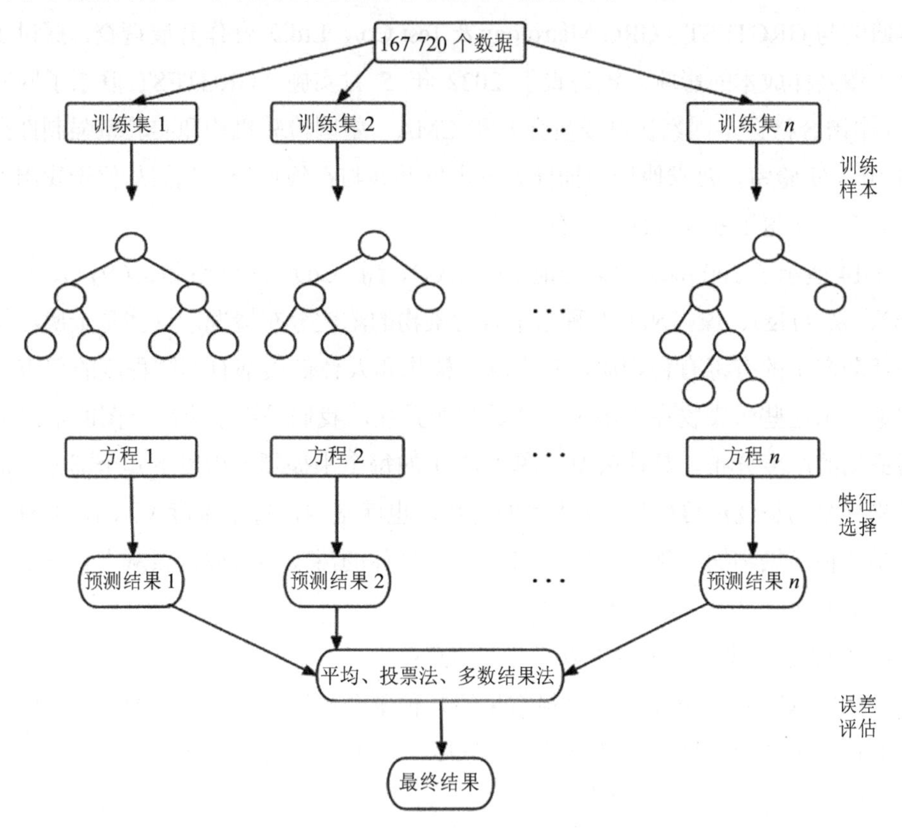

图 3-13　随机森林决策树结构

该方法有效地评估了非线性关系，量化了变量的相对重要性和边际效应。因此，本研究采用随机森林模型，其中输入变量包括重金属（n=7）、VOCs（n=27）和 SVOCs（n=11）。

本研究将数据集随机分成训练集（80%）和验证集（20%）。使用交叉验证来优化超参数，并在训练集上评估随机森林模型的性能。使用 k=10 的 k-fold 交叉验证，这意味着将训练集分成 10 个相等的部分，并将每个部分作为验证集使用一次，而将其他 9 个部分作为训练集使用。使用每个验证集的准确性、精确性、召回率和 F1 分数等指标来评估模型的性能，并在所有验证集中对其进行平均。同时计算了出袋误差（OBB）和变量重要性得分，以评估模型的信度和效度。通过使用网格搜索和选择使出袋误差（OBB）最小化的值来调整随机森林模型的超参数，如树的数量、每次分割时选择的变量的数量与最小节点大小。最好的随机森林模型是以 500 棵树作为控制变量数进行评估的，在每个分割处选择的变量限制为 6 个。因变量为 7 个国家的现场依从性。该模型被编程到 R 版本 4.0.3 中，并使用 Random Forest 软件包运行。

3.3.2.3 指标分析应用

本研究与 GRGTEST（GRG Metrology & Test Co.，Ltd.）合作开展调查，探讨了不同方案对土壤采样成本的影响。该调查于 2022 年 5 月实施，GRGTEST 联系了同时获得 CNAS（中国合格评定国家认可委员会）和 CMA（中国检验机构和实验室强制性批准）认证的 10 家实验室，要求他们为抽样方案定价并参与在线调查。我们从位于我国 6 个省份的实验室中获得了 6 项（60%）有效调查。

图 3-14 展示了 300 多块污染场地中砷（As）、镉（Cd）、六价铬［Cr（VI）］、铜（Cu）、铅（Pb）、汞（Hg）、镍（Ni）7 种重金属污染物的浓度分布情况。这些重金属污染物都是人类活动产生的有毒有害物质，对土壤、植物和人体健康都有不同程度的危害。为了更直观地显示这些污染物在土壤中的含量和变异性，我们采用了小提琴图的形式来表示每种污染物的浓度分布。具体来说，图 3-17 中的每个小提琴图由以下几个部分组成：

横坐标是污染物浓度的以 10 为底的对数，也就是说，每个刻度表示 10 的幂次方。纵坐标是 7 种污染物的名称，用 F1～F7 代替。具体的污染物名称按照从上到下的顺序依次为 As、Cd、Cr（VI）、Cu、Pb、Hg、Ni。

从图 3-17 中，我们可以得出以下几点信息：

As、Cd、Ni、Cu、Pb、Hg 是最常见的几种重金属污染物。它们的小提琴图最宽，说明它们在大多数土壤样本中都有较高的浓度。这可能与这些重金属污染物在工业、农业和生活中的广泛应用有关。[107-110]

Cu、Pb、Hg 的浓度中位数接近 102 mg/kg，也就是说，一半以上的土壤样本中这 3 种污染物的浓度接近或超过了 100 mg/kg。这一水平已经远远超过我国土壤环境质量标准中规定的农用地土壤背景值，对土壤肥力和农作物生长都有不利影响。

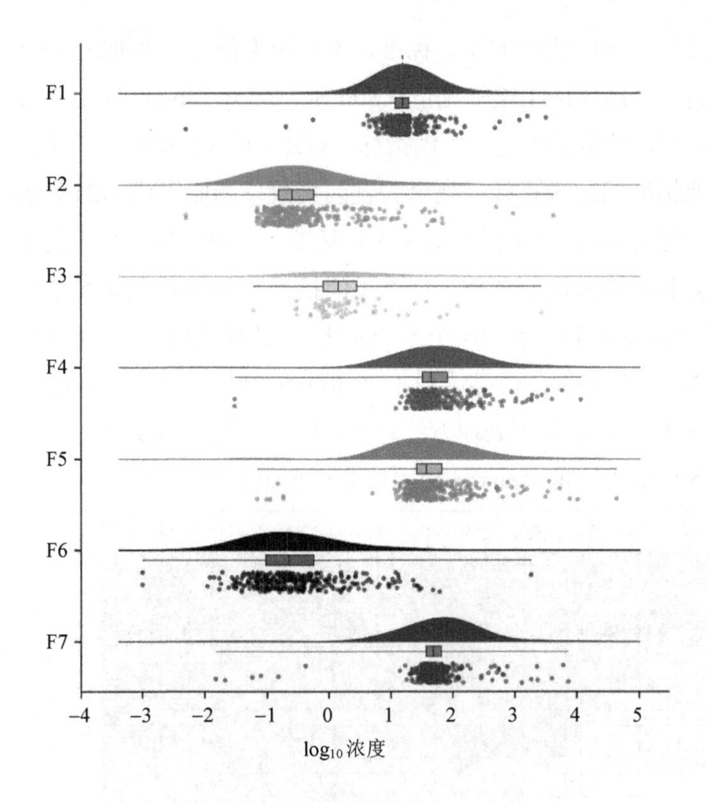

图 3-14　7 种重金属污染物在不同场地中的浓度差异

Cr（Ⅵ）是 7 种常见重金属中最稀有的污染物，它的小提琴图最窄，散点最稀疏，说明它在大多数土壤样本中都有较低的浓度。图中它的中位数在 1 左右，由于纵坐标是以 10 为底的对数 log10，也就是说，一半以上的土壤样本中这种污染物的浓度都接近或低于 10 mg/kg。这一水平与我国土壤环境质量标准中规定的农用地土壤背景值相当，对土壤和农作物的影响相对较小。[111,112]

Cd 和 Hg 两种污染物浓度都在 0.1～1 mg/kg，分布不均匀，呈现双峰或多峰的形状，说明它们在不同土壤样本中有很大的差异。这可能与土壤来源、处理方式、采样时间等因素有关。需要注意的是，尽管这两种污染物的浓度相对较低，但它们都是高毒性的重金属，即使微量也会对人体健康造成严重危害。[107,113]

As 是一种分布较为正态的污染物，它的小提琴图呈现一个单峰且对称的形状，说明它在不同土壤样本中比较稳定。它的浓度中位数在 25 mg/kg 左右，也就是说，一半以上的土壤样本中这种污染物的浓度都接近或等于 25 mg/kg。这一水平略高于我国土壤环境质量标准中规定的建设用地第一类用地筛选值，但低于我国建设用地第二类用地筛选值[114]。因此，对非高敏感人群的影响可能不太明显。

我国土壤中重金属污染、VOCs 和 SVOCs 超标的负荷率较高。高浓度重金属污染引起高度关注。此外，按照我国的相关标准，不同类型的污染场地之间的一致性较低。因此，仅使用来自一个国家的土壤筛选值（Soil Screening Level，SSL）可简化评估。重金属污染，尤其是砷，经常被确定为关键指标。VOCs 和 SVOCs 发生频率较低，仅 SVOCs 是基于澳大利亚标准的关键指标。剩余关键因素数量和取样成本的变化与应变频率的变化相结合。如果将起始 45 个指标的结果作为基准，则指标数量与简化标准的准确性之间的关系是非线性和正相关的。然而，标准中的指标数量与测试成本之间并不存在正相关关系。将 45 个测试指标减少到 16 个不会简化土壤取样过程中的任何步骤，通常会增加土壤分析的成本。这些测试公司已达到 45 个指标的规模，由于方法成熟，成本总体下降。此外，SVOCs 的样本采集和预处理方法基本相同。如果只减少一些 SVOC 的检测，成本将略有上升。各影响因子的 Pearson 相关性分析见图 3-15。

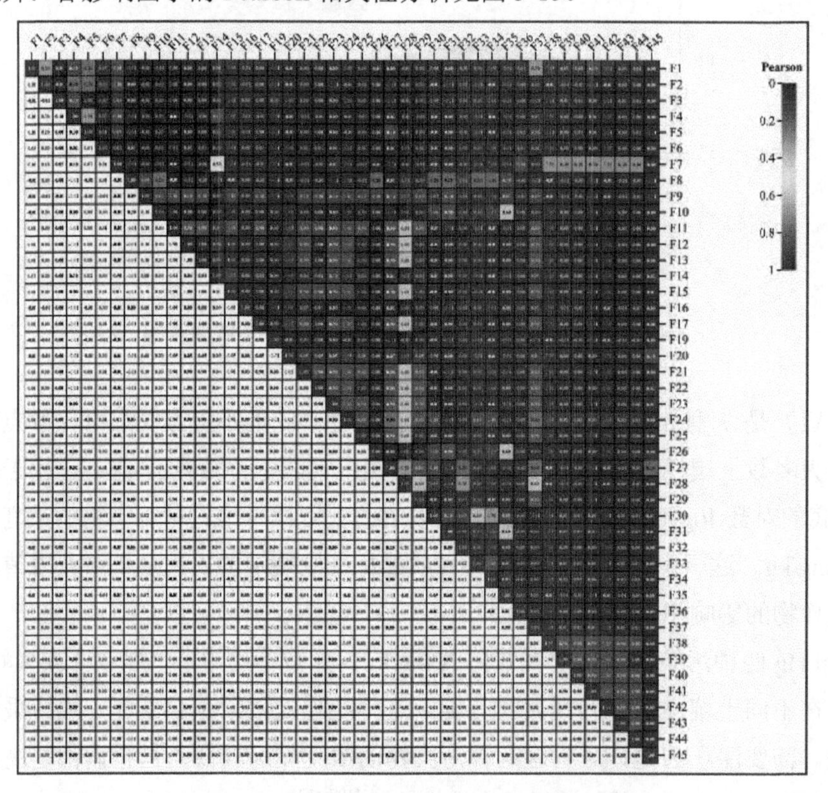

图 3-15 各影响因子的 Pearson 相关性分析

将关键因子的标准值调整到合适的值 f，允许使用 6 个重要因子或 8 个土壤标准进行预测，精度达到 90%～98%（平均 92%），即如果将每个因子的限值调整到合适的数值，则可以使用 6 个因子很好地预测这些标准中几十个指标的评价结果（图 3-16）。

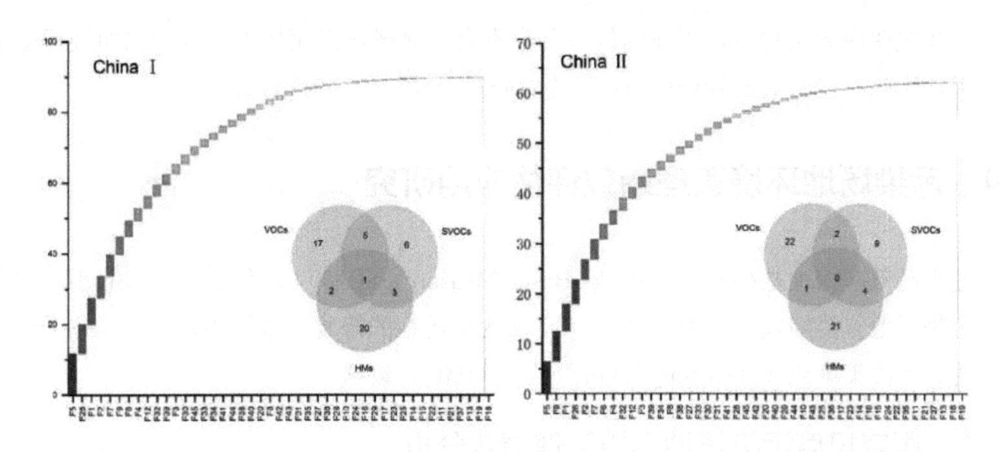

图 3-16 基于标准 GB 36600—2018 两种筛选值的污染因子对风险评估的影响

瀑布图显示了基于 RF 模型的 352 个站点的风险评估指标，这些站点根据 8 种受污染场地标准进行分类。基尼系数较高的变量对模型输出有更大的影响，对风险评估更重要。文氏图显示了超标重金属（HM）、挥发性有机物（VOC）和半挥发性有机物（SVOC）之间的逻辑关系。土地再利用是我国经济增长过程中的一个重要问题。先前的研究为制定考虑土壤特性或生态风险的基于健康的土壤标准提供了建议。本研究在制定标准时考虑了经济因素。根据图 3-16，最后得出的表征因子如表 3-6 所示。

表 3-6 标准 GB 36600—2018 中 45 项污染物的表征污染物

标准类型	筛选值		管控值	
	一类	二类	一类	二类
表征因子	砷	砷	铅	铅
	铜	铅	苯	氯仿
	镍	苯	砷	砷
	铅	氯仿	镉	苯
	汞	六价铬	镍	镉
	镉	镉	氯仿	镍
		汞	汞	

支持调整后标准的取样和分析方法在许多国家已经成熟，现有标准可直接用于今后的研究。[115-118]调整后的标准的一个显著优点是，它们不依赖于大量的分析物。由 CNAS 和 CMA 认证的 10 个实验室完成的在线调查显示，简化的标准降低了分析成本，无须携带用于收集 VOCs 和 SVOCs 样品的大型顶空瓶和棕色玻璃瓶。顶空瓶存在损坏和样品丢失的高风险；重金属污染取样袋便于携带和保存。由于不包括挥发性有机物，样品运输过程中对低温储存的要求不那么严格。此外，与空气污染和碳排放不同，土壤中的重金

属污染在短期内无法减少，工业结构改革也不会消除现场健康风险，以便立即进行土地再利用。因此，在土壤风险评估中需要考虑场地历史。

3.4 污染场地环境管理绩效评估应用研究

基于超效率松弛基准模型（Slacks-Based Measure，SBM），我们测算了分布于全国各地的污染场地修复绩效，得到了全国 408 块污染场地的修复绩效结果，合并了位于相同区（县）的决策单元（Decision Making Unit，DMU）数据。

3.4.1 国家尺度污染场地环境管理绩效分析

如表 3-7 所示，不难发现，有 19 个地区的污染地块修复绩效大于等于 1.0，呈 DEA 有效，且以山东省淄博市张店区最高，达到了 13.793 2；与此对应，其他 14 个区域治理绩效均值低于 1.0，且以重庆市永川区最低，仅为 0.096 6。结合污染场地治理绩效的数值，可将 33 个区（县）划分为 3 个组别，即“DEA 强有效”组、“DEA 弱有效”组以及“非 DEA 有效”组。

表 3-7 全国污染场地区域治理绩效排名与比较

地区（Region）	绩效（Score）	排名（Rank）	DEA 是否有效	DEA 有效性
安徽省安庆市宜秀区	3.366 7	5	是	DEA 强有效
安徽省马鞍山市花山区	0.377 1	27	否	非 DEA 有效
北京市通州区	0.444 5	26	是	非 DEA 有效
贵州省贵阳市清镇市	1.449 6	15	是	DEA 弱有效
河南省郑州市管城回族区	2.496 9	7	是	DEA 强有效
湖南省郴州市永兴县	2.496 9	7	是	DEA 强有效
湖南省怀化市鹤城区	1.909 8	10	是	DEA 弱有效
湖南省怀化市洪江市	0.317 2	28	否	非 DEA 有效
湖南省怀化市麻阳县	1.007 4	18	是	DEA 弱有效
湖南省怀化市沅陵县	0.546 1	23	否	非 DEA 有效
湖南省怀化市芷江县	0.530 0	24	否	非 DEA 有效
湖南省娄底市娄星区	5.279 8	2	是	DEA 强有效
湖南省湘潭市韶山市	1.136 2	17	是	DEA 弱有效
湖南省湘潭市湘乡市	0.135 7	31	否	非 DEA 有效
湖南省湘潭市岳塘区	2.764 5	6	是	DEA 强有效

地区（Region）	绩效（Score）	排名（Rank）	DEA 是否有效	DEA 有效性
湖南省湘西州保靖县	0.108 2	32	否	非 DEA 有效
湖南省岳阳市临湘市	1.509 9	11	是	DEA 弱有效
湖南省岳阳市平江县	0.591 4	22	否	非 DEA 有效
湖南省岳阳市湘阴县	0.778 0	20	否	非 DEA 有效
湖南省岳阳市云溪区	1.456 5	14	是	DEA 弱有效
湖南省长沙市岳麓区	1.501 2	12	是	DEA 弱有效
湖南省株洲市醴陵市	0.625 7	21	否	非 DEA 有效
湖南省株洲市石峰区	0.180 5	30	否	非 DEA 有效
江苏省常州市钟楼区	1.468 8	13	是	DEA 弱有效
辽宁省沈阳市铁西区	1.170 9	16	是	DEA 弱有效
山东省淄博市张店区	13.793 2	1	是	DEA 强有效
四川省遂宁市船山区	3.494 1	4	是	DEA 强有效
四川省宜宾市珙县	1.988 9	9	是	DEA 弱有效
云南省曲靖市陆良县	1.000 0	19	是	DEA 弱有效
浙江省台州市路桥区	0.508 4	25	否	非 DEA 有效
重庆市大足区	3.608 5	3	是	DEA 强有效
重庆市九龙坡区	0.297 7	29	否	非 DEA 有效
重庆市永川区	0.096 6	33	否	非 DEA 有效

其中“DEA 强有效”组包含山东省淄博市张店区、湖南省娄底市娄星区、重庆市大足区等 8 地，其污染治理绩效均值在 2.40 以上。环保力度是促使各地污染治理效率较高的重要动因，例如，排名前二的山东省淄博市、湖南省娄底市的环保财政投入相较其他地区来说都较高，政府相对重视当地环保产业，在污染场地的治理方面更为高效。

“DEA 弱有效”组包含湖南省湘潭市韶山市、四川省宜宾市珙县、贵州省贵阳市清镇市等 11 地，其污染治理绩效均在 2.00 以下。湘潭市虽具有较高的环保财政投入，但其经济结构中工业占当地 GDP 近一半，工业遗留的污染场地众多，一定程度上分散了人力和投资。

总体而言，全国污染场地修复近 2/3 趋于有效。高绩效治理地块主要分布在山东省、四川省和湖南省。低绩效治理地块主要分布在我国中部省份，呈零星点状分布于重庆市、湖南省东西两侧以及东南沿海地区。

3.4.2 省级尺度污染场地环境管理绩效分析

湖南省是全国土壤污染治理的先行省之一，且在污染场地修复方面做出了卓越贡献。接下来从已获得相关资料的全国污染治理场地中，筛选得到了21组来自湖南省的场地绩效数据，如表3-8所示。

表3-8 湖南省具体污染场地治理绩效排名与比较

决策单元（DMU）	地区（Region）	绩效（Score）	全国排名（Rank）	DEA是否有效	DEA有效性
7	湖南省郴州市永兴县	2.496 9	3	是	DEA强有效
8	湖南省怀化市鹤城区	1.909 8	4	是	DEA弱有效
9	湖南省怀化市洪江市	0.317 2	16	否	非DEA有效
10	湖南省怀化市麻阳县	1.007 4	10	是	DEA弱有效
11	湖南省怀化市沅陵县	0.546 1	14	否	非DEA有效
12	湖南省怀化市芷江县	0.530 0	15	否	非DEA有效
13	湖南省娄底市娄星区	5.279 8	1	是	DEA强有效
14	湖南省湘潭市韶山市	1.136 2	8	是	DEA弱有效
15	湖南省湘潭市韶山市	1.055 6	9	是	DEA弱有效
16	湖南省湘潭市韶山市	0.285 7	17	否	非DEA有效
17	湖南省湘潭市湘乡市	0.135 7	19	否	非DEA有效
18	湖南省湘潭市岳塘区	2.764 5	2	是	DEA强有效
19	湖南省湘西州保靖县	0.108 2	21	否	非DEA有效
20	湖南省岳阳市临湘市	1.509 9	5	是	DEA弱有效
21	湖南省岳阳市平江县	0.591 4	13	否	非DEA有效
22	湖南省岳阳市湘阴县	0.778 0	11	否	非DEA有效
23	湖南省岳阳市云溪区	1.456 5	7	是	DEA弱有效
24	湖南省长沙市岳麓区	1.501 2	6	是	DEA弱有效
25	湖南省长沙市岳麓区	0.123 3	20	否	非DEA有效
26	湖南省株洲市醴陵市	0.625 7	12	否	非DEA有效
27	湖南省株洲市石峰区	0.180 5	18	否	非DEA有效

湖南省的21个已经得到治理修复的污染场地中，有10个决策单元的治理绩效大于等于1.0，呈DEA有效，以娄底市娄星区的绩效最高，达到5.279 8。与此对应，其他11个决策单元的治理绩效低于1.0，且以湘西土家族苗族自治州保靖县的DMU绩效最低，仅为0.108 2。

根据前述全国污染场地治理绩效分组，湖南省污染场地中有 3 组属于“DEA 强有效”，绩效均超过 2.40。其中，娄底市娄星区和郴州市永兴县的地区生产总值较高，且工业在整体经济成分中占比不重。有 7 组决策单元的治理绩效在 1.00～2.40，属于“DEA 弱有效”。有 11 组决策单元的治理绩效低于 0.80，如湘西土家族苗族自治州保靖县。一个较为明显的特征是，这些决策单元在地区生产总值和环保投入力度两项中会选择“缺席”，低于预期均值。

总体而言，湖南省污染场地治理修复近半数左右为有效治理。从污染场地的地理区位来看，高绩效 DMU 主要分布在娄底市、湘潭市以及郴州市，低绩效 DMU 则在湘西州、长沙市和湘潭市。

3.4.3 地市（区、县）尺度的污染场地环境管理绩效测算

株洲市污染场地在湖南省污染场地数量分布中占有重要地位，经过筛选得到了 21 组来自株洲市的场地绩效数据，如表 3-9 所示。并且，通过 ArcGIS 软件我们绘制了其绩效分布热力图，如图 3-17 所示。

表 3-9 株洲市污染地块治理绩效

场地名称	经度	纬度	绩效值
株洲市鑫达冶化有限责任公司地块	113.182 8	27.850 80	0.107 74
株洲市康力冶炼有限公司地块	113.140 5	27.833 57	0.185 677
湖南海利化工有限公司地块	112.993 4	28.185 81	0.259 474
原株洲市清水冶化有限责任公司地块	113.087 0	27.874 28	0.213 892
株洲市石峰区金盆岭区域土壤污染治理工程	113.124 6	27.880 71	1.152 853
原株洲市特种金属冶化公司周边重金属污染风险管控项目	113.150 4	27.704 32	1
株洲市潘家冲铅锌矿重金属污染场地治理与修复工程	113.124 3	27.378 65	0.158 617
株洲清水塘清水湖片区土壤治理工程	113.097 9	27.898 92	0.856 936
株洲清水塘清石片区土壤治理工程	113.459 4	27.659 38	0.227 725
株洲清水塘映峰片区污染土地综合治理项目	113.097 9	27.898 92	0.535 796
株洲清水塘响石岭片区土壤治理工程	113.123 8	27.874 2	0.573 129
株洲宏基锌业有限公司地块	113.140 5	27.833 57	0.282 157
原株洲鑫正有色金属有限公司场地	114.197 0	22.817 69	0.197 284
株洲京西祥隆有限公司场地污染修复治理项目	113.140 5	27.833 57	0.109 205
株洲市荷花水泥厂场地	113.088 3	27.888 22	0.456 950
株洲市天元区重金属污染土壤综合治理栗雨片区工程	113.099 1	27.832 65	0.585 319
株洲市天源纺织有限责任公司场地修复项目	113.084 3	27.821 61	0.086 708
湖南省株洲邦化化工有限公司原厂址场地	113.089 1	27.879 84	0.066 526
湖南省株洲市福尔程化工有限公司原厂址场地	113.087 4	27.879 06	0.150 810
湖南盈德气体有限公司地块	113.078 2	27.868 87	0.245 959
株洲市酒埠江特钢有限公司及周边	113.571 0	27.222 32	1

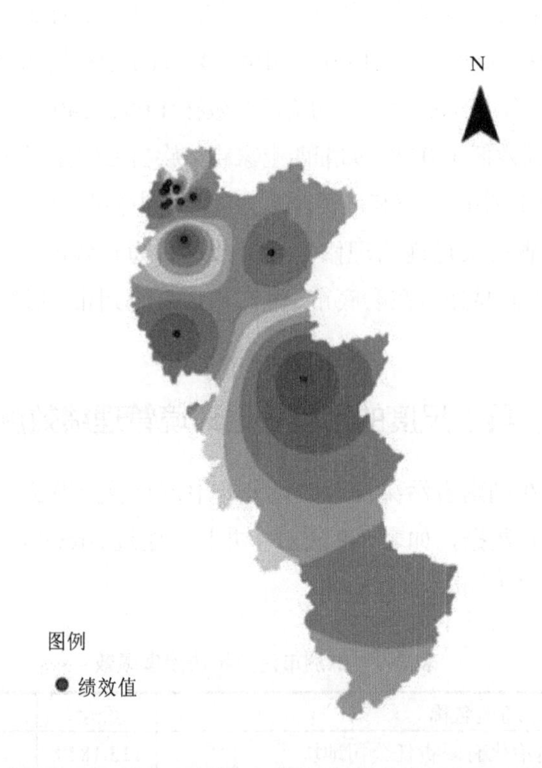

图 3-17 株洲市污染地块治理绩效分布热力图

株洲市的污染地块主要集中在西北方向，该地区的绩效治理不是很好，可能是由于污染地块较为集中。其中，株洲清水塘清水湖片区土壤治理工程、原株洲市特种金属冶化公司周边重金属污染风险管控项目、株洲市酒埠江特钢有限公司及周边和株洲市石峰区金盆岭区域土壤污染治理工程相较于其他 17 个污染场地绩效治理有着显著的治理效果。湖南省株洲邦化化工有限公司原厂址场地和株洲市天源纺织有限责任公司场地修复项目是株洲市污染场地绩效评价中绩效最低的两个地块。总体而言，株洲市污染场地修复绩效呈现“高绩效成片扩散，低绩效集中”的分布局面。

3.4.4 场地尺度污染场地环境管理绩效评价及影响因素分析

场地尺度污染场地治理绩效评价的投入-产出冗余率的描述性统计结果如表 3-10 所示。从投入冗余率来看，大部分低绩效的污染场地都存在资金投入不足、时间投入过短、劳动力投入过少的情况。其中，以资金和时间不足所造成的效率损失问题最为突出。从统计分析的结果来看，低绩效污染场地平均所需投入的资金应加大约 30%，时间需补充约 20%，以保证项目的完成效果。在劳动力投入方面，各地项目投入配置良好，仅个别场地治理项目存在人员不足情况。需要注意的是，投入指标松弛变量的变异系数较高，尤其是时间变量，这说明在不同的污染场地所需要调整的工期差异性较大，需要因地制宜，根据实际需要合理制定工期长度，而非直接复制其他工程项目的指标。

表 3-10 场地尺度投入-产出指标冗余率描述性统计

具体指标	平均值	标准差	变异系数
场地资金投入	0.311	1.279	4.111
场地修复时间	0.206	2.412	11.709
场地修复人员	0.069	0.656	9.540
经济地价提升	3.630	6.603	2.309
土壤修复方量	2.341	5.404	3.156
固体废物处理量	−0.213	0.353	−1.656
污水处理量	−0.209	0.449	−2.153
工程生活垃圾产生量	−0.467	0.571	−1.223

从产出冗余率来看，在期望产出方面仍有较大提升空间，在非期望产出方面存在污染排放控制力度不足的现象。具体而言，一方面，治理污染场地所得的经济效益和土壤修复方量指标的松弛变量均值为 2～25，这意味着在相同的治理水平下达到高效的投入配比，不仅能为当地带来经济上的场地财政可见收益，还能为当地带来环境上的土壤修复潜在收益。另一方面，固体废物处理量、污水处理量等变量均存在 20%左右的冗余率，这表明在治理污染场地时较多的资金、时间和人力被用于非期望产出的生产过程，导致污染场地治理效率降低。

投入-产出冗余率概率密度分布及其与场地尺度治理绩效相关性分析如图 3-18 所示。其中，人数和生活垃圾两项指标存在分布集中区域，其余指标松弛变量数据大多较为贴近。例如，所用人数变量存在 0 和 0.2 左右的两个大概率分布点，这说明大部分的污染场地治理工程的劳动定员存在两种较为接近的方式，如小规模工程的 12 人、中大型规模工程的 50 人。另外，所用资金、投入时间、经济效益和土壤修复方量等变量的冗余率均接近 0，这说明数据大多分布在较小的区间范围，分布密度较高。场地尺度治理绩效与投入-产出冗余率的相关性分析结果表明，非期望产出冗余率与污染场地治理绩效具有显著的负相关性。固体废物处理量、污水处理量以及工程产生的生活垃圾量与污染场地治理绩效呈现显著相关，说明当非期望产出高于一定阈值时，场地治理绩效水平相对较差。

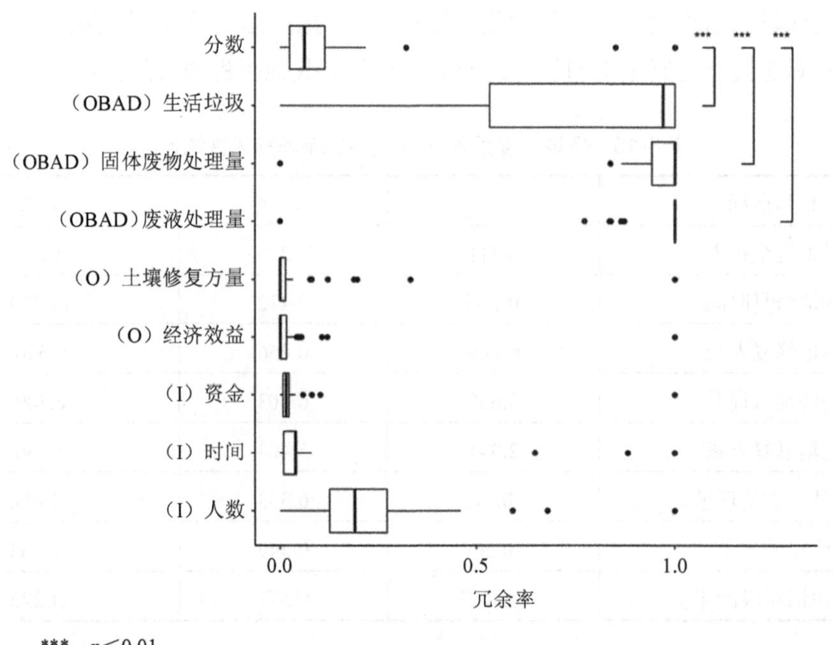

***：p<0.01

图 3-18 场地尺度投入-产出指标冗余率与治理绩效相关性分析

注：p 是显著性值，一般以 p<0.05 为有统计学差异，p<0.01 为有显著统计学差异，p<0.001 为有极其显著的统计学差异。

3.4.5 污染场地环境管理绩效评价阈值确定方法研究

本研究共选取 408 块污染场地作为决策单元，场地数据来源于社会公示的环境影响评价报告、环境修复项目效果评估报告、环境修复项目修复方案、环境修复项目验收报告等。

在所分析的 408 个决策单元中，位于东部地区的场地数量为 226 块，中部地区为 136 块，西部地区为 46 块；其中以湖南、浙江、江苏、广东 4 省的场地数量最多，合计占总数的 63.8%。根据一级行业分类，制造业场地占主导地位，达到 88.7%；按照二级行业分类，则以化学原料和化学制品制造业、有色金属冶炼和压延加工业以及金属制品业的场地数量居前三位，其占比分别为 39.9%、9.1%和 8.2%。研究场地的规划用途以一类和二类用地为主，合计占 91.1%，与场地的一级分类吻合。

在所分析的场地中，采用原位土壤修复的场地占比达 73.54%，原位修复技术的使用率较低，可能与我国土地资源紧张以及多数场地计划开发再利用有关。在污染物构成上，单一类型无机物或有机物污染占 70%，复合污染占 30%，反映出我国工业用地存在较为严重的复合污染，重度及中度污染的场地占比达 64.7%。

本研究采用K-means聚类算法对超效率SBM模型评价结果进行分析，根据聚类中心值设定了效率水平的分类标准。其中，决策单元（DMU）的效率值被分为5个等级，即低效率水平、较低效率水平、中等效率水平、较高效率水平、高效率水平（表3-11）。这一分类标准能够直观地反映出不同决策单元的相对效率水平高低。

表3-11 根据DMU值的场地修复绩效分级范围

等级	DMU值范围
低	0＜DMU≤0.35
较低	0.35＜DMU≤0.81
中等	0.81＜DMU≤1.57
较高	1.57＜DMU≤2.50
高	DMU＞2.50

对408个污染场地修复绩效的评估结果显示，剔除6个数据异常值后，修复绩效最高的是北京市丰台区卢沟桥南里4号、5号、6号场地定向安置项目，修复绩效指数达到22.84；修复绩效最低的是四川省华福润滑油厂废旧场地，修复绩效指数仅为0.05。402个修复场地的修复绩效指数平均值是1.14，中位数是0.66，方差是2.92，标准误差是0.08；有193个场地为DEA有效场地。

根据修复绩效评价结果的分级，治理绩效被分类为“低”级别的场地有141个，“较低”级别的场地有67个，“中等”级别的场地有120个，“较高”级别的场地有38个，“高”级别的场地有36个。

我国各省份的场地修复绩效情况如表3-12所示，从全国层面来看，各省份场地修复绩效的平均水平为1.13，处于中等程度。说明我国不同省份场地修复工作普遍存在一定程度的发展空间。

表3-12 全国主要污染场地聚集省份治理绩效比较

省（区、市）	统计场地数/个	绩效总值	绩效平均值	绩效等级
安徽	13	11.25	0.87	中等
北京	12	35.01	2.92	高
重庆	13	12.91	0.99	中等
福建	2	0.45	0.22	较低
甘肃	3	11.05	3.68	高
广东	34	34.02	1.00	中等
广西	8	13.55	1.69	较高
贵州	13	13.71	1.05	中等
河北	8	10.91	1.36	中等

省（区、市）	统计场地数/个	绩效总值	绩效平均值	绩效等级
黑龙江	4	8.74	2.18	较高
河南	3	1.32	0.44	较低
湖北	5	2.68	0.54	较低
湖南	98	100.86	1.03	中等
内蒙古	1	2.25	2.25	较高
江苏	61	62.50	1.02	中等
江西	3	3.53	1.18	中等
吉林	2	3.40	1.70	较高
辽宁	10	10.74	1.07	中等
青海	1	0.16	0.16	低
陕西	1	0.54	0.54	较低
山东	13	29.46	2.27	较高
上海	6	4.76	0.79	较低
山西	4	2.30	0.58	较低
四川	9	6.01	0.67	较低
天津	5	4.26	0.85	中等
云南	6	5.34	0.89	中等
浙江	64	65.16	1.02	中等
总计	402	456.91	1.14	中等

从省份分布情况来看，甘肃、北京、山东、内蒙古等省（区、市）的修复绩效较高，属于高或较高绩效等级，反映出这些地区场地修复工作取得了较好的成效。而青海等省份的修复绩效较低，表明这些地区的场地治理仍需加强。

4　污染场地可持续风险管控模式研究

“污染场地可持续风险管控模式研究”设置 3 个子课题：“污染场地可持续风险管控中长期预测模型”（子课题 2.1）、“区域污染场地可持续风险管控指标体系与评估软件”（子课题 2.2）和“建立污染场地可持续风险管控模式决策体系”（子课题 2.3）。成果包括：①构建了一套全国尺度污染场地数据库，开展了预测模型研究，预测了多种不同发展情景下我国省级水平场地中长期风险水平变化，阐明了我国污染场地风险中长期变化的驱动与调控机制，实现了污染场地风险管控模式选择与效果预测的决策管理方法创新。②建立了以可持续发展目标为导向的适用于我国区域尺度上多层次、多维度、全过程的污染场地风险管控指标体系和规范化评估流程，提出了基于“过程-行为-指标关系矩阵”的全过程可持续风险管控量化评估方法创新。③构建了多维指标的风险管控技术筛选矩阵和风险管控模式决策体系，通过场地试用和验证实现了风险管控模式半定量辅助决策和污染场地风险管控模式决策最优化。

4.1　研究概况

4.1.1　研究背景

以可持续发展理论和风险管理理念为基本原则的污染场地可持续风险管控是当前国际社会场地修复领域的重要决策问题和前沿趋势。发达国家的污染场地修复与管理工作起步较早，经过近半个世纪的探索实践与经验积累，以英国和美国为代表的发达国家逐渐认识到修复行为在消除场地本身污染的同时也会产生新的环境足迹，因此迫切需要建立新的场地修复效果评估指标、体系、方法和框架。这一思想推动了修复思想从污染物彻底清除阶段、基于风险管理的阶段向绿色可持续修复阶段的转变，主张将修复工程本身的环境、社会、经济负面影响及政策、资金、管理、技术等方面的风险隐患纳入污染场地管理决策的考量范畴，综合衡量修复行为对环境、社会、经济等各个方面的影响以寻求修复整体效益最大化。

4.1.2 研究目标

构建全国尺度污染场地数据库，基于不同发展情景，利用深度学习算法预测场地中长期风险水平。构建我国区域尺度上与可持续发展目标高度契合的多层次、多维度、全过程的污染场地风险管控指标体系，设计可操作、可推广的污染场地风险管控可持续评估规范化模式和平台系统。构建场地全过程多要素风险管控技术筛选矩阵，综合考虑环境、经济、社会和技术等关键性因素，开发污染场地风险管控模式决策系统与软件，并进行试用和验证。

4.1.3 研究内容

本研究设置“污染场地可持续风险管控中长期预测模型”（子课题 2.1）、“区域污染场地可持续风险管控指标体系与评估软件”（子课题 2.2）和“建立污染场地可持续风险管控模式决策体系”（子课题 2.3）3 个子课题。基于不同发展情景，利用深度学习算法预测场地中长期风险水平，构建全国尺度污染场地数据库。构建我国区域尺度上与可持续发展目标高度契合的多层次、多维度、全过程的污染场地风险管控指标体系，设计可操作、可推广的污染场地风险管控可持续评估规范化模式和平台系统。构建场地全过程多要素风险管控技术筛选矩阵，综合考虑环境、经济、社会和技术等关键性因素，开发污染场地风险管控模式决策系统与软件，并进行试用和验证。

子课题 2.1：污染场地可持续风险管控中长期预测模型

结合全国污染源普查和土壤污染状况详查数据，高效提取关键场地风险影响因素、变化趋势等信息，按照行政区域划分，以关系数据库形式融合与存储信息，构建全国可持续污染场地数据库；利用大数据 Meta 分析手段，筛选主要影响因子；以环境风险、经济风险、社会风险为基础，同时考虑污染场地修复技术的发展水平，明确输入输出变量并对各影响因素进行权重确定，利用深度学习神经网络模型实现自动化识别全国污染场地高风险区域，模拟不同发展情景下我国场地中长期风险发展趋势和可接受风险水平，阐明我国场地风险中长期变化的驱动与调控机制，实现风险管控的效益最大化，达到与国际可持续发展目标（Sustainable Development Goals，SDGs）接轨、与国家发改委和科技部示范区接轨的目的。

子课题 2.2：区域污染场地可持续风险管控指标体系与评估软件

基于“三次影响-五大效益-六大目标”建立符合我国场地管理实际的可持续风险管控重点内容识别机制。利用社会网络分析（Social Network Analysis，SNA）研究与重点内容相对应的可持续主控指标，考虑我国频发的污染场地公共事件和决策高关注度，将社会稳定风险纳入指标在地化过程，增加生态文明建设指标，实现可持续发展理论延伸，建立我国区域尺度上场地可持续风险管控“3+4+5+*N*”二维三级指标体系，其中，“3”

指“国际-中国-区域”3 个层次定位，“4”指“环境-社会-经济-技术”4 个效益，“5”指“场地调查-方案设计-施工与运行-验收与监管-土地再利用”5 个阶段，“*N*”指“绿色技术-可再生能源-经济激励-公众参与-生态文化”多个可持续行为。确定“量化评估-等级划分-聚类排序-区域对比”评估路径，设计以多准则分析（MCA）为方法支撑的综合评估模式，模拟可持续因子、区域效益和管控过程 3 个结点交互机制，实现区域风险管控可持续能力的量化评估与横纵向对比。开展基于优势利益方认知社会统计学分析的典型场地案例研究，叠加地理大数据对区域场地风险管控可持续水平进行划分、聚类和空间格局可视化处理，建立社会参与透明化的多元主体联合运行机制和助力我国可持续风险管控“弯道超车”的制度创新机制。

子课题 2.3：建立污染场地可持续风险管控模式决策体系

系统调研国内外资料，参考发达国家的实践经验，结合我国污染场地管理要求，梳理不同风险管控模式实施的关键因素，针对污染场地管控技术筛选的不同阶段，设计不同数据信息表格，涵盖技术成熟度、复杂性、可操作性、投资、运行费用等指标，构建风险管控技术筛选矩阵；以风险管控可持续为前提，依托典型案例场地风险管控和再开发项目案例，综合场地污染特征、水文地质特征、再开发利用模式、社会经济发展水平、周边敏感因素等信息，基于修复消耗、环境容量、绿色效益等多要素分析，确定包含环境、社会、经济和技术等 4 个准则，涵盖设备投资、运行费用、可操作性、修复周期、残余风险、长期效果、健康影响等全方位、多层次、全过程、多指标的风险管控模式决策指标，借鉴生命周期分析、修复净环境效益分析等方法，运用专家打分等方式确定指标权重，构建可持续风险管控筛选矩阵和决策体系，实现风险管控模式半定量辅助决策；在构建场地风险管控概念模型的基础上，进行场地试用和验证，实现污染场地风险管控模式决策最优化。

4.1.4 技术路线

本研究技术路线如图 4-1 所示。

4.2 污染场地可持续风险管控中长期预测模型

在国家尺度，收集污染场地风险管控多源异构数据，构建不同数据模块，建立我国场地风险管控基础数据库；探究我国土壤重金属风险水平及时空分布特征；收集环境、经济、社会维度的指标，筛选主要影响因素，构建风险水平预测模型；设置不同发展情景，分析不同主控因子的变化趋势，代入模型方程，预测不同发展情景下的我国场地中长期风险水平。

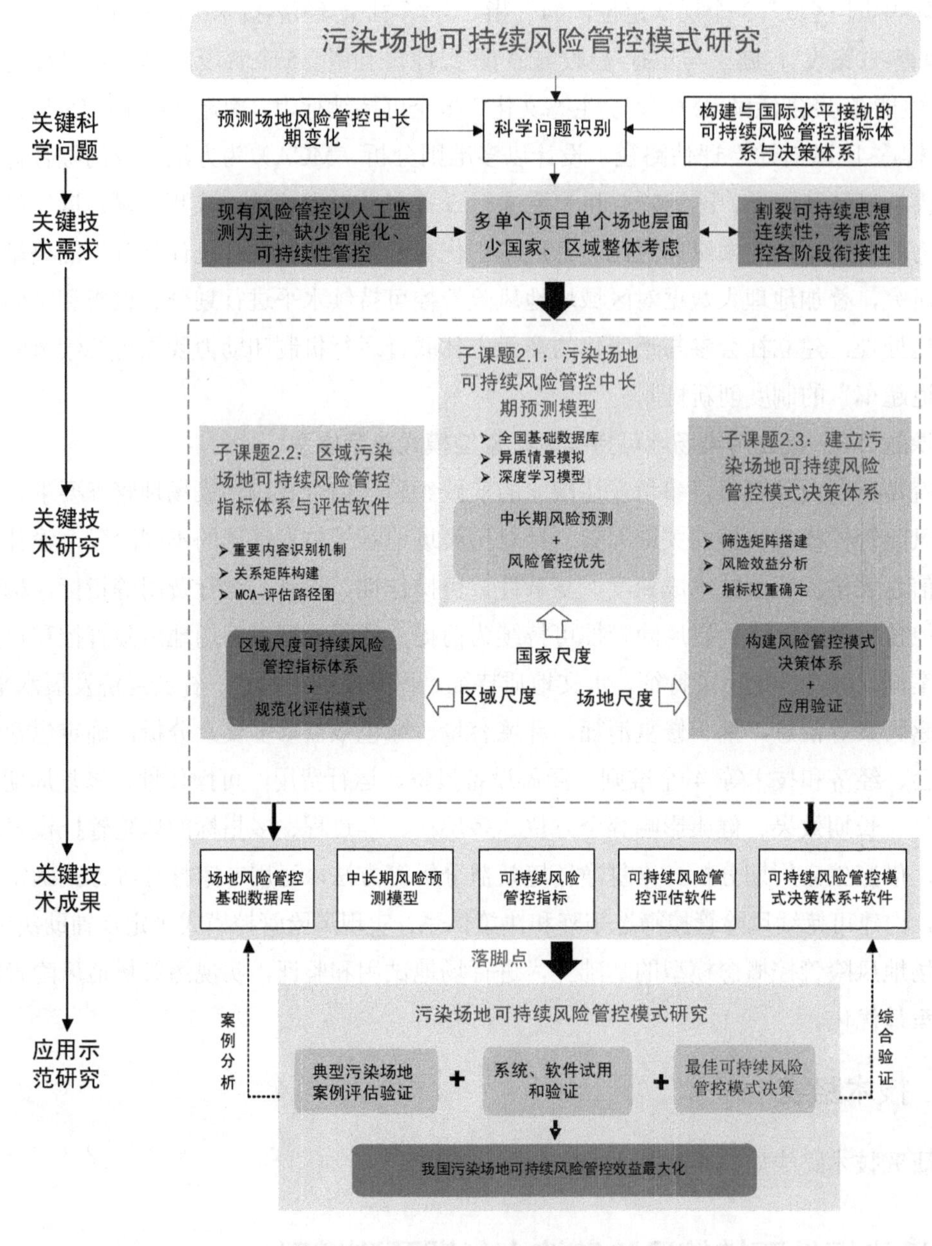

图 4-1 技术路线

4.2.1 构建污染场地风险管控基础数据库

（1）数据库设计思路

根据数据的特点和利用方式不同，同时为了数据共享和提高数据利用率，污染场地风险管控基础数据库系统按网络数据库系统设计，完成系统框架的搭建和实现数据查询功能。

1）建立污染场地基础信息模块。结合污染场地风险管控全过程的工作流程和需求，以数据库技术为平台，实现污染场地信息的输入输出、综合查询和统计分析，并在一定程度上实现信息共享。同时基于生态风险评价和健康风险评价模型，内置场地风险水平值，以清晰友好的界面、简便易行的操作，进行高效快捷的风险评价，实现全面直观的结果显示。

2）建立社会经济环境指标数据模块。根据文献调研及数据可获得性，收集不同历史年份社会、经济、环境维度的指标数值，进行指标的归纳和数值的储存，便于查询与查看。

污染场地风险管控基础数据库系统的用户是通过互联网对数据库进行访问的，基本用户包括各级生态环境部门、行业主管部门、技术评估机构、专家、公众及其他人员。

（2）数据库信息清单梳理

本研究根据设计需求，梳理文献研究、场地报告、实地采样等不同污染物数据来源，其中，通过实地采样，已获取江苏、浙江、山东、山西等 21 个省份 77 市及北京、上海、天津、重庆 4 个直辖市的 786 个地块污染物信息。在文献检索中，步骤如下：在中国知网（CNKI）和 Web of Science 数据库中，使用“中国”、“重金属”和“土壤”作为检索关键词，检索 1980—2020 年发表的有关我国不同地区表层土壤中重金属的相关研究。经过筛选，共选取 1 529 篇文献的研究数据作为本研究的数据来源。数据获取后通过数据清洗、信息匹配，构建了两大应用模块。第一模块是污染物数据，收集整理用地类型、数据来源、采样时间、样本量、污染物名称、污染物浓度值、风险水平等信息，同时内置场地详情，可以进行具体来源的查看。第二模块是社会经济环境数据，收集不同历史年份社会、经济、环境维度的指标数值，进行指标的归纳和数值的储存，便于查询与查看。

（3）数据库系统设计与实现

在软件实现部分，采用 TypeScript 作为编程语言，使用 vue3 作为框架，通过 MySQL 建立数据库，使用 flask-restful 框架建立后端接口。同时内置我国场地污染时空数据库数据，筛选查询结果直接输出为表格进行可视化展示。

污染场地风险管控基础数据库系统 V1.0 使用中导入了场地污染数据、社会经济数据，并将应用部分分为两大模块。一是能够按照污染物类型、用地类型、年份、研究地区进行筛选查询，结果将展示污染场地的数据来源、污染物浓度、风险水平等信息；二是根据地区、年份、指标种类进行筛选查询，结果将展示选定条件下具体的社会经济指标的历史数值，为全国场地污染现状分析及风险水平预测提供理论参考。具体界面及使用说明如下：

1）系统登录

在登录界面中输入账号和密码，点击“登录”即可登录系统，如图 4-2 所示。

图 4-2 数据库登录界面

2）污染场地数据查询模块

应用部分分为两大模块。首先是污染场地数据查询模块（图 4-3）。通过页面上方的筛选框，可以根据污染物类型、用地类型、年份、研究地区进行数据库内场地污染信息的查询、筛选与统计，结果将展示污染场地的单项污染指数、风险水平等信息。

污染场地风险管控基础数据库　　污染物数据　　社会经济环境数据

无机物　工业　上海　2020　查询

序号	研究地区	用地类型	数据来源	采样时间	样本量	污染物名称	污染物浓度值	单项污染指数	健康风险水平	详情
1	上海	工业	场地报告	2020	11	Pb	24.88148148	0.100	2.13511E-05	详情
2	上海	工业	场地报告	2020	11	Cd	0.078148148	0.260	6.61365E-08	详情
3	上海	工业	场地报告	2020	11	Hg	0.064111111	0.214	6.16803E-08	详情
4	上海	工业	场地报告	2020	11	Cr	0.25	0.002	2.34614E-07	详情
5	上海	工业	场地报告	2020	11	As	12.80925926	0.640	1.17182E-05	详情
6	上海	工业	场地报告	2020	11	Ni	46.62962963	1.166	4.93793E-05	详情
7	上海	工业	场地报告	2020	11	Cu	26.03703704	0.521	2.56651E-05	详情
8	上海	工业	场地报告	2020	6	Pb	24.01666667	0.096	2.0609E-05	详情
9	上海	工业	场地报告	2020	6	Cd	0.126666667	0.422	1.07198E-07	详情
10	上海	工业	场地报告	2020	6	Hg	0.06425	0.214	6.18139E-08	详情
11	上海	工业	场地报告	2020	6	Cr	0.25	0.002	2.34614E-07	详情
12	上海	工业	场地报告	2020	6	As	7.226666667	0.361	6.61113E-06	详情
13	上海	工业	场地报告	2020	6	Ni	42.91666667	1.073	4.54474E-05	详情
14	上海	工业	场地报告	2020	6	Cu	24.91666667	0.498	2.45607E-05	详情
15	上海	工业	场地报告	2020	24	Pb	45.70746269	0.183	3.92221E-05	详情
16	上海	工业	场地报告	2020	24	Cd	0.179104478	0.597	1.51575E-07	详情
17	上海	工业	场地报告	2020	24	Hg	0.323746269	1.079	3.11471E-07	详情
18	上海	工业	场地报告	2020	24	Cr	0.25	0.002	2.34614E-07	详情

图 4-3 污染场地数据查询模块

3）社会经济环境指标查询模块

在社会经济环境指标查询模块，可以根据指标种类、地区、年份进行筛选查询，结果将展示选定条件下具体社会经济指标值（图 4-4）。

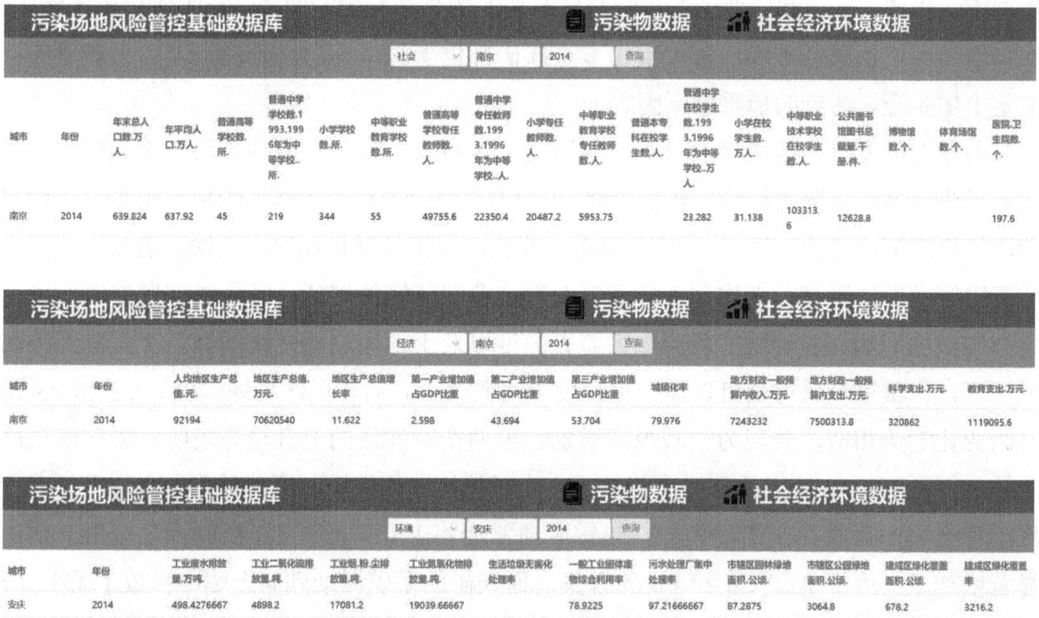

污染场地风险管控基础数据库　　污染物数据　　社会经济环境数据

社会　南京　2014　查询

城市	年份	年末总人口数.万人.	年平均人口.万人.	普通高等学校数.所.	普通中学学校数.1993.1996年为中等学校..所.	小学学校数.所.	中等职业教育学校数.所.	普通高等学校专任教师数.人.	普通中学专任教师数.1993.1996年为中等学校..人.	小学专任教师数.人.	中等职业教育学校专任教师数.人.	普通本专科在校学生数.人.	普通中学在校学生数.1993.1996年为中等学校..万人.	小学在校学生数.万人.	中等职业技术学校在校学生数.人.	公共图书馆图书总藏量.千册.件.	博物馆数.个.	体育场馆数.个.	医院.卫生院数.个.
南京	2014	639.824	637.92	45	219	344	55	49755.6	22350.4	20487.2	5953.75		23.282	31.138	103313.6	12628.8			197.6

污染场地风险管控基础数据库　　污染物数据　　社会经济环境数据

经济　南京　2014　查询

城市	年份	人均地区生产总值.元.	地区生产总值.万元.	地区生产总值增长率	第一产业增加值占GDP比重	第二产业增加值占GDP比重	第三产业增加值占GDP比重	城镇化率	地方财政一般预算内收入.万元.	地方财政一般预算内支出.万元.	科学支出.万元.	教育支出.万元.
南京	2014	92194	70620540	11.622	2.598	43.694	53.704	79.976	7243232	7500313.8	320862	1119095.6

污染场地风险管控基础数据库　　污染物数据　　社会经济环境数据

环境　安庆　2014　查询

城市	年份	工业废水排放量.万吨.	工业二氧化硫排放量.吨.	工业烟.粉.尘排放量.吨.	工业氮氧化物排放量.吨.	生活垃圾无害化处理率	一般工业固体废物综合利用率	污水处理厂集中处理率	市辖区园林绿地面积.公顷.	市辖区公园绿地面积.公顷.	建成区绿化覆盖面积.公顷.	建成区绿化覆盖率
安庆	2014	498.4276667	4898.2	17081.2	19039.66667		78.9225	97.21666667	87.2875	3064.8	678.2	3216.2

图 4-4　社会经济环境指标查询模块

（4）数据库设计应用验证

为了解全国场地主要污染物及其分布状况并探究其环境风险、健康风险和社会经济发展贡献，按照行政区域尺度划分，以关系数据库的形式实现知识获取、数据清洗、信息匹配，进行实时数据更新及验证，构建了具有时空代表性且包含地理信息、环境因素及社会经济特征的多维度场地污染基础数据库。2023 年 10 月，数据库共包括 1 000 个以上场地信息，为后续场地风险管控中长期预测模型的构建工作提供数据基础。数据库可以进行实时更新与补充，已在多个场地管理工作中完成了实践验证。

4.2.2　场地风险评价结果及时空分布特征

基于生态风险及健康风险评价模型，计算场地重金属风险水平，并绘制空间分布图及时间变化趋势图，探究场地风险现状及时空分布特征，为风险趋势判断提供重要依据。

根据研究年份设置了 5 个时间段，以探索全国范围内生态风险水平的时空变化。时间段设置为 1977—2000 年、2001—2005 年、2006—2010 年、2011—2015 年和 2016—2020 年。在不同时间段，被列为“严重风险”（RI＞1 200）的位点比例分别为 8.47%、14.83%、11.38%、8.18%和 7.47%。特别是，湖南和辽宁在所有 5 个时间段内始终存在“严重风险”位点。因此，对这两个省份的土壤污染进行更多的调查和管理非常重要。随着时间的推移，研究区域覆盖了更多的省份，被列为“严重风险”级别的位点主要集中在我国南部地区，如湖南、贵州、云南和广西。这可能与矿产资源的分布有关。例如，衡阳水口山铅锌矿、四川攀枝花钒钛磁铁矿和广东大宝山多金属矿都位于这些高污染省份。表明采矿活动可能是土壤重金属污染的最重要原因之一。

对于时间变化，结果显示对于工业场地，除 Pb 和 As 外，其他 5 种重金属地累积指数均呈先升高后下降的趋势，转折点在 2010 年左右（图 4-5）。Pb 的累积水平在不同时间段呈持续下降趋势。21 世纪初，国内工业化、城镇化进程加快，钢铁、机械、建材、化工等行业发展迅速。考虑到工矿业以及制造业对环境的破坏，经济快速发展对环境可能产生负面影响。随着地方政府加大监管力度以及土地用途的变化，许多工厂已经关闭或搬迁，土壤重金属污染可以在一定程度上得到改善。对于矿区场地，Pb、Cd 和 As 的时间变化趋势相似，表现为先减少后增加。近两个时间段的上升趋势表明，采矿活动产生的 Pb、Cd 和 As 的积累和污染仍然是一个亟待解决的问题。不同种类的金属开采对土壤中重金属的影响存在明显差异。铅锌矿通常会将 Pb、Zn 和 Cd 释放到土壤中。锡矿显著增加了土壤中 As、Cd 和 Pb 的含量，而铜矿的采矿活动则向土壤中释放了 Cd、Pb 和 Cu。[119]

对于空间变化，进一步绘制标准差椭圆图（SDE），使用生态风险值为权重字段，描述不同时间段内的空间变化趋势。结果显示，2000 年之前进行的研究较少，大多数研究集中在我国东部。5 年的研究数量随着时间的推移不断增加，涵盖了从我国东部到中西部地区的更大范围。随着时间的推移，标准差椭圆逐渐沿东北—西南方向变化，椭圆的重心向东向西南移动。然而，与 2006—2010 年相比，2011—2015 年观察到轻微的向北回归趋势。2011—2015 年，在我国中部和北部省份进行了更多研究。此外，SDE 在东西方向的标准距离增加，而南北方向的标准距离减少，方向性变弱。

对于土壤重金属引起的非致癌风险值（HI），HI 值在不同人群中有所不同，通常为儿童＞成年女性＞成年男性（分别为 1.91、0.46 和 0.25）。儿童平均 HI 值大于 1，这意味着暴露于土壤重金属可能带来非致癌风险。儿童的平均 HI 值较高可能与其行为和生理特征，即每单位体重暴露于土壤污染物的频率较高有关。因此，绘制儿童非致癌风险水平分布图，结果显示，HI 值大于 5 的高风险等级检测点主要分布在黑河至腾冲线东南部和内蒙古。对于土壤重金属引起的致癌风险值（LCR），由于缺乏其他元素通过摄入和皮肤暴露途径的致癌斜率因子，所以评估了 Pb、Cd、Cr 和 As 的致癌风险。结果显示，不同人群的平均 LCR 值各不相同，一般为成年女性＞儿童＞成年男性，平均 LCR 值介于 1×10^{-6}～1×10^{-4}，大于 1×10^{-4} 的点位主要出现在云南、贵州、广西、湖南、内蒙古等地。胡碧峰等还指出，在广西、湖南、内蒙古和广东等省区，重金属暴露导致的健康风险相对较高。这些省份应被视为热点地区，需要进一步关注和管理。[120]

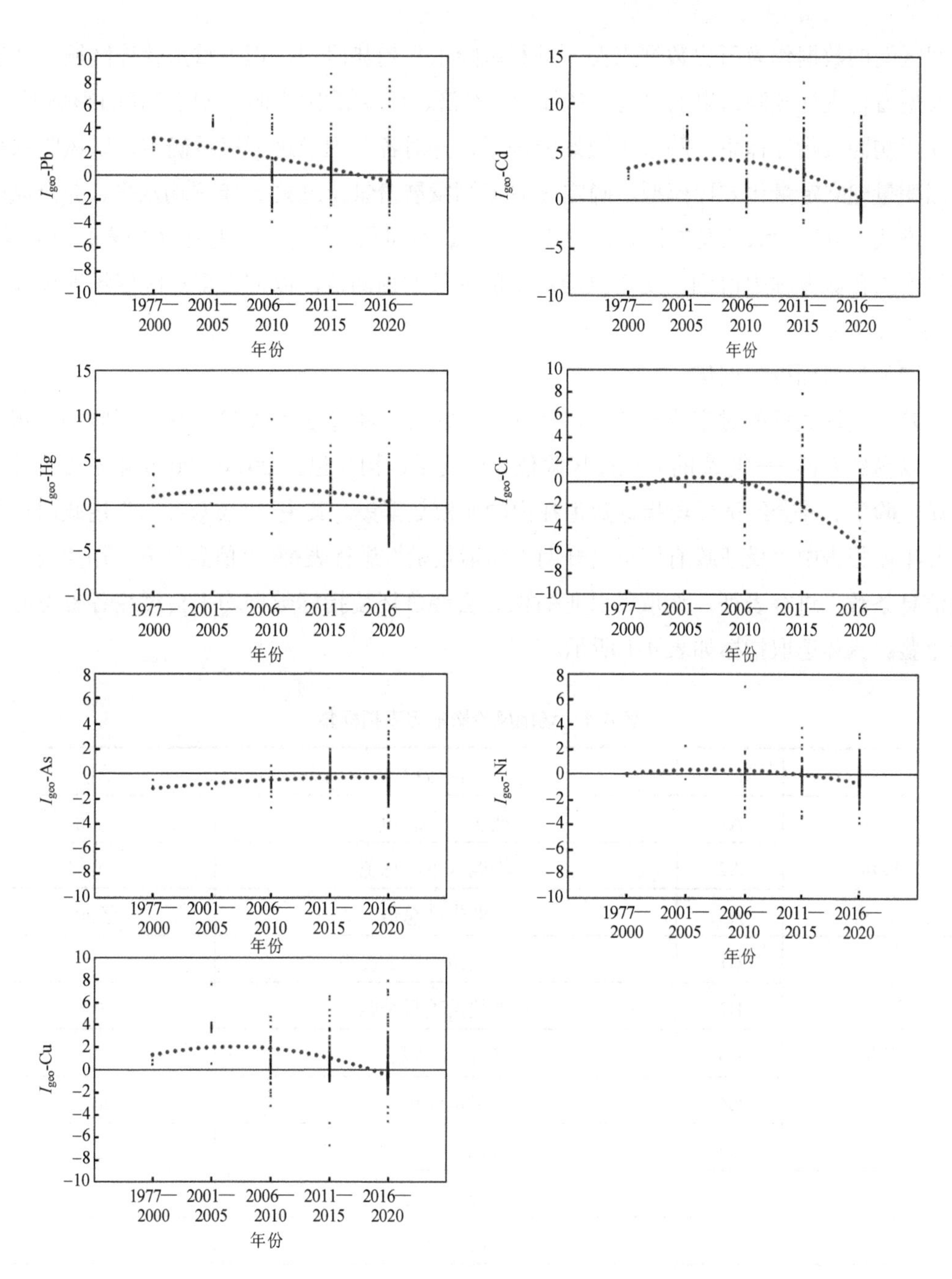

图 4-5 我国工业用地土壤重金属地累积指数的时间变化趋势

4.2.3 构建场地可持续风险管控中长期预测模型

（1）预测模型构建思路

基于历史数据的清洗与整理结果，根据数据的完整性和易感人群特征，选择合适的时间区间的数据作为历史数据来源。进行风险水平趋势研判，识别重点管控区域，并选取典型省份进行预测结果的讨论。从社会、经济、环境等不同维度收集可能的影响因素，建立影响因素指标体系，筛选主要影响因子，并对各项因子进行权重确定，以风险水平为因变量建立定量化方程模型。确定 3 种不同发展情景：过去 5 年平均水平、完全风险管控模式、可持续绿色发展模式，设置参数获取不同发展情景下主控因子的未来预测值，最终代入预测方程中得到因变量风险水平的中长期预测值，以期为重点区域场地风险管控提供参考和建议。

（2）构建面板数据集

基于场地数据的时空分布特征，从环境、社会、经济 3 个维度，建立影响因素指标集。以易感人群——儿童的非致癌风险值为因变量，构建包括 2011—2019 年省级土壤重金属风险值、社会经济环境指标数值在内的面板数据集。其中，“公众参与”用政府信息公开年度报告中“受理政府信息公开网上申请数量”进行表征，“信息公开”用“公开政府信息条数”进行表征，选取的其他省级社会经济环境指标数据均来自过往各省份的统计年鉴。具体选取指标如表 4-1 所示。

表 4-1 场地风险影响因素指标集

分类	序号	指标名称	单位
经济	A1	地区生产总值	亿元
	A2	人均地区生产总值	元
	A3	工业生产总值	亿元
环境	B1	工业污染治理完成投资	万元
	B2	土地整治项目个数	—
	B3	矿山企业数	—
	B4	绿地面积	hm^2
	B5	废气排放烟（粉）尘	万 t
社会	C1	公众参与	—
	C2	信息公开	—

进一步绘制 2011—2019 年不同省份的儿童非致癌健康风险时间序列图（图 4-6），研判风险趋势变化，识别风险水平均值高于阈值的重点管控区域，如广西、陕西、浙江、湖南、云南等，以进行进一步的讨论与分析。

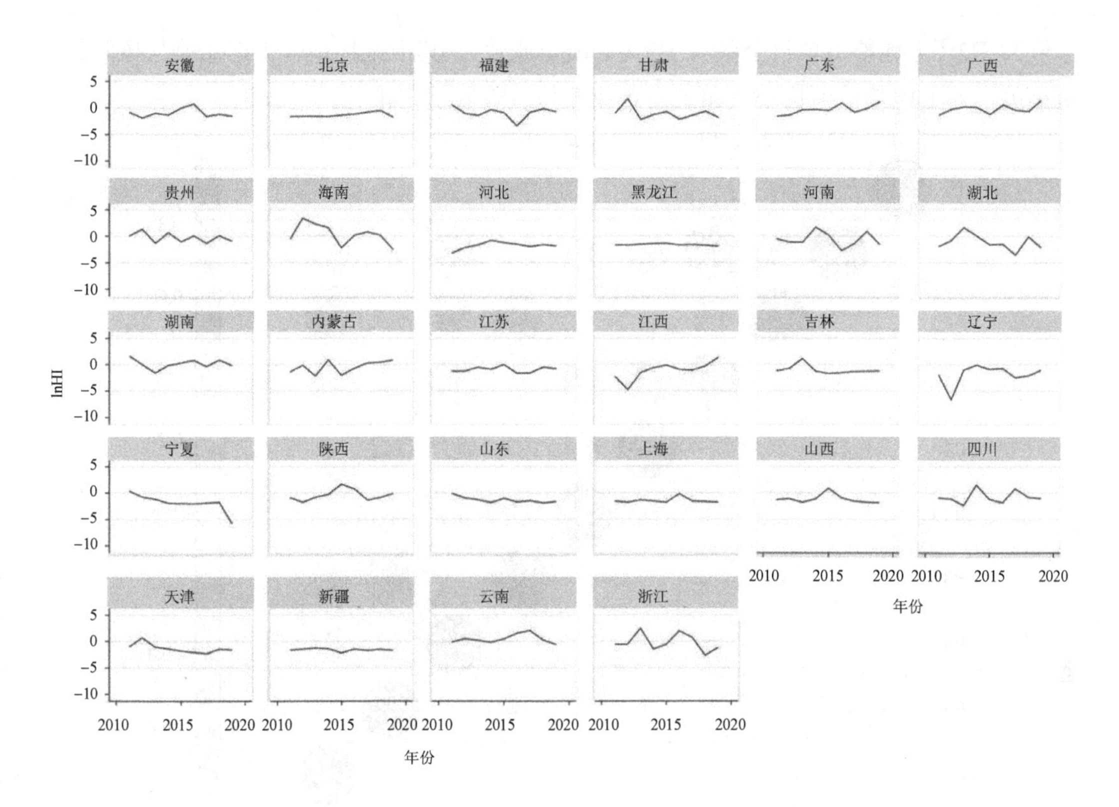

图 4-6 2011—2019 年我国各省份风险水平时间序列图

（3）筛选主控因子

近年来，已有不少文献对全国范围内土壤污染物累积的现状及驱动因素进行了综述分析与讨论。例如，胡碧峰等从 2008—2018 年我国 1 200 多项先前发表的研究中收集了数据，评估了污染状况和相关的健康风险。然后基于聚类分析结果讨论我国各省份重金属污染的空间模式和潜在的主导因素，指出不同的省份可能受到工业生产、交通和采矿活动等不同的影响。此外，有研究通过从 1998—2019 年发表的 112 篇论文中提取 121 个研究案例，分析了我国农田土壤重金属污染的时空模式和驱动因素，指出工农业活动、自然过程和大气沉降是农田重金属的 3 种来源。[121]在区域尺度，有研究通过计算土壤重金属含量与工业、交通、农业、居民生活（人口密度、城镇化率、人均地区生产总值、第二产业比重、工业废水排放量、工业废气排放量、固体废物排放总量、化肥施用量、农药施用量、机动车保有量）等多种因素的相关性，进一步判断长江经济带土壤重金属污染的主要影响因素与潜在来源。[122]

基于构建的面板数据集，首先使用相关性分析研究因变量儿童的非致癌风险值和不同维度影响因素之间的相关性。绘制相关系数热力图，结果显示如图 4-7 所示。与儿童非致癌风险值之间相关性有统计学意义（$p<0.01$）的指标有 3 项，包括 A2（人均地区生产

总值）、B2（土地整治项目个数）、B3（矿山企业数），其中人均地区生产总值与风险值呈负相关，而土地整治项目个数和矿山企业数与风险值呈正相关。

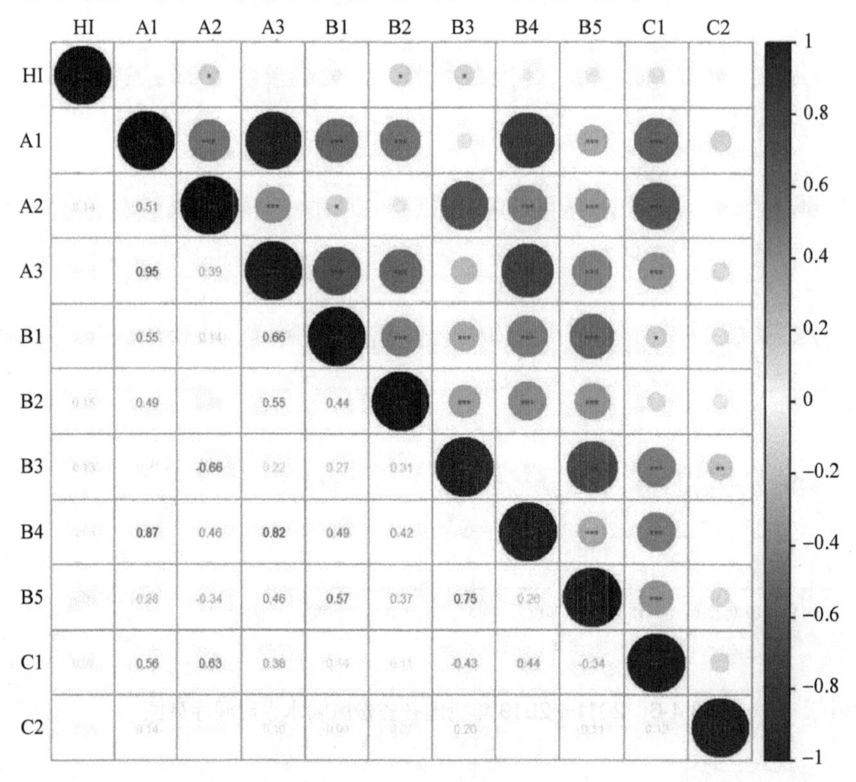

图 4-7 相关系数热力图

随机森林（Random Forest，RF）模型是由一定数量决策树整合而成的集成模型的一种，通过对决策树投票或平均数据集的划分，得到了分类或回归的随机森林输出结果。进一步通过随机森林分析进行重要指标排序，RF 模型中变量的相对重要性表明，B3（矿山企业数）的重要性最大，其次是 C1（公众参与）和 A2（人均地区生产总值）。有研究利用双变量空间相关性分析了采矿和工业活动对区域土壤污染和生态环境风险的影响，表明矿山和企业密度与生态环境风险水平之间存在显著的空间响应关系。有研究针对珠江三角洲地区（PRD）展开调查，发现人均地区生产总值对土壤重金属累积的重要性得分很高。[123]综上所述，选择 A2（人均地区生产总值）、B2（土地整治项目个数）、B3（矿山企业数）作为主要影响指标来构建预测模型方程。

（4）构建预测模型

土壤重金属污染具有显著的空间异质性，受各种人类活动的影响较大。了解场地土壤中重金属的污染源、时间变化和未来趋势对于场地土壤质量管理至关重要，有助于场地污染的预防和控制。在预测模型部分，目前多数研究的关注点仍集中在小范围的场地或区域尺度，保持了对实地采样数据的高依赖性。同时在指标选取方面，选取的指标因子多为自然环境指标，需要实地采样的土壤状况、作物耕作数据作为模型的指标变量，而较少考虑与企业生产活动相关的指标变量，导致研究成果的应用领域较窄。

自回归分布滞后模型（Autoregressive Distributed Lag Model，ARDL）是一种用于分析时间序列数据的统计模型，特别适用于经济和社会科学领域的研究。本研究采用基于面板数据的 ARDL 模型来探究不同影响指标和健康风险之间的长期关系（表 4-2）。具体方程如下：

$$\ln HI_t = \beta_0 + \beta_1 \ln HI_{t-1} + \cdots + \beta_p HI_{t-p} + \gamma_1 x_{t-1} + \cdots + \gamma_q x_{t-q} + \varepsilon_t \tag{4-1}$$

为了进一步验证由变量的平稳性引起的解释变量的一致性，进行了协整检验。Kao 检验结果表明，对于 5 种不同的检验统计量，4 种统计量对应的 p 值均小于 0.01，在 1%的水平上可以有力地否定“无协整关系”的原始假设。该结果证实了主控因子和风险水平之间在 1%的显著性水平上存在长期均衡关系。在赤池信息量准则，是衡量统计模型拟合优良性的一种标准（Akaike Information Criterion，AIC）的基础上提出了 ARDL（2，1，1）模型（表 4-3）。结果显示，人均地区生产总值与场地重金属污染造成的环境健康风险呈负相关，其他两项指标呈正相关。这可能是因为经济发展可以刺激对污染控制的投资，从而降低污染水平。同时应注意场地整治项目不合理开展和矿产资源开发带来的风险升高。

表 4-2 面板单位根检验

	变量	Fisher-ADF		变量	Fisher-ADF
原始数据	lnHI	192.801 7***	一次差分	lnHI	184.063 1***
	lnA2	67.776 5		lnA2	120.816 0***
	lnB2	149.304 6***		lnB2	161.156 0***
	lnB3	64.377 6		lnB3	125.023 5***

表 4-3 ARDL（2，1，1）模型结果

变量	相关系数	变量	相关系数
lnHI		lnB2	
L1	0.213***	L1	0.094*
L2	0.013*	lnB3	
lnA2		L1	0.120*
L1	–0.082*	Constant	–1.212

注：***和*表示在 1%和 10%水平上的显著性；变量 HI、A2、B2、B3 分别为风险值、人均地区生产总值、土地整治项目个数、矿山企业数。

构建包括过往 5 年管控平均水平、完全风险管控、可持续绿色发展在内的 3 种不同发展情景，具体参数设置如下：

1）情景一：过往5年管控平均水平

人均地区生产总值使用共享社会经济路径（SSPs）中的SSP2（中间路径）下的人口数和地区生产总值进行计算，其余指标使用过去5年的平均变化率进行计算。

2）情景二：完全风险管控模式

人均地区生产总值使用共享社会经济路径（SSPs）中的SSP2（中间路径）下的人口数和地区生产总值进行计算。随着商业活动的不断推进，我国土地整治项目的数量一直在稳步增加。2017—2020年是一个快速发展阶段，总体数量和资金都在迅速扩大。然而，在2021年，增长率总体放缓，为3%。在这种发展情景下，我们假设土地改善项目的数量将继续增加，以适应新的城市建设和土地需求，增长率设定为3%。根据国家统计局的数据，2014年和2020年后，我国的矿业企业数量逐渐减少，与2019年相比下降了2.44%。因此，我们假设严格的环境保护政策可能会导致小型或环境不合规的采矿企业的关闭或减少，下降率定为5%。

3）情景三：可持续绿色发展模式

人均地区生产总值使用共享社会经济路径（SSPs）中的SSP1（可持续路径）下的人口数和地区生产总值进行计算。在这种发展情景下，考虑到场地污染逐步改善的情况，将减少土地改良项目的实施，我们假设严格的环境政策得到有效实施，减少了土壤污染和其他环境问题，因此可能不再需要大规模的土地整治项目，下降率定为5%。对于矿山企业的数量，我们在考虑关闭矿山企业以减少环境污染的同时，也应该考虑它们对经济发展的促进作用。因此，我们认为下降率设定为3%。

基于以上参数设置及自回归分布滞后模型系数，预测我国污染场地未来中长期风险水平，绘制2035年及2050年的预测值时空分布图。预测结果表明，未来风险值从高到低依次为过去5年的平均控制水平＞完全风险控制模式＞可持续绿色发展模式。

4.2.4 场地风险管控中长期预测模型软件开发

（1）软件系统概述

场地风险管控中长期预测模型软件V1.0中导入了场地风险水平值、社会经济数据及风险水平中长期预测模型，并将应用部分分为三大功能模块：历史数据查询模块、社会经济指标查询模块、预测模型模块。一是能够按照省份、年份进行筛选查询，结果将展示各省份历史风险水平值信息，共包含2011—2019年的历史数据值；二是根据省份、年份、指标种类进行筛选查询，结果将展示选定条件下具体社会经济指标值，为全国土壤污染现状分析及风险水平预测提供理论参考；三是内置自回归分布滞后模型预测结果，预测3种不同发展情景下我国各省份场地中长期风险发展趋势。

（2）软件开发与实现

在软件实现部分，采用 TypeScript 作为编程语言，使用 vue3 作为框架，通过 MySQL 建立数据库，使用 flask-restful 框架建立后端接口。同时内置自回归分布滞后模型预测结果，筛选查询结果直接输出为表格进行可视化展示。平台建立在 Internet 网络基础上，用户可通过个人计算机的浏览器进行登录访问。

（3）软件使用说明

软件共包括三大功能模块：历史数据查询模块、社会经济指标查询模块、预测模型模块，具体界面及使用说明如下：

1）登录界面

场地风险管控中长期预测模型软件登录界面见图 4-8。

图 4-8 场地风险管控中长期预测模型软件登录界面

2）历史数据查询模块

用户可以根据省份、年份进行历史污染风险水平数据的筛选与查找。其中，自行输入省份名称、年份（2011—2019 年）。查询结果包括序号、省份、年份、健康风险值等具体信息。

3）社会经济指标查询模块

用户可以根据省份、年份、指标种类进行各省份社会经济特征数据的筛选与查找。其中，可选择的指标种类包括社会、经济、环境，自行输入省份名称和年份，查询结果将显示特定条件下对应的所有指标值。

4）预测结果展示模块

本模块内置自回归滞后模型进行时间序列预测，基于筛选出的重要影响因素指标，预测 3 种不同发展情景下我国各省份场地中长期风险发展趋势，可以根据不同属性（省份、年份、发展情景）进行未来污染风险水平的查询、筛选、展示（图 4-9）。

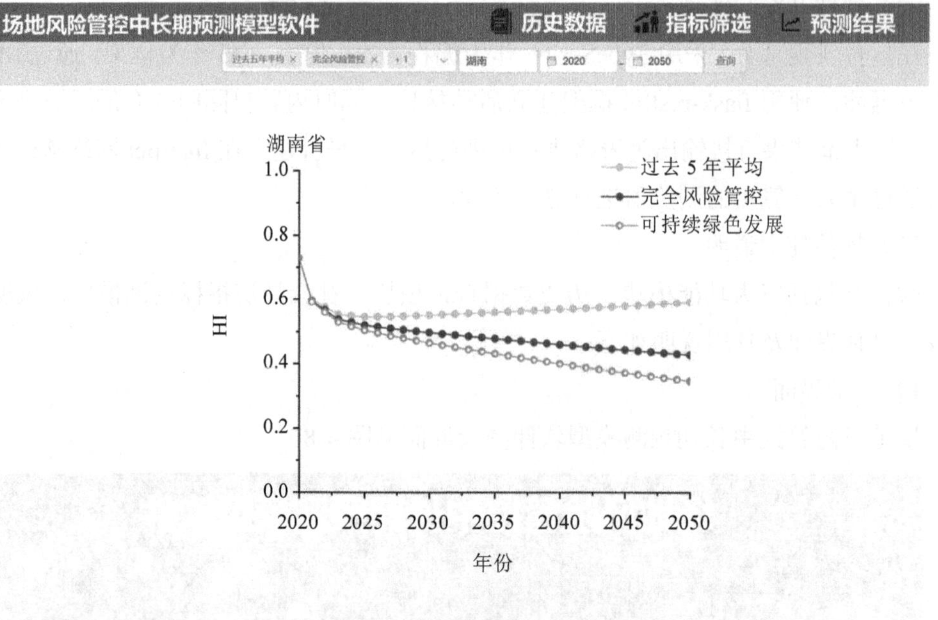

图 4-9 预测结果查询

4.3 区域污染场地可持续风险管控指标体系与评估软件

4.3.1 污染场地可持续风险管控评估框架

在充分借鉴发达国家绿色可持续修复技术体系和最佳管理实践先进思想的基础上，初步建立我国区域尺度上揭示污染场地全过程环境风险管理与区域可持续发展交互机制的多层次、多维度、全过程的污染场地可持续风险管控“3+4+5+*N*”概念模型（图 4-10）。其中，“3”指场地可持续风险管控所遵循的“国际-国家-区域”3 个层次发展定位，“4”指场地风险管控活动所影响的“环境-社会-经济-技术”4 个效益子系统，“5”指场地风险管控可持续评估所涵盖的“场地调查-方案设计-施工与运行-后期监管-土地再利用”5 个生命周期阶段，“*N*”指场地风险管控过程所涉及的“绿色技术-可再生能源-经济激励-公众参与-生态文化”等多个可持续性行为。

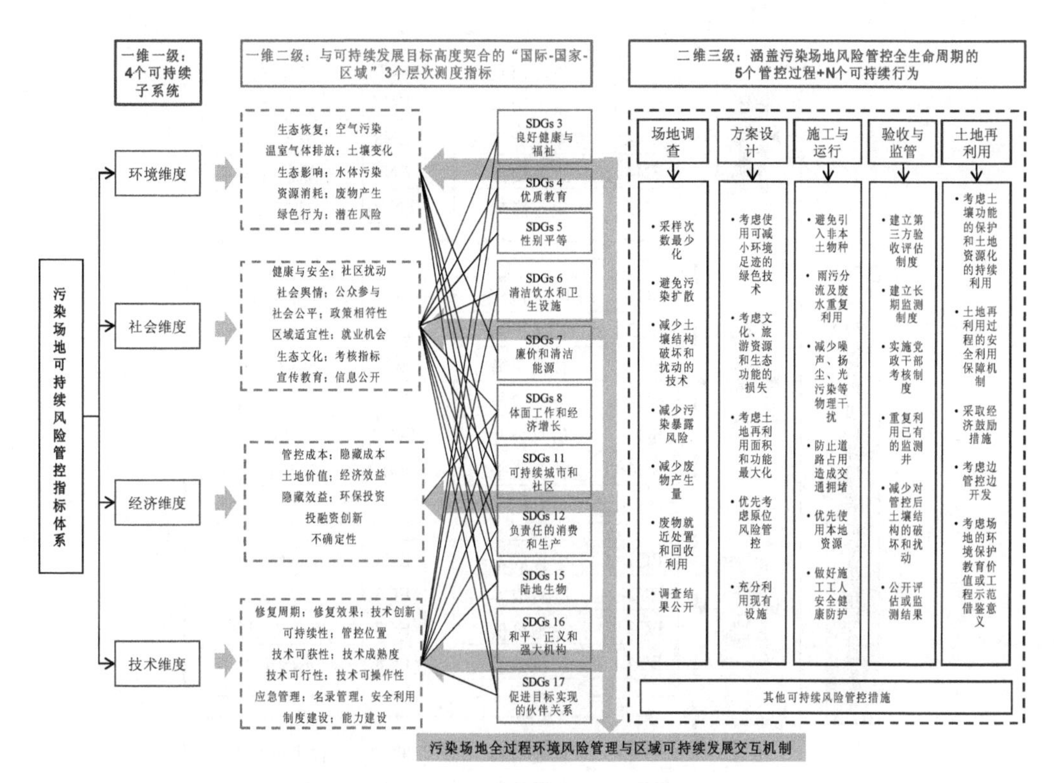

图 4-10 污染场地可持续风险管控概念模型

4.3.2 区域污染场地可持续风险管控指标体系构建

综合指标易表征、量化程度的考量，以科学性与可比性、系统性与针对性、代表性与简明性、先进性与特色性“四个统一”为指标选取原则，从环境、社会、经济和技术4 个方面构建既与国际水平接轨又具有鲜明中国特色的我国区域尺度场地可持续风险管控指标体系，共 4 个维度 44 个指标（图 4-11、表 4-4）。

4.3.3 可持续风险管控评估系统开发

（1）软件系统概述

基于 TOPSIS 多准则决策评价模型，遵循“基本信息录入-管控行为汇总-指标数据导入-计算结果展示”的基本思路，以人工智能分析平台为承载开发包含前端展示、信息管理、指标管理、评价管理和结果展示 5 个功能模块的污染场地可持续风险管控评价系统，以实现多源异构数据的系统整合量化，量化风险管控可持续水平（图 4-12）。

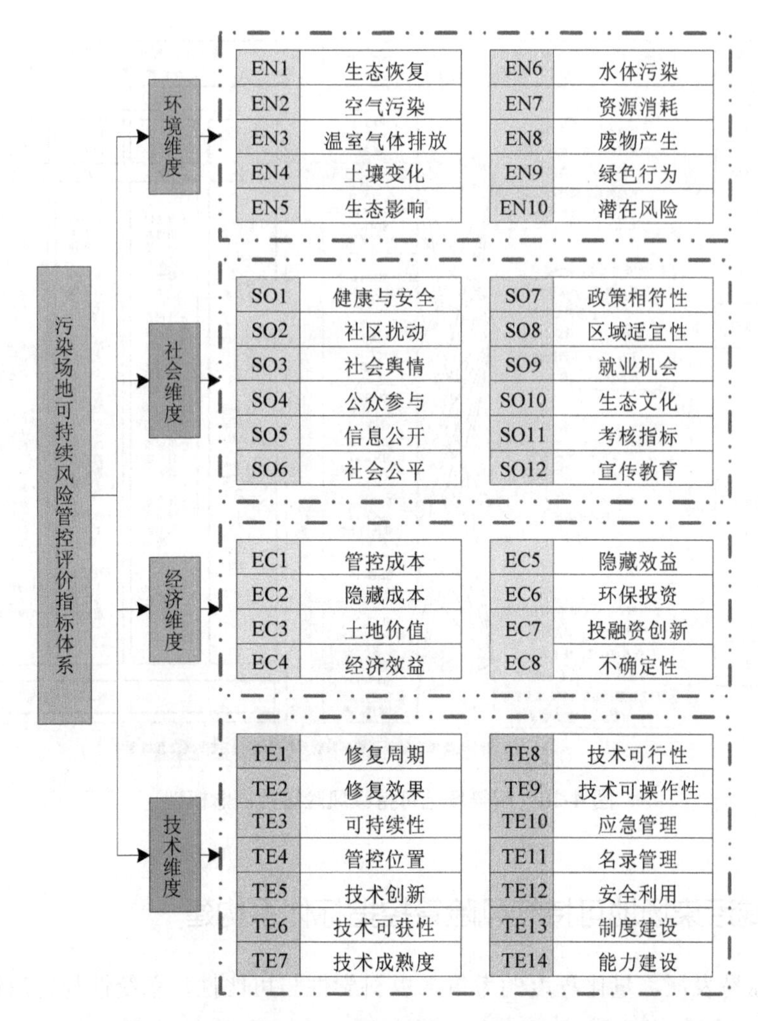

图 4-11 我国区域尺度污染场地可持续风险管控评价指标体系

表 4-4 我国区域尺度污染场地可持续风险管控指标属性及定义

指标维度	序号	指标分解	指标定义	指标性质
1. 环境指标	1.1	生态恢复	风险管控完成后，恢复场地生态功能，保护生物多样性	SDGs 国际通用指标
	1.2	空气污染	风险管控行为对当地空气质量的影响，如颗粒物、NO_x、SO_x 等排放	SDGs 国际通用指标
	1.3	温室气体排放	设备运行、土壤和污染物运输等过程的能源消耗和由此产生的场内、场外 CO_2 排放	SDGs 国际通用指标
	1.4	土壤变化	风险管控完成后土壤物理、化学、生物性质的改变，如土壤质量、结构、功能、渗透性等方面	国际通用指标
	1.5	生态影响	风险管控过程中土地干扰和设备使用等行为对生态环境和生物生境的影响，包括外来物种引入	SDGs 国际通用指标

指标维度	序号	指标分解	指标定义	指标性质
1. 环境指标	1.6	水体污染	风险管控过程中污染物的直接排放、操作不当或污染土壤侵蚀等对地表水和地下水质量的影响	SDGs 国际通用指标
	1.7	资源消耗	风险管控所需消耗的资源和材料，包括金属和矿物、添加剂、水资源、异地清洁土壤回填等	SDGs 国际通用指标
	1.8	废物产生	风险管控过程中产生的未经安全处置或处置不达标的废弃物总量	SDGs 国际通用指标
	1.9	绿色行为	采取使用可再生能源、资源循环再利用、废物回收再利用等绿色技术和绿色产品及其他可减少环境影响的措施	SDGs 国际通用指标 社会稳定风险指标
	1.10	潜在风险	残留污染物的潜在风险，如由于气候变化引起的管控工程的破坏	SDGs 国际通用指标 社会稳定风险指标
2. 社会指标	2.1	健康与安全	通过开展岗前安全教育和专业技能培训、规范场地施工管理和人员防护等手段，减少风险管控期间由于实施管控措施和污染物直接暴露对场地作业人员、管理人员等产生的施工安全隐患与健康风险	SDGs 国际通用指标 社会稳定风险指标
	2.2	社区扰动	风险管控行为对周围社区居民产生的不利影响，包括噪声、灰尘、臭气等健康危害和交通便利性、视觉美观干扰等方面	国际通用指标
	2.3	社会舆情	公众、技术人员、专家和决策者等各利益方对风险管控措施的信心、接受程度和满意度	国际通用指标 社会稳定风险指标
	2.4	公众参与	场地周边居民参与风险管控的程度，涉及决策过程、管控阶段、后期监管、场地再利用等全过程	SDGs 国际通用指标 社会稳定风险指标
	2.5	信息公开	区域污染地块名录及有关污染地块调查报告、风险评估报告、风险管控方案、效果评估报告等的社会公开情况	国际通用指标 风险管控成效评估管理指标
	2.6	社会公平	确保所有人尤其是妇女、残疾人、儿童、老年人等弱势群体机会均等，包括决策参与和就业机会、环境的代际公平、基础设施便利性等方面	SDGs 国际通用指标 社会稳定风险指标
	2.7	政策相符性	风险管控决策符合国家法律法规、地区发展战略及土地利用规划的总体目标和相关要求	国际通用指标 社会稳定风险指标
	2.8	区域适宜性	区域社会经济环境对风险管控的需求供给和支持程度，如可利用的处置场地，充足的资源、能源、原材料供给，配套的废物处置设施等	国际通用指标 社会稳定风险指标
	2.9	就业机会	由风险管控引起的当地就业岗位的增加	可持续发展指标 国际通用指标
	2.10	生态文化	风险管控后当地生活便利性、文化遗产、景观价值、绿色空间等方面得到较大改善和提升	可持续发展指标 国际通用指标
	2.11	考核指标	将土壤污染防治工作纳入地方政府党政干部实绩考核	生态文明建设指标
	2.12	宣传教育	对土壤危害、土壤环境保护、土壤污染防治重要性等相关知识的宣传教育情况，以及公众的掌握情况	生态文明建设指标

指标维度	序号	指标分解	指标定义	指标性质
3. 经济指标	3.1	管控成本	项目成本及资金支持情况，包括项目设计及建设费用，运行及维护费用，原材料、设备、劳动力费用等费用	国际通用指标 社会稳定风险指标
	3.2	隐藏成本	其他负外部经济效应，如由于污染暴露导致的健康损伤、由于场地风险管控导致的生态系统服务功能下降和现有构筑物拆除等	国际通用指标
	3.3	土地价值	风险管控后场地及周围土地增值	国际通用指标
	3.4	经济效益	由于风险管控带来的商业机遇和就业岗位增加，进而影响当地经济和居民收入	可持续发展指标 国际通用指标
	3.5	隐藏效益	其他正外部经济效应，如由于污染物清除导致的暴露损伤降低、工程示范效应、环境污染罚款规避、政府形象和企业声誉提升等	可持续发展指标 国际通用指标
	3.6	环保投资	用于土壤污染防治建设项目的投资占地区当年财政收入的比例	生态文明建设指标
	3.7	投融资创新	管控资金通过政府和社会资本合作（PPP）模式、绿色金融、企业股票、债券发行、环境污染强制责任保险等投融资方式获取	风险管控成效评估制度建设指标
	3.8	不确定性	由于技术因素、工期延长、管控困难、极端气候事件等导致成本超出既定预算的可能性	国际通用指标 社会稳定风险指标
4. 技术指标	4.1	修复周期	达到风险管控目标/指标所需要的时间	国际通用指标
	4.2	修复效果	风险管控完成后，人体健康、生态系统及其他受体的污染暴露风险显著降低，达到验收要求	可持续发展指标 国际通用指标
	4.3	可持续性	管控效果是否具有长期有效性，取决于管控策略应对变化条件的弹性和处理能力，管控后期的维护、监管能力	国际通用指标 社会稳定风险指标
	4.4	管控位置	鼓励采用原位风险管控技术，避免异位处理对土壤的扰动和污染土壤运输过程中污染土壤遗撒等问题	国际通用指标
	4.5	技术创新	采用专业智能化设备，或通过工程应用加快我国风险管控技术的研发、升级和创新	可持续发展指标
	4.6	技术可获性	技术获取渠道多，且具有必要的培训、设备、技术人员支持，能满足技术实施、设备运行、维护和管理要求	可持续发展指标 国际通用指标
	4.7	技术成熟度	技术所处状态为试验研发、示范试点或大规模推广应用	可持续发展指标 国际通用指标
	4.8	技术可行性	技术对当前场地水文地质条件、污染物和土壤特性具有较好的适应性	可持续发展指标 国际通用指标
	4.9	技术可操作性	风险管控技术选取的综合考量，能够满足作业场地需求、有限的时间和成本、土地再利用需求、污染土壤运输与储存要求、污染物处理能力要求等	可持续发展指标 国际通用指标
	4.10	应急管理	对由于作业者违规操作以及意外因素的影响或不可抗拒的自然灾害等原因所造成的环境污染、人体健康危害、社会经济与人民财产损失的应急处理	可持续发展指标 国际通用指标 社会稳定风险指标

指标维度	序号	指标分解	指标定义	指标性质
4. 技术指标	4.11	名录管理	根据建设用地土壤环境调查评估结果，建立污染地块名录及其开发利用的负面清单，合理确定土地用途及管控完成后的场地监测、管理和维护要求	区域风险管控成效评估管理指标
	4.12	安全利用	管控完成后，地块的开发利用必须符合相关规划用途的土壤环境质量要求	生态文明建设指标 风险管控成效评估 区域目标任务指标
	4.13	制度建设	包括但不限于地方性政策法规、规划方案出台情况，污染地块调查制度、部门间协调机制、信息共享机制、联动监管机制、从业单位和人员监管机制等的建设和运行情况	风险管控成效评估 区域制度建设指标
	4.14	能力建设	包括但不限于土壤环境管理机构和人员配置、专家库、土壤环境信息化管理平台、技术人员培训等方面的建设和运行情况	风险管控成效评估 区域能力建设指标

图 4-12 污染场地可持续风险管控评价系统界面

（2）软件开发与实现

- 开发该软件的操作系统：Windows 10 64 位。
- 软件开发环境/开发工具：①Net Framework 3.5 以上；②Windows 2007 以上（含 Access）。
- 该软件的运行平台/操作系统：Windows 10 64 位。
- 软件运行支撑环境/支持软件：①Net Framework 3.5 以上；②Windows 2007 以上（含 Access）。
- 开发的硬件环境：①硬盘：最少 50 G 的可用硬盘空间；②内存：至少 4 GB；③处理器：至少 1.4 GHz。

- 运行的硬件环境：①硬盘：500 G 的可用硬盘空间；②内存：8 GB；③处理器：1.4 GHz。

（3）软件使用说明

1）场地信息管理

场地信息管理模块主要用于待评价场地新建及相关信息的管理功能，与综合展示界面相关联，包括行业类别、经纬度坐标、特征污染物、污染分布情况、管控时间等。

2）场地风险管控档案管理

在管控措施功能区勾选某场地风险管控过程中所采取的可能对可持续指标产生影响的最佳管理实践，涵盖场地调查阶段、方案设计阶段、施工与运行阶段、验收监测阶段和土地再利用阶段共 5 个阶段。

3）场地风险管控可持续分值计算

根据研究目的，针对单个场地和区域多个场地分别采取加权数值法和 TOPSIS 评价方法进行风险管控可持续水平计算，并配有简单的图形展示功能，所有计算结果均可以 Excel 形式导出以满足进一步数据分析和制图的客户需求（图 4-13）。

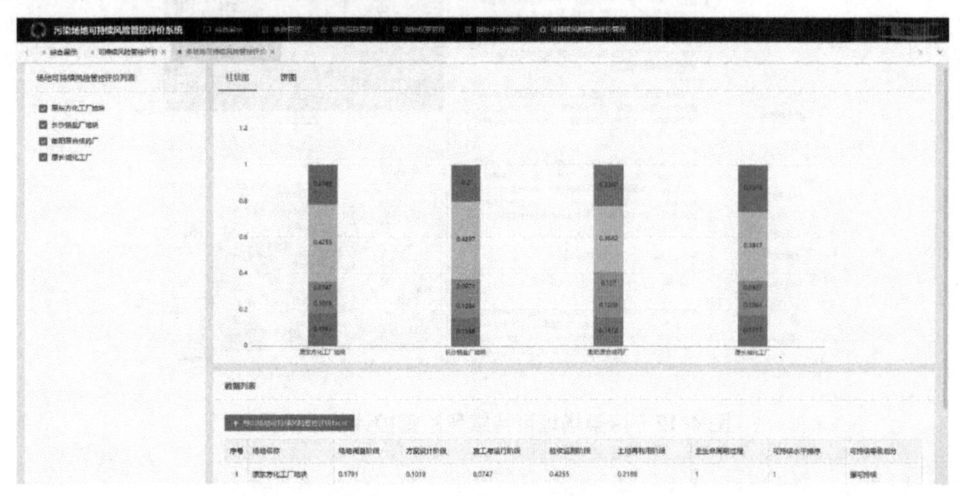

图 4-13　污染场地风险管控可持续分值计算页面

4.3.4　污染场地可持续风险管控评价案例

（1）研究区域

选取 11 个污染场地，通过现场调研、在线查询、相关方访谈等手段获取场地风险管控全过程相关信息，建立基于 BMPs 证据全过程风险管控数据清单，利用污染场地可持续风险管控评价系统开展案例研究，通过结果计算分析从管控环节、管控措施和可持续指标 3 个层面为污染场地可持续风险管控提供决策支持。场地基本信息如表 4-5 所示。

表 4-5 污染场地可持续风险管控评价案例场地基本信息

场地名称	地理位置	经纬度	管控时间	管控面积	特征污染物	地下水埋深	周围敏感区	规划用途	管控措施	标签
原东方化工厂地块（C1）	北京通州区张家湾镇	116.727 264E 39.884 231N	2018—2026 年	约 90 万 m^2	土壤：苯；地下水：苯、总石油烃、甲基叔丁基醚	流向为自东向西，第一含水层水位埋深 4～6 m；第二含水层 22～30 m；第三含水层约 32 m	大运河森林公园、北运河、居民区	公园绿地	水平覆盖+生态恢复+自然衰减+长期监测+制度控制	国家重点支持，以零碳城市、生态之城为发展目标
长沙铬盐厂地块（C2）	长沙市岳麓区三汊矶工业区（湘江西岸）	112.954 166E 28.266 916N	2019—2021 年（第一阶段）	约 255 亩	土壤：铬、锌、砷和汞；地下水：六价铬、砷、锌和锰	第四系松散岩类孔隙水含水岩组埋深 2.41～14.81 m，基岩裂隙含水岩组埋深 5.34～21.06 m	湘江、小学、居民区	绿化用地及商住用地	垂直防渗墙+异位填埋+长期监测+原位、原地异位修复，地下水动态 DGR 技术+渗透性反应墙	高度社会敏感性，靠近饮用水水源地
湖南省衡阳县原合成药厂（C3）	衡阳县西渡镇天星村和群星村	112.405 802E 26.937 094N	2017年7—11月	3 423.82 m^2 污染土壤修复，200 m 止水帷幕建设	氰化物、甲苯、乙苯、苯乙烯等 9 种有机物	未检测到地下水	蒸水河、居民区、农田	商业用地	原地异位化学氧化+止水帷幕	社会关注度高，生产期间曾发生安全事故
原长城化工厂（C4）	张家口市怀来县西北	115.507 278E 40.444 665N	2020—2021 年	约 11.90 万 m^2 土壤修复，最大深度为 19.5 m，地下水管控面积为 427 088.16 m^2	滴滴涕、氯代烃、苯系物等共 22 项污染物	松散岩类孔隙潜水埋深 80～90 m，侧向补给和降水入渗条件较好，自北向南径流	下游沙城镇建成区、官厅水库及上游第二水源地	二类建设用地，无详细规划	水平覆盖+生态恢复+自然衰减+长期监测+制度控制	第一代有机氯农药基地，前期环境管理不足，官厅水库污染
河北冀衡集团有限公司（C5）	衡水市中华北大街西侧	115.672 778E 37.756 044N	2017年6—11月	异位修复约 18 685 m^2，原位阻隔约 38 666 m^2，地下水修复约 11 159 m^2	氨氮污染	稳定水位埋深为 5.2 m，主要受大气降水及居民生活用水影响	居民区、办公区，西南紧邻大庆水厂	商住用地、娱乐用地	规划开挖深度范围内常温解析+规划非开挖区原位阻隔，地下水抽出处理	靠近水源地，深层严重超采区

场地名称	地理位置	经纬度	管控时间	管控面积	特征污染物	地下水埋深	周围敏感区	规划用途	管控措施	标签
原湟中鑫飞化工厂（C6）	青海省西宁市湟中县	36.518 167E 101.851 328N	2018 年 11 月—2020 年 4 月	铬渣堆场区域 28 000 m^2 及周边	六价铬	上层滞水层埋深 8～10 m，引水渠道的间歇性渗漏补给和农田灌溉的入渗补给	厂区下游有村庄和小南川河	工业用地	水平覆盖+垂直阻隔+自然衰减+长期监测+制度控制，地下水抽出处理	因污染严重纳入挂牌督办企业，周围敏感点多
利达化工厂（C7）	广西柳州市静兰路 38 号	24.318 792E 109.447 558N	2019 年 1—5 月	修复土方量约 35 245.3 m^3	砷、镍	松散岩类孔隙水初见水位埋深 2.2～7.4 m；岩溶裂隙溶洞水初见水位埋深标高 69.77～72.26 m	机关单位、居民区、小学、交通枢纽中心	二类居住用地和商业用地	土壤清挖+转运+异地填埋	工业密集区
南京常丰农化厂（C8）	南京新材料产业园区玉带片区北部	118.923 155E 32.254 215N	2018 年 11 月—2019 年 11 月	约 9 678.3 m^2 土壤修复，修复深度 7 m，1 365 m^2 地下水修复，修复深度 0～7 m	土壤：苯并芘等 11 类；地下水：石油类、氯乙烯等 7 种	普遍 1～2 m，总体流动方向自北向南，最终排向滁河	居民区、瓜埠山景区国家地质公园，南部紧邻滁河	公园绿地和居住用地	原位化学氧化+原位热脱附，地下水抽出处理+原位化学氧化+阻隔墙	靠近国家地质公园，紧邻水源地
韶关市化工厂（C9）	韶关市东郊黄金村	24.821 111E 113.619 444N	2020 年 4—11 月	B 地块为 62 602 m^2，C 地块为 20 466 m^2	砷、铅	雨季稳定水位埋深为 0.2～8.7 m，整体流向为西南向东北	老蟹山、居民区	高等院校	异位水泥窑协同处置+阻隔管控	土地流转需求紧迫
山东大成农化有限公司（C10）	山东省淄博市张店区洪沟路 25 号	118.078 904E 36.797 57N	2019 年 4 月—2020 年 5 月	土壤修复土方量为 27.51 万 m^3，地下水治理面积 3.09 万 m^2	土壤：15 种有机物；地下水：3 种有机物	稳定水位为 3.49～6.04 m，整体流向为东南至西北方向	居住区、医院等	居住用地和科研教育用地	原地异位常温解析+热脱附+水泥窑，地下水止水帷幕+原地异位抽出+化学氧化	社会关注度高，周边敏感点多
蓬莱市化工总厂片区（C11）	蓬莱登州街道	120.801 347E 37.808 509N	2017 年 10 月—2018 年 4 月	土壤修复土方量 35 096.85 m^3，地下水修复面积 6 950 m^2	土壤：镍、镉、铜等 5 种；地下水：甲苯等 6 种	稳定水位为 1.10～7.76 m，自南向北流向大海	居民区	商住用地	固化稳定化+化学升温解析，地下水抽出处理	社会关注度高，周边敏感点多，临海

（2）结果分析

1）资料完整度分析

从场地可获资料完整度来看，场地信息可得性介于 74.07%～92.60%（平均值 81.82%），基于场地调研一手资料获取的数据可信度较高。其中，5 个场地（C3、C5、C6、C8、C10、C11）信息不确定度达 20%以上，主要为土地再利用阶段资料缺失导致，缺失度介于 9.09%～54.55%（平均值 33.06%）。由于土地再利用阶段可采取的风险管控措施仅占全过程总量的 10%，进一步结合评价结果来看，各场地土地再利用阶段对风险管控可持续水平的贡献率介于 2.58%～6.17%（平均值 5.17%），因此，土地再利用阶段信息不完整对综合评价结果影响较小，评价结果不确定较低，结果验证可靠。

2）可持续评价结果分析

总体来看，11 个场地风险管控所采取的最佳管理实践和可持续性均存在较大差异。其中，原东方化工厂地块（C1/0.934 5）和原长城化工厂（C4/0.821 9）的全过程管理表现为强可持续，可能是由于这两个场地采取的是单一风险管控技术，扰动小，能在一定程度上规避传统修复技术的二次污染风险、成本高昂、治理周期长等弊端。湖南省衡阳县原合成药厂（C3/0.483 9）、河北冀衡集团有限公司（C5/0.353 4）、原湟中鑫飞化工厂（C6/0.436 4）、南京常丰农化厂（C8/0.451 6）、山东大成农化有限公司（C10/0.414 3）和蓬莱市化工总厂片区（C11/0.501 1）等 6 个场地全过程管理的可持续性较差，由于开展场地修复多为 2019 年之前，绿色可持续修复意识薄弱，且为水土协同修复扰动大、场地周边敏感点多、社会关注度高，导致工程虽然达到预期修复目标，但环境-社会-经济-技术综合可持续水平有待提高。

a）管控措施落实情况分析

从各场地可持续风险管控措施落实情况来看，管控过程中确定落实的可持续措施平均为 76 项（共 108 项），其中，C1 采取的可持续风险管控行为最多，为 94 项，C6 最少，为 59 项。总体看来，12 项管控措施落实不到位，需重点强化，执行度介于 2.27%～54.55%（平均值 29.55%），尤其是施工过程中的节能减排措施（2.27%）、优先本地资源投入（9.09%）、技术创新与成果转化（13.64%）等 3 个方面提升空间较大（表 4-6）。

表 4-6 风险管控措施落实情况

序号	措施	执行度/%	说明
1	避免破坏和扰动土壤结构	48.48	如减少采样次数，采取非侵入场地调查方法、风险管控技术等
2	节能减排措施	2.27	施工设备、现场建筑、进场车辆采用可再生能源
3	采样过程的二次环境污染规避	22.73	如清洗设备、监测井的废水回收，废弃物处置与回收利用等

序号	措施	执行度/%	说明
4	技术创新与成果转化	13.64	推动国产技术、装备升级和科研成果应用，培植专业技术人员和企业发展
5	资金风险与保障	27.27	确保稳定、持续、多元的资金来源，考虑成本超出既定预算的可能性
6	技术小试与中试	36.36	在场地治理修复前验证技术可行性，降低工程失败风险
7	公众参与和社会公平	25.00	公开施工信息，建立面向所有人的参与渠道，保障所有人尤其是弱势群体具有享受环境改善和基础设施使用的平等机会
8	优先本地资源投入	9.09	如本地设备、材料、能源、劳动力的投入，减少施工成本
9	工期保障措施	33.33	如边修复边开发、定期设备维护等
10	保留土地生态服务功能	36.36	治理后恢复土壤资源属性，土地规划统筹土壤功能和生态效益，实现土地资源可持续利用
11	提升地区经济发展	54.55	考虑环境工程产生的土地增值、居民收入增加、政府形象提升等潜在效应
12	契合区域发展规划	45.45	结合社区重建规划、区域发展优势和功能定位进行场地修复与再开发

b）可持续评价指标重要性分析

从可持续评价指标重要性来看，44 个指标对场地风险管控可持续水平的贡献率差异显著，评价分值介于 0.011 2～1.127 0（平均值 0.38）。从图 4-14 中可以看出，管控成本（EC1）、水体污染（EN6）、潜在风险（EN10）和温室气体排放（EN3）4 个指标对场地风险管控可持续发展的驱动作用最为明显，平均贡献力高达 0.926 4（最大值为 1.127 0）；空气污染（EN2）、资源消耗（EN7）、修复效果（TE2）、健康与安全（SO1）、不确定性（EC8）、隐藏效益（EC5）和政策相符性（SO7）等 7 个指标的影响次之，平均贡献力为 0.642 2（最大值为 0.810 6）。相较于生态文化（SO10）、就业机会（SO9）、管控位置（TE4）和信息公开（SO5）等 4 个指标影响力较弱，可持续平均贡献力低至 0.060 8（最小值为 0.011 2）。总体来说，指标贡献力越大，则判定为实现污染场地风险管控可持续性的优先要素，工程实践中需重点落实；指标贡献力越小，则视为追求风险管控可持续目标的过程中容易忽视的方面，实际管控中需加强改善。

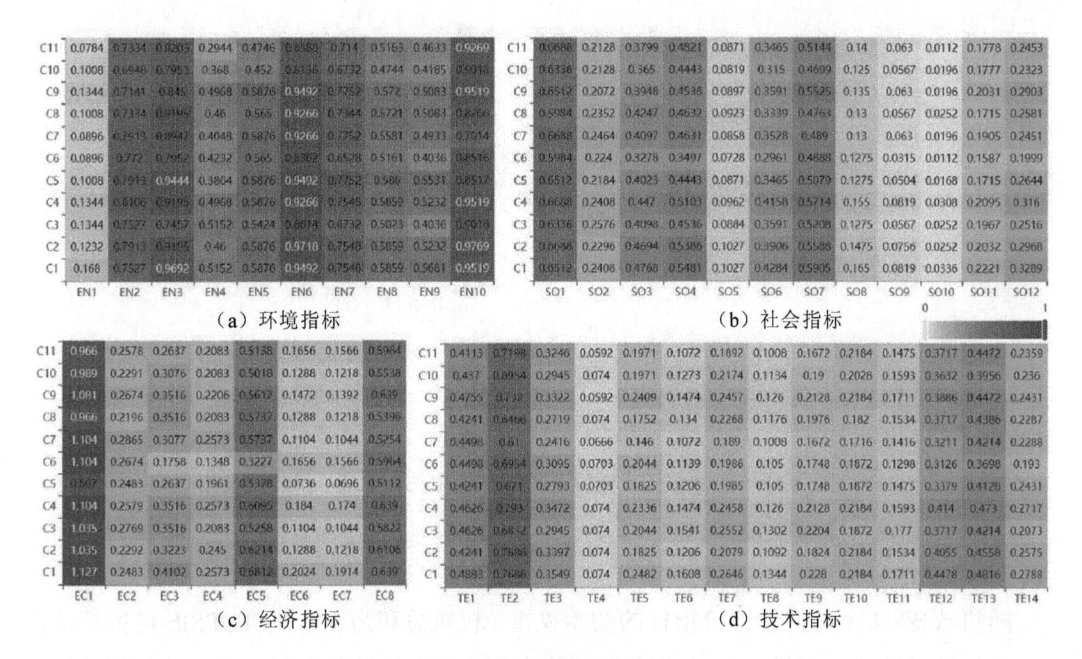

（a）环境指标　（b）社会指标　（c）经济指标　（d）技术指标

图 4-14　指标重要程度热力图

c）全生命周期管控环节分析

方案设计（P2）和施工与运行阶段（P3）在各个维度（环境、社会、经济和技术）上的可持续水平都远高于场地调查（P1）、验收监测（P4）和土地再利用阶段（P5），各阶段可持续表征平均值由大到小依次排序为 P2（0.081 2）＞P3（0.067 8）＞P1（0.025 3）＞P4（0.016 7）＞P5（0.010 4）（图 4-15）。结果表明，方案设计和施工与运行阶段能在很大程度上决定场地风险管控过程的可持续与否，且方案设计是风险管控的核心环节，直接影响工程实际施工与运行过程中管控措施的落实情况；而验收监测和土地再利用两个阶段是全过程可持续决策的薄弱环节，应给予高度重视并加强监管。

环境（EN）、社会（SO）、经济（EC）和技术（TE）4 个维度呈正线性相关关系，其中，环境维度（EN）在 5 个管控阶段上的可持续表征最好，社会维度（SO）最弱，各维度可持续表征平均值由大到小依次排序为 EN（0.086 0）＞TE（0.028 6）≈EC（0.027 7）＞SO（0.018 8）。结果表明，环境可持续性是场地风险管控的首要目标，而社会可持续性的矛盾依然突出。

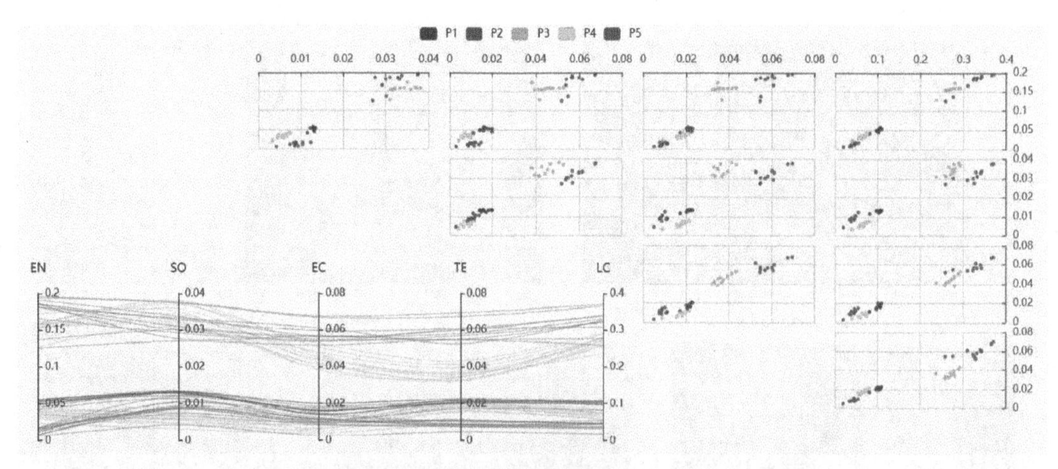

图 4-15 风险管控全过程可持续维度相关性散点-矩阵图

3）敏感性分析

随机改变 44 个可持续评价指标的初始权重（权重总和为 1），对 TOPSIS 可持续评价结果进行敏感性分析（图 4-16）。迭代 500 次发现，每个场地落入同一可持续等级的概率与当前评价结果无明显差异，以 C1 场地（原东方化工厂）为例，其可持续等级为强可持续（介于（0.75，1]）的概率为 90.4%，远高于其他等级（9.6%）。综合来看，11 个场地的检验一致性通过率达 94%，其中，C1 较其他场地对权重变化更敏感，可持续分值介于 0.720 2～0.971 1。敏感性分析结果表明，权重随机变化并不会对 TOPSIS 评价结果产生显著影响，在当前案例研究中采用 TOPSIS 方法相对有效，评价方法可行，结果可靠。

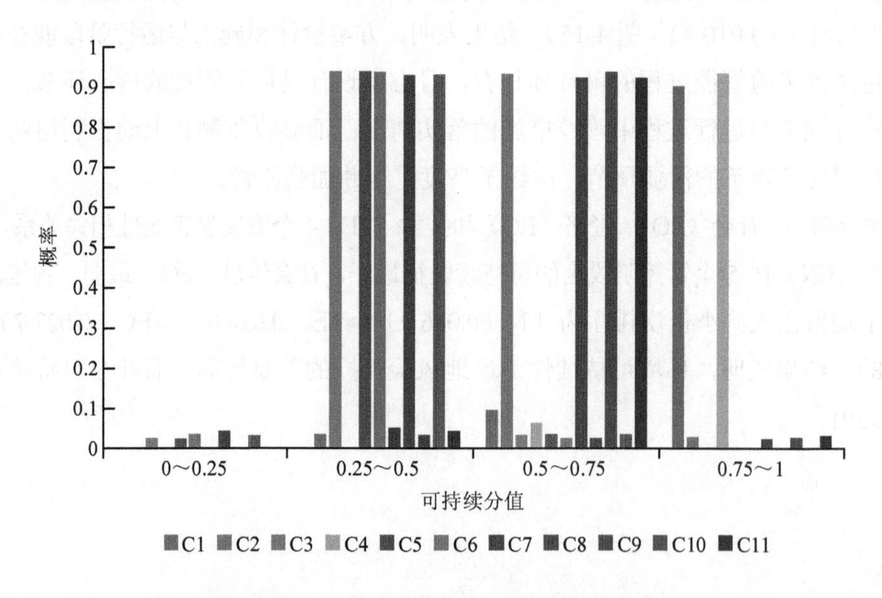

图 4-16 风险管控可持续评价结果敏感性分析

4.4 建立污染场地可持续风险管控模式决策体系

4.4.1 可持续风险管控模式研究

污染场地可持续风险管控模式指充分考虑修复技术特点、地区经济社会发展特性及环境安全所建立的一种污染场地风险管控技术模式，其主要特征是保证环境安全的同时产生最大的社会效益与经济效益。

（1）修复技术初步筛选

为污染场地选择合适的修复技术，需要根据场地的具体情况和修复目标，综合考虑技术的可行性、有效性、经济性和社会可接受性等因素。技术筛选路线如图 4-17 所示。

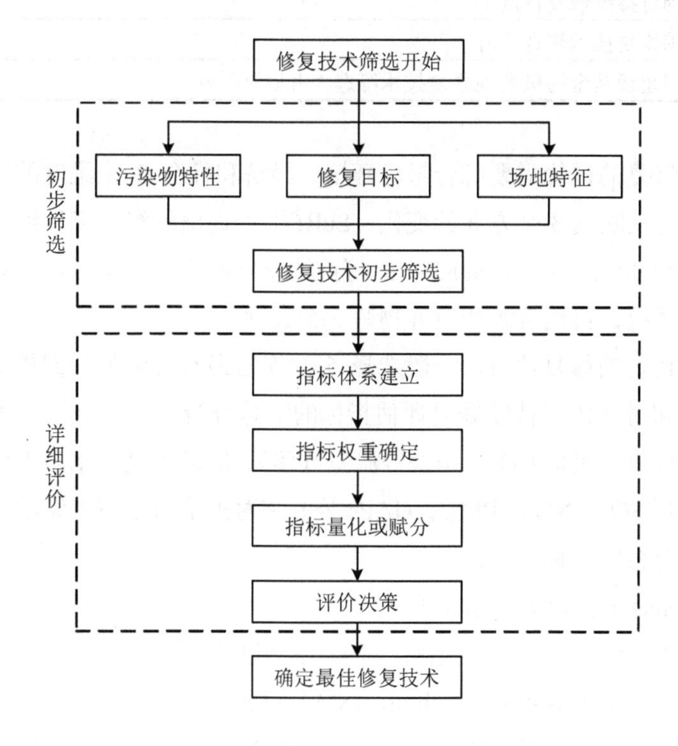

图 4-17 污染地块修复技术筛选流程

（2）环境足迹指标体系建立

在建立基于环境足迹理论的评价指标体系时，遵循可行性原则、代表性原则、绿色可持续性原则、相对独立性原则、环境足迹理论原则。

评价指标的选取应该遵循建立指标体系时的原则，同时参考国内外污染土壤修复行业的相关标准和规范。此外，在选取评价指标时，还应该考虑我国污染土壤修复行业的特点和污染土壤修复技术的发展水平，符合各种法律法规。指标选取的依据具体如表 4-7 所示。

表 4-7　指标体系确定依据

序号	文件名称
1	2014 年污染场地修复目录（第一批）
2	污染场地土壤修复技术导则（HJ 25.4—2019）
3	污染场地修复技术筛选指南（CAEPI 1—2015）
4	工业企业场地环境调查评估与修复工作指南（试行）
5	绿色可持续性修复指南（T-GIA-001—2017）
6	污染场地修复技术应用指南（征求意见稿）
7	英国可持续修复指标
8	美国可持续修复白皮书
9	美国修复技术筛选矩阵
10	美国超级基金污染场地修复技术筛选“九原则”

绿色可持续修复的评价需要综合考虑环境、经济和社会 3 个维度的影响，因此需要选择相应的指标来反映这 3 个方面的变化。SuRF-UK 提出的绿色可持续修复通用指标，分为环境、经济和社会三大类，SuRF-UK 可持续修复评价的环境指标体系，分为大气、土壤、水、生态系统、自然资源和废弃物等 5 个大项。

通常，对于特定的修复项目，一般选择 5 个左右最有价值的关键指标，综合对环境足迹理论的分析和对绿色可持续修复评估指标的汇总分析，在符合指标体系建立原则的基础上，选择碳排放（包括 CO_2、甲烷等温室气体）、能源消耗、水资源消耗、主要空气污染物排放（包括 SO_x、NO_x、PM_{10}、HAPs 等）和对土壤与生态系统的影响 5 个关键指标构成环境足迹分析的指标体系。

（3）ISM-Dematel 法确定指标权重

考虑到选取的 5 个环境足迹指标之间存在相互影响关系，先使用解释结构模型（Interpretative Structural Modeling Method，ISM）对各指标进行层次分解，建立有向图，然后根据各指标影响大小使用决策实验室法（Decision-making Trial and Evaluation Laboratory，Dematel）确定各指标权重。

1）ISM 法层次分解

ISM 是一种研究系统结构关系的系统工程方法，其目的是解释结构模型。ISM 分析一般有 5 个步骤，依次如下介绍：第 1 步：提供原始数据，即“邻接矩阵”；第 2 步：计算“邻接矩阵与单位矩阵相加”的结果，得到新矩阵；第 3 步：计算出“可达矩阵”；第 4 步：计算出“可达集合与先行集合及其次表”；第 5 步：计算出层次分解，该表格用于显示各要素层次分布关系。

2）Dematel 法确定指标权重

Dematel 是一种利用图论和矩阵工具解释问题的系统分析方法。一般有 5 个步骤，依次如下介绍：第 1 步：提供原始数据，即“关系矩阵”；第 2 步：计算出“规范直接影响矩阵”；第 3 步：计算出“综合影响矩阵 *T*”；第 4 步：根据“综合影响矩阵 *T*”计算出影响度 *D* 值和被影响度 *C* 值；第 5 步：根据“中心度 *D*+*C* 值”即要素的重要性，对其进行归一化处理，最终计算出各要素的权重情况。

使用 ISM-Dematel 法确定各指标权重为碳排放 0.241、能源消耗 0.220、水资源消耗 0.150、空气污染物排放 0.119、对土壤和生态系统的影响 0.272。在污染场地修复项目方案筛选阶段，可以使用环境足迹分析工具（如 SEFA、SiteWise^{TM}）量化备选方案的足迹，并结合权重对各方案排序，以帮助选择环境影响较小的修复技术。

（4）环境足迹指标量化

污染场地修复过程的环境足迹计算模型是一种综合评估系统，其中场地风险评价和修复技术筛选需要借助统计分析方法和专业的数学模型来实现，这些方法和模型能够提高管理决策的效率，扩大和增强决策者处理问题的能力和范围。常用的模型和方法包括多目标决策分析方法（MCDA）、成本-效益分析法（CBA）、生命周期评价法（LCA）、费用效果分析法（CEA）、环境效益净值分析法（NEBA）等。

（5）环境足迹计算步骤

污染场地修复的环境足迹分析是评估修复过程对环境影响的重要方法，其一般包括以下 7 个步骤（图 4-18）。

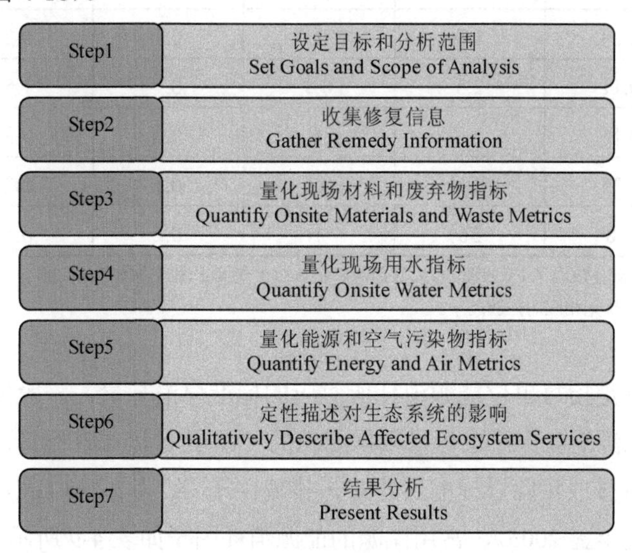

Step1
设定目标和分析范围
Set Goals and Scope of Analysis
Step2
收集修复信息
Gather Remedy Information
Step3
量化现场材料和废弃物指标
Quantify Onsite Materials and Waste Metrics
Step4
量化现场用水指标
Quantify Onsite Water Metrics
Step5
量化能源和空气污染物指标
Quantify Energy and Air Metrics
Step6
定性描述对生态系统的影响
Qualitatively Describe Affected Ecosystem Services
Step7
结果分析
Present Results

图 4-18 环境足迹计算步骤

（6）计算公式与排放因子

1）计算公式

环境足迹计算的公式为

$$EF = \sum (EF_i \times A_i) \tag{4-2}$$

式中，EF——项目的总环境足迹；

EF_i——第 i 个活动的单位环境足迹；

A_i——第 i 个活动的数量或规模。

2）排放因子

修复活动中涉及的主要材料和输入能源的足迹因子见表 4-8。

表 4-8 修复活动中主要材料的排放因子 单位：g/kg

材料	CO_2 排放因子	能源消耗因子/（MJ/kg）	NO_x 排放因子	SO_x 排放因子	PM 排放因子	HAPs 排放因子
PVC/HPDE	1.6	67.5	1	0.2	0.1	0.3
钢	1.8	32	3	1	2	0.1
沙子	0.015	0.1	0.2	0.1	1.5	—
砾石	0.017	0.15	0.2	0.1	1.5	—
膨润土	0.11	2.5	0.3	0.1	1.5	—
水泥	0.51	5.6	3	2	1	—
混凝土	0.24	1.9	1	0.3	0.2	—
黏土	0.11	2.5	0.3	0.1	1.5	—
砖	0.15	2.4	1	0.2	0.3	—
沥青	0.35	10.4	0.5	0.1	0.2	—
处理用化学品	3.8	56	1	0.2	0.1	—

注：1. 数据来源于 IPCC 碳排放因子 Excel 数据库、《能源材料》、《大气固定源污染物排放标准》。

2. “—”表示该类材料无相应的排放因子。

能源消耗因子是指每单位能源消耗所对应的标准煤消耗量，一般根据能源的低位发热量进行计算。能源消耗因子也可以根据能源的 CO_2 排放因子进行计算，即每单位能源消耗所对应的 CO_2 排放量除以标准煤的 CO_2 排放因子（约为 2.493 $kgCO_2/kg$ 标准煤）。根据《中国能源统计年鉴 2005》，常用能源的能源消耗因子如表 4-9 所示。

表 4-9 常用能源的能源消耗因子

能源名称	能源消耗因子/［kg 标准煤/（kW·h）］	能源消耗因子/（kg 标准煤/kg）	能源消耗因子/（kg 标准煤/m^3）
电力	0.122 9	—	—
汽油	—	1.471 4	2.3
柴油	—	1.457 1	2.63
天然气	—	1.714 3	1.33

（7）修复方案评价决策

使用多属性决策分析（MADA）模型中的加权总和模型（WSM）来评价多个备选方案在不同属性或指标上的优劣。WSM 的步骤如下：

①对每个指标进行归一化处理，使其数值在 0～1，以消除量纲和数值范围的影响。

②将每个指标值乘以相应的权重，得到加权后的数值。

③对每个方案，将其所有指标的加权数值相加，得到总分。

④比较各个方案的总分，选择总分最高的方案作为最优方案。

4.4.2 决策体系开发

（1）软件系统概述

根据研究目标和内容，污染场地可持续风险管控模式决策系统开发技术路线见图 4-19。

（2）软件开发与实现

- 硬件平台：需配置 1 台 PC 服务器，作为系统的数据库服务器、应用服务器和 Web 服务器。
- 操作系统：选用 Windows 2003 Server，作为服务器操作系统。
- 数据库管理系统：选用 SQL Server 2005 中文标准版。
- 系统框架：采用 Microsoft.NET 框架，采用 C#语言（Microsoft Visual Studio 2008c#.net）。

（3）系统开发

1）登录页面

用户输入正确的名称和密码方可进入系统，否则会提示输入错误。登录页面见图 4-20。

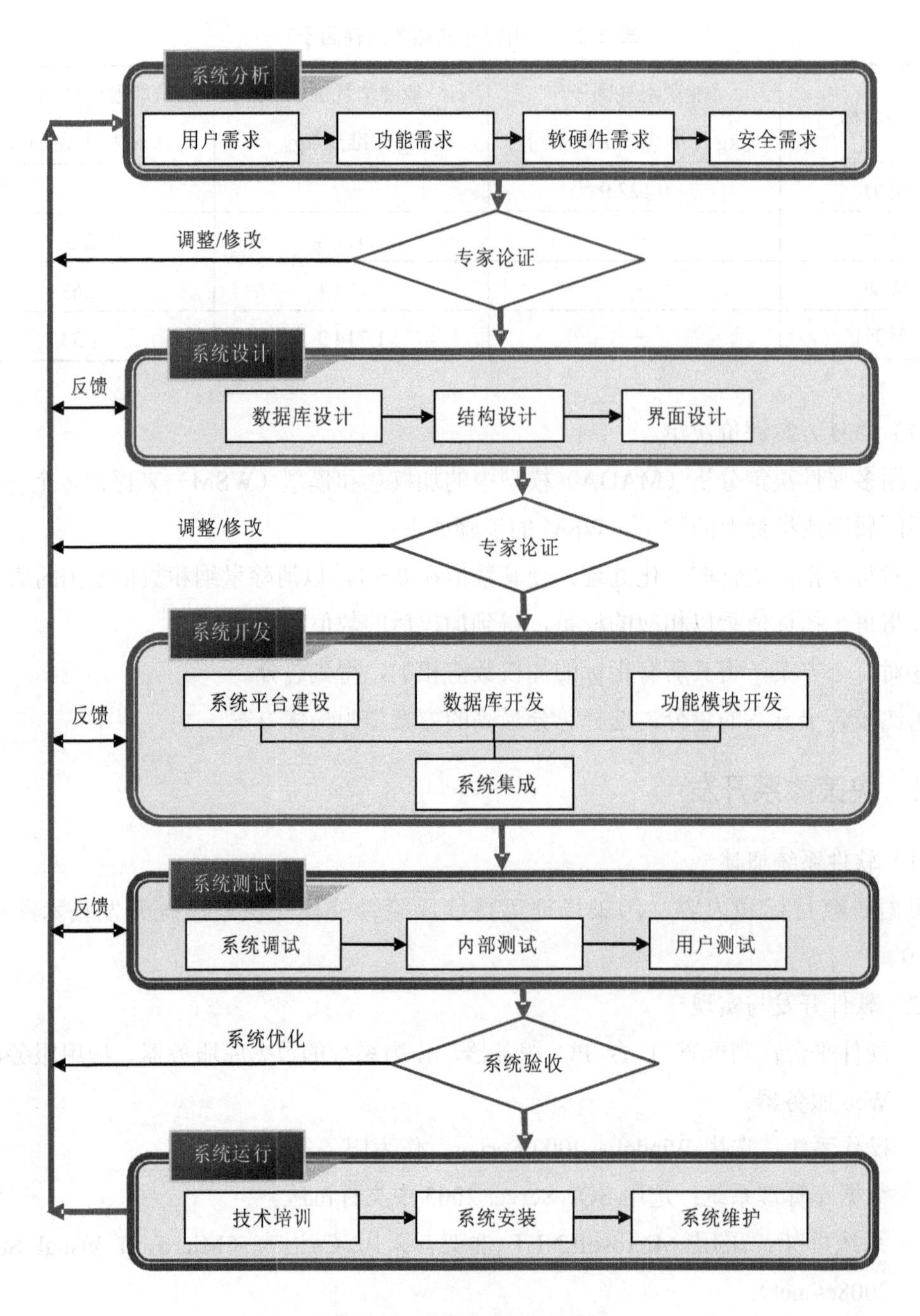

图 4-19　系统开发技术路线

图 4-20 登录页面

2）功能菜单

系统功能菜单包括技术筛选、绿色低碳、矩阵管理、基础数据、系统管理 5 个模块。

3）修复技术筛选及排序

用户输入或选择污染物种类，调用修复技术筛选数据库 I——根据污染物种类筛选系统筛选出适用的技术，列出清单，修复效果以颜色区分；清单字段包括技术名称、污染介质、技术类型、污染物种类、修复效果、技术详情等（图 4-21）。其中修复效果是关键字段，为了便于直观显示，系统中用颜色区分不同技术的修复效果，颜色说明在界面中列出。

污染物方式筛选

污染介质：土壤　污染物种类：☑不含卤素VOC ☑含卤素VOC ☐不含卤素SVOC ☐含卤素SVOC ☐燃料　查询　下一步

1.较好效果　2.效果有限　3.无效果　4.修复效果根据具体情况而定

	选择	技术名称	污染介质	技术类型	原/异位	污染物种类	效果	操作
1	☐	生物通风	土壤	生物处理	原位	不含卤素VOC	○效果有限	详细
2	☐	生物通风	土壤	生物处理	原位	含卤素VOC	√在中试、工程应用中已经取...	详细
3	☐	生物降解	土壤	生物处理	原位	不含卤素VOC	○效果有限	详细
4	☐	生物降解	土壤	生物处理	原位	含卤素VOC	√在中试、工程应用中已经取...	详细
5	☐	植物修复	土壤	生物处理	原位	不含卤素VOC	×无效果	详细
6	☐	植物修复	土壤	生物处理	原位	含卤素VOC	√在中试、工程应用中已经取...	详细
7	☐	化学氧化	土壤	物理/化学	原位	含卤素VOC	√在中试、工程应用中已经取...	详细
8	☐	化学氧化	土壤	物理/化学	原位	不含卤素VOC	×无效果	详细
9	☐	电动修复	土壤	物理/化学	原位	不含卤素VOC	√在中试、工程应用中已经取...	详细
10	☐	电动修复	土壤	物理/化学	原位	含卤素VOC	√在中试、工程应用中已经取...	详细
11	☐	水力破碎fracturing	土壤	物理/化学	原位	含卤素VOC	√在中试、工程应用中已经取...	详细
12	☐	水力破碎fracturing	土壤	物理/化学	原位	不含卤素VOC	√在中试、工程应用中已经取...	详细
13	☐	土壤淋洗（flushing）	土壤	物理/化学	原位	不含卤素VOC		详细
14	☐	土壤淋洗（flushing）	土壤	物理/化学	原位	含卤素VOC	√在中试、工程应用中已经取...	详细
15	☐	土壤气相抽提	土壤	物理/化学	原位	不含卤素VOC		详细
16	☐	土壤气相抽提	土壤	物理/化学	原位	含卤素VOC	√在中试、工程应用中已经取...	详细
17	☐	固定化/稳定化	土壤	物理/化学	原位	不含卤素VOC	√在中试、工程应用中已经取...	详细

共计：56条数据

图 4-21 修复技术筛选界面

点击修复技术详情，可显示修复技术名称、原位/异位、修复技术类型、国内应用情况、修复技术简介、场地特征限制描述等。

用户选择所关注的修复技术指标，调用修复技术指标及分值描述数据库和修复技术筛选矩阵 II，根据技术成熟度、技术复杂性、运行费用、修复时间等，对上一步筛选出的技术进行再次筛选并排序。

4）形成方案

方案组合界面：列出筛选出的技术，用户勾选各方案所需技术，也可自己添加技术，也可以通过专家、会议等方式组成 n 种方案，并将 n 个方案的主要参数涉及的数据尽量多的收集起来并提供给专家，如投资等。

5）碳排放计算

碳排放的计算共分为材料生产、运输、设备使用和直接能耗 4 个部分，计算指标为碳排放、能源消耗、水资源消耗、空气污染物（NO_x、SO_x 和 PM）排放。

6）方案优选

通过综合考虑碳排放、能源消耗、水资源消耗、空气污染物排放、对土壤与生态系统的影响等多个因素的综合评估，系统能够选择出最优的绿色低碳方案，为可持续发展和环境保护做出积极贡献。这种评分机制的引入有助于我们更加科学地评估方案的可行性和可持续性，为未来的发展提供更好的方向（图 4-22）。

指标	权重	A1（原始数值）	A1（归一化值）	A1（加权数值）	A2（原始数值）	A2（归一化值）	A2（加权数值）
C-碳排放(tCO2e)	0.264	55.444	0.999	0.264	13.767	1	0.264
E-能源消耗(GJ)	0.125	73132.8	0	0	53161	0.273	0.034
W-水资源消耗(m³)	0.164	20	1	0.164	100	0.999	0.164
A-空气污染物排放(kg)	0.164	55096.432	0.247	0.04	10215.612	0.86	0.141
S-对土壤与生态系统的影响	0.284	0	1	0.284	0	1	0.284
总分	0			0.752			0.887

图 4-22 方案决策界面

4.4.3 决策应用案例分析

（1）案例场地概况

北京东方石油化工有限公司化工四厂（以下简称化工四厂）位于北京市房山区马各庄村西南，东临大石河、西临顾八路、南临东沙河、北临马各庄村农田，地块总占地面积 35.096 万 m^2。

化工四厂 1961 年之前为荒地，从 1961 年开始生产金属钠、甲基丙烯酸甲酯、氰化钠、硫氰酸钠、溴酸钠/溴酸钾、氯化无规聚丙烯、聚丙烯、聚氯乙烯发泡壁纸、香水等，2014 年停产。

调查地块最大钻探深度（16.00 m）范围内揭露 1 层地下水，主要赋存在标高 37.42～42.21 m 以下的卵石层（图 4-23③），地下水类型为潜水，总体流向为自西北向东南，水力坡度为 5.85‰～6.09‰。

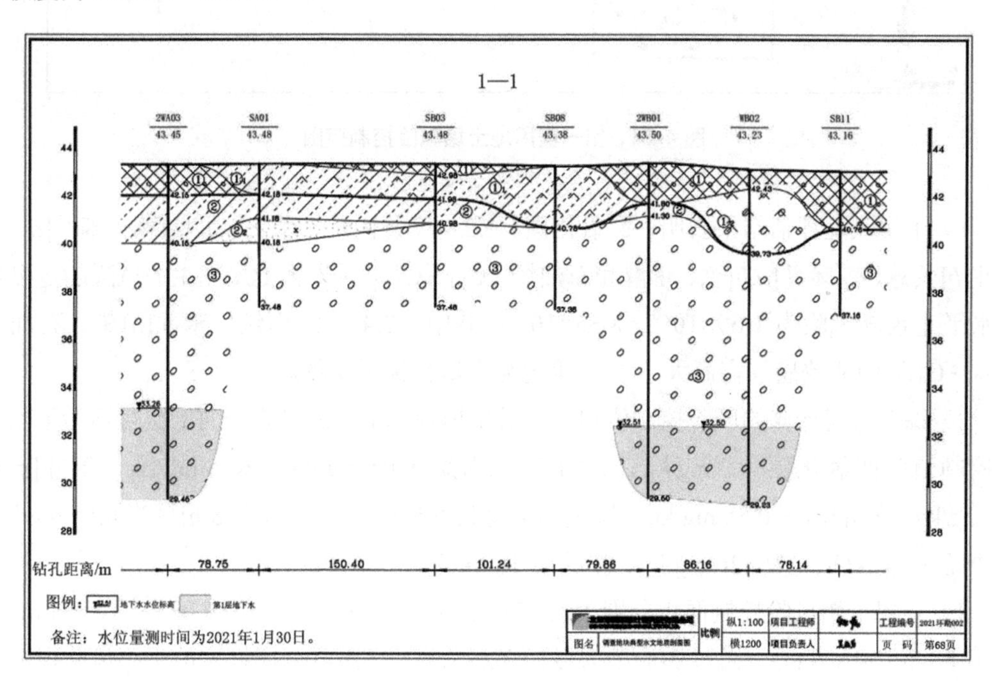

图 4-23 地块典型水文地质剖面图

（2）案例场地土壤调查情况

根据调查结果，化工四厂地块总的超标污染物根据最大超标倍数由高到低为 1,2,4-三氯丙烷（42.6 倍）＞苯并[*a*]芘（13.73 倍）＞石油烃（C_{10}～C_{40}）（11.23 倍）＞甲醛（1.87 倍）＞苯并[*a*]蒽（1.85 倍）＞二苯并[*a,h*]蒽（1.55 倍）＞苯（1.09 倍）＞四氯化碳（0.87 倍）＞苯并[*b*]荧蒽（0.69 倍）。图 4-24 为第一类用地土壤风险控制范围。

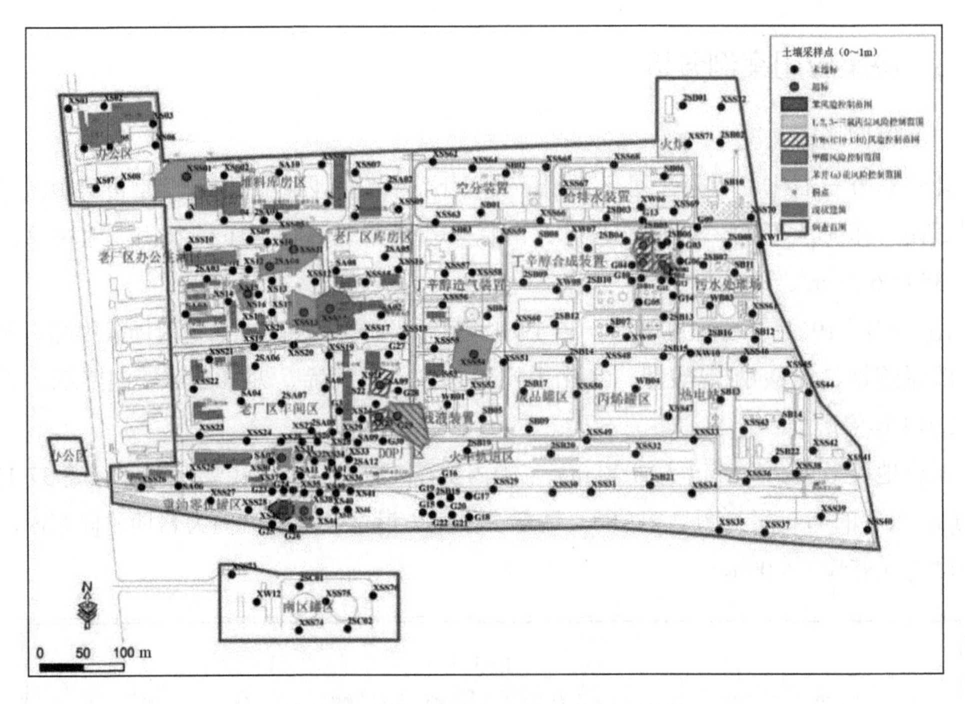

图 4-24 第一类用地土壤风险控制范围

1）土壤风险评估结果表明，四氯化碳、1,2,4-三氯丙烷、苯、苯并[a]蒽、苯并[a]芘、苯并[b]荧蒽、二苯并[a,h]蒽、甲醛和石油烃（C_{10}～C_{40}）对人体健康产生的风险超过可接受水平［致癌风险为 1.69×10^{-6}～8.36×10^{-5}，其中 1,2,4-三氯丙烷、苯并[a]芘、石油烃（C_{10}～C_{40}）的非致癌危害商大于 1］，确定为土壤目标污染物。

2）综合考虑计算的风险控制值和第一类用地筛选值，最终确定的土壤目标污染物风险控制值为四氯化碳 0.9 mg/kg、1,2,4-三氯丙烷 0.05 mg/kg、苯 1 mg/kg、苯并[a]蒽 5.5 mg/kg、苯并[a]芘 0.55 mg/kg、苯并[b]荧蒽为 5.5 mg/kg、二苯并[a,h]蒽为 0.55 mg/kg、石油烃（C_{10}～C_{40}）为 826 mg/kg、甲醛为 16 mg/kg。

3）各层土壤风险控制面积分别为 15 311.30 m^2（0～1 m）、9 569.08 m^2（1～3 m）、4 397.60 m^2（4～6 m），总投影面积为 21 932.35 m^2，按土壤分层核定的土壤风险控制总土方量约 47 642.26 m^3。

（3）案例场地修复技术方案

1）修复技术初步筛选

根据场地污染情况和修复目标，确定修复的技术方案。根据场地概况和未来场地开发应用情况，使用了美国 FRTR 的修复技术筛选矩阵，选择以下可能适用的修复技术，并按照相关指标进行了评价。评价标准包括优于平均值（●）、平均值（◐）、低于平均值（○），得到初步的筛选结果如表 4-10 所示。

表 4-10 应用案例修复技术初步筛选

修复技术	适用污染物类型	成本	修复周期	技术推广程度
土壤蒸汽提取（SVE）	1,2,4-三氯丙烷（●） 石油烃（C_{10}～C_{40}）（◐） 苯并[*a*]芘（◐）	◐	◐	●
异位热脱附	1,2,4-三氯丙烷（●） 石油烃（C_{10}～C_{40}）（●） 苯并[*a*]芘（●）	○	●	●
固化和稳定化	1,2,4-三氯丙烷（○） 石油烃（C_{10}～C_{40}）（◐） 苯并[*a*]芘（◐）	◐	◐	●
化学氧化	1,2,4-三氯丙烷（●） 石油烃（C_{10}～C_{40}）（●） 苯并[*a*]芘（●）	◐	●	●
生物通风	1,2,4-三氯丙烷（●） 石油烃（C_{10}～C_{40}）（●） 苯并[*a*]芘（○）	●	○	●
水平阻隔	1,2,4-三氯丙烷（○） 石油烃（C_{10}～C_{40}）（○） 苯并[*a*]芘（○）	○	○	◐
植物修复	1,2,3-三氯丙烷（◐） 石油烃（C_{10}～C_{40}）（●） 苯并[*a*]芘（●）	●	○	◐

2）修复技术方案

根据场地的具体情况和修复目标进行更详细的评估和比较，进一步考虑了以下几个因素：土壤的性质和深度、修复的目标和时间、修复的成本和效果、修复的可行性和安全性。基于这些因素，拟定以下两种修复方案：

方案一：土壤蒸汽提取协同化学氧化技术（S1）；

方案二：水平阻隔协同异位热脱附技术（S2）。

这两个方案都有一定的适用性，但也有一些局限性。方案 S1 的优点是可以同时利用物理化学和化学氧化的机制，提高土壤中污染物的去除率，也可以减少地下水污染的风险。方案 S1 的缺点是对于深层或低渗透性的土壤效果较差，而且需要对气相污染物进行后续处理，可能产生二次污染或增加成本。此外，方案 S1 也需要对土壤中的温度、湿度、pH 等条件进行监测和控制，以保证化学氧化剂的反应速率和效果。

方案 S2 的优点是利用水平阻隔技术隔离污染物，防止迁移扩散，然后利用异位热脱附技术将污染土壤中的有机污染物转移到气相，再进行收集和处理。方案 S2 的缺点是不能处理无机污染物和放射性污染物，而且需要大量消耗能源和设备，成本较高。此外，方案 S2 也可能对土壤结构和功能造成一定的影响，需要进行恢复和修复。

综上所述，还需要根据具体的污染状况、修复要求、经济条件等因素，综合考虑这两个方案，选择最适合的修复技术。

（4）技术方案环境足迹指标量化

1）假设方案的数据清单

使用环境足迹计算工具量化各技术方案的足迹指标。假设修复方案（S1、S2）的输入数据清单如表 4-11 所示。

表 4-11　假设方案的数据清单

技术方案	土壤蒸汽提取协同化学氧化技术（S1）		水平阻隔协同异位热脱附技术（S2）	
期限和进度	修复周期 1 年，修复进度每周 40 h			
设备的类型、数量、功率	土壤蒸汽提取设备	10 kW 真空泵 1 台	水平阻隔设备（运行时间后 6 个月）	20 kW 水泥砂浆/砂渣石找平机 1 台
		30 kW 蒸汽发生器 1 台		10 kW 两布一膜铺设机 1 台
		3 kW 风机 1 台		30 kW 钢筋混凝土层铺设机 1 台
		5 kW 冷却塔 1 座	异位热脱附设备（运行时间前 6 个月）	100 kW 密闭车间 1 间
	化学氧化设备	5 kW 喷射泵 1 台		500 kW 热脱附装置 1 套
		3 kW 反应罐 1 个		
材料的类型、数量	土壤蒸汽提取材料	聚乙烯管道接头，总重量 1 t	水平阻隔材料	水泥、沙子、碎石、聚乙烯膜和钢筋，总重量 7 t
	化学氧化材料	过硫酸钾 5 t	异位热脱附材料	钢铁总用量 10 t
		过氧化氢 10 t		
用水的类型、数量	土壤蒸汽提取	自来水，总用量 500 m^3	水平阻隔	自来水，总用量 250 m^3
	化学氧化	自来水，总用量 250 m^3	异位热脱附	自来水，总用量 500 m^3
产生废物类型、数量、处理和处置方式	土壤蒸汽提取废气	含有 1,2,4-三氯丙烷的蒸汽 5 000 m^3	水平阻隔废气	含有灰尘的气体总量 1 000 m^3
	化学氧化废气	含有 CO_2 和水蒸气的气体，总量 2 500 m^3	异位热脱附废气	含有 1,2,4-三氯丙烷的蒸汽，总量 5 000 m^3
	土壤蒸汽提取废渣	含有 1,2,4-三氯丙烷的土壤，总重量 50 t	水平阻隔废渣	含有 1,2,4-三氯丙烷的土壤，总重量 50 t
	化学氧化废渣	含有苯并[*a*]芘的土壤，总重量 25 t	异位热脱附废渣	含有苯并[*a*]芘的土壤，总重量 50 t

2）各方案的环境足迹

根据假设的修复方案和数据清单，在 SiteWise™ 和 SEFA 中输入相关数据，经过运行计算，模型输出的修复方案的足迹情况如表 4-12 所示。

表 4-12 基于 SiteWise™ 和 SEFA 计算各案例环境足迹结果

指标	SiteWise™		SEFA	
	S1	S2	S1	S2
碳排放量/tCO_2e	1 200	800	1 300	900
能源消耗量/GJ	15 000	10 000	16 000	11 000
水资源消耗量/m^3	1 000	750	1 200	900
空气污染物排放量/kg	1 000	500	1 200	600

（5）技术方案筛选决策

使用两种环境足迹计算工具计算的各项指标存在差异，总体差异在 20%以内，所以采用平均值进行后续处理。

根据碳排放（C）、能源消耗（E）、水资源消耗（W）、空气污染物排放（A）和对土壤及生态系统的影响（S）5 个指标来评价该污染场地两种不同修复技术方案，方案一土壤蒸汽提取协同化学氧化技术（S1）和方案二水平阻隔协同异位热脱附技术（S2），各指标权重为碳排放 0.241、能源消耗 0.220、水资源消耗 0.150、空气污染物排放 0.119、对土壤和生态系统的影响 0.272。考虑到该场地修复后的用途未变更，仍为工业用地，所以在对土壤及生态系统的影响指标上，方案一和方案二采用的技术在该指标的数值上默认为相同（输入数值 1、量纲一）。

使用 WSM 方法计算该场地的修复方案可以得到如表 4-13 所示结果。

表 4-13 两种修复技术方案得分

指标	权重	S1 原始数值	S1 归一化数值	S1 加权数值	S2 原始数值	S2 归一化数值	S2 加权数值
碳排放/tCO_2e	0.241	1 250	0.667	0.161	850	1	0.241
能源消耗/GJ	0.220	15 500	0.667	0.147	10 500	1	0.22
水资源消耗/m^3	0.150	1 100	0.667	0.1	825	1	0.15
空气污染物排放/kg	0.119	1 100	0.667	0.079	550	1	0.119
对土壤生态系统的影响	0.272	1	1	0.272	1	1	0.272
总分	—	—	—	0.759	—	—	1.002

使用 WSM 模型计算得到方案一的得分为 0.759，方案二的得分为 1.002。分析每个指标对方案选择的影响，即比较两个方案在每个指标上的归一化数值和加权数值，在此

场地修复技术方案中，两种方案比较的雷达图如图 4-25 所示，比较雷达图各个维度两种方案的得分，S2 在所有指标上都优于或等于 S1，所以 S2 是一个明显更好的方案。使用第 2 章构建的污染场地绿色可持续修复技术方案筛选体系，经过修复技术初步筛选、修复技术方案确定、各方案环境足迹指标量化、加权总和法计算各方案得分，为该案例场地选择出最佳的绿色可持续修复方案，为水平阻隔协同异位热脱附技术。

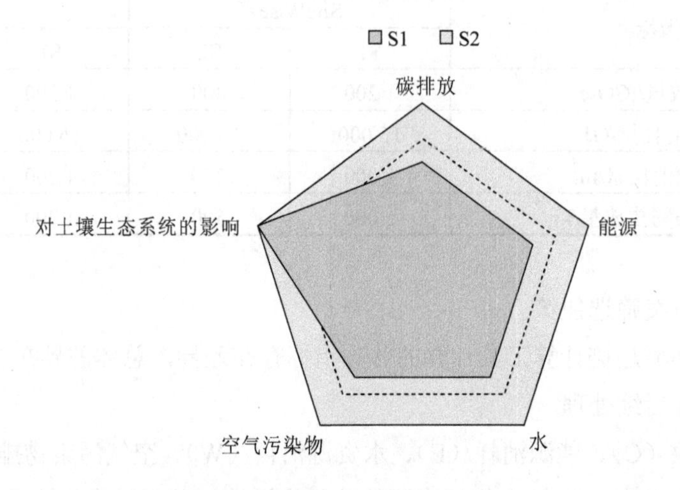

图 4-25　两种方案的雷达图

5 污染场地经济政策分析与调控机制研究

污染场地经济政策分析与调控机制研究是污染场地风险管控机制与经济政策技术体系研究的支撑点，强化经济政策措施，是形成污染场地风险管控多属性综合决策技术支撑之一。针对污染场地风险管控经济政策激励不足、资金来源单一有限和经济政策实施效果难以量化评估的问题，研究探索污染场地管控的经济政策分析机理，阐明场地经济政策费效评估和投融资模式。设计污染场地风险管控与治理修复环境经济政策规范化模式；研发污染场地风险管控政策的环境经济定量分析模型与工具，提出场地污染风险管控经济政策调控机制与方法；设计国家和区域尺度污染场地风险管控与修复开发一体化的投融资规范化模式并开展实证案例分析。通过构建污染场地金融平台，创新投融资管理机制，促进投融资模式规范化。

5.1 研究概况

随着城市用地规划调整和扩展，曾经位于城市核心的工业用地越来越多地被废弃，造成了大量的场地污染问题。截至 2021 年，根据各省公示的建设用地土壤风险管控和修复名录（西藏和港澳台除外），我国共有 893 个污染地块，总面积超过 7 700 km^2。污染场地造成的土壤和地下水污染将对人类健康带来巨大环境风险，同时造成严重的国土资源浪费。但对其进行风险管控也需要巨额投资，场地风险管理和修复工程活动在达到可接受风险水平的同时还会产生经济、社会和环境的正面效益或负面效益。而随着过度的修复、日益严重的二次影响以及社会各界对绿色可持续观念的认同，污染场地风险管控的措施政策效果评估需要考虑社会经济和环境的综合效益。在“土十条”等政策的推动下，我国污染场地风险管控和修复活动正在大规模展开，迫切需要污染场地风险管控经济政策体系的建立来支撑政策制定和决策优化，[124]这也是保证土壤环境质量改善和长效可持续修复的关键条件，有助于促进和提升我国场地风险管控产业的发展。[125]

5.1.1 主要研究内容

污染场地风险管控环境经济理论与政策体系研究。剖析不同环境经济政策作用机制和环境经济理论基础，构建污染场地风险管控环境经济政策框架体系，研究提出针对污染场地风险管控的环境经济政策体系及政策完善建议。

污染场地风险管控经济政策评估方法与调控机制研究。构建我国污染场地风险管控经济政策评估框架体系，建立政策实施的社会费用效益分析或净环境效益最大化模型。提出基于环境净效益最大和生态环境恢复导向的污染场地风险管控经济政策调控政策建议。

污染场地风险管控投融资模式与管理机制研究。评估现有投融资模式及政策绩效，创新投融资管理机制，构建污染场地投融资平台框架。分析投融资主体决策行为，提出场地污染风险防控投融资规范化模式和政策。建立投资决策和风险管理评价体系，进行实证研究。

5.1.2 研究技术路线

以“理论基础-方法工具-重点突破”为逻辑链条，明确研究对象和识别科学问题的重要基础，进行有效的案例和方法学的支撑，探索研究成果的应用和延伸。首先分析不同环境政策模式，研究提出环境经济政策思路与框架；其次构建场地风险管控政策环境经济定量化模型和政策调控工具，开展污染场地风险管控政策费用效益分析研究；最后结合现有投融资的不足与困境，提出我国场地污染治理修复的投融资管理机制与模式。技术路线如图 5-1 所示。

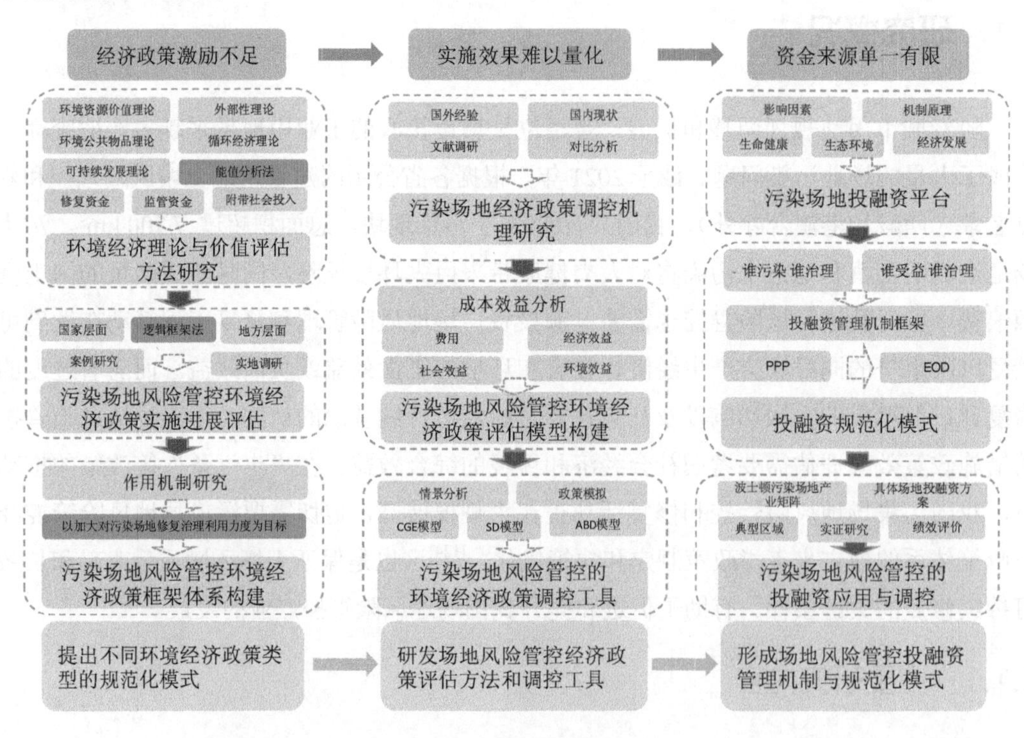

图 5-1 技术路线

5.2 污染场地风险管控环境经济政策作用机制

随着“退二进三”和“退城进园”等政策的实施，我国工业企业搬迁、污染场地修复及再开发等问题逐步凸显，国家及各省对污染场地的环境监管做出了积极响应。但是，我国土壤污染的整治费用长期由政府投入，不仅土壤污染修复的经济价值无法体现，而且政府的负担越来越重。目前，我国的污染场地存在风险管控权责不清晰、投融资渠道单一、资金使用范围和适用条件不明确、追偿机制等配套政策不完善等诸多问题。我国亟须加快土壤污染防治的环境经济政策探索与创新，从环境经济政策的作用机制入手，分析污染场地风险管控经济政策的作用效应和作用路径，为尚处于初创阶段的我国污染场地风险管控环境经济政策制定与完善提供参考。

5.2.1 环境财政政策作用机理和路径

财政政策是政府向某些企业或个人提供的财政捐助以及对价格或收入支持的政府性措施。[126]场地环境作为一种公共物品，其治理和修复具有资金需求大、投资见效慢等特征，更需要国家财政补贴。我国污染场地风险管控的财政政策主要包括税收、财政投资、财政补贴等。污染场地风险管控中，财政补贴手段主要针对污染场地风险管控的贡献者和受损者。污染场地风险管控是一种外部性较强的环境行为，通常情况下，企业不愿自觉提供，因此导致全社会污染场地风险管控的产品供给不足；而政府使用补贴手段之后，刺激了生产厂商调配更多的资源来扩大这种产品的产量，也使得整个行业对某种产品的供给量增加。对于环境负外部性的受害者来说，生产厂商是负外部性的制造者，其应对环境造成的负外部性支付边际损害成本，政府对环境负外部性的受害者进行补贴。

土壤污染治理应该坚持风险管控的总体思路，真正需要修复的还是小部分。根据“土十条”，中央财政设立了土壤污染防治专项资金。土壤污染防治专项资金主要支持土壤污染源头防控，土壤污染风险管控，土壤污染修复治理，土壤污染状况监测、评估、调查，土壤污染防治管理改革创新，应对突发事件所需的土壤污染防治支出，以及其他与土壤环境质量改善密切相关的支出。[127]近年来，中央财政加大资金投入，2018—2020 年累计安排土壤污染防治专项资金 125 亿元，支持土壤污染源头防控、风险管控、修复、监管能力提升等。

补贴是政府向某些企业或个人提供的财政捐助以及对价格或收入支持的政府性措施。污染场地风险管控中，补贴手段可针对场地污染的贡献者和场地污染的受损者。政府的补贴行为激励生产厂商投入更多的资源去进行土壤环境的管控和修复，从而更多地提升生态环境的质量。[128]

《中华人民共和国土壤污染防治法》和《土壤污染防治基金管理办法》规定设立省级土壤污染防治基金，土壤污染防治专项资金支持范围也包括支持设立省级土壤污染防治基金。2020 年，财政部会同相关部门联合印发《土壤污染防治基金管理办法》，是我国首次出台污染场地风险管控领域的环境经济政策，提出该基金主要用于农用地土壤污染防治、土壤污染责任人或者土地使用权人无法认定的土壤污染风险管控和修复、政府规定的其他事项，按照市场化原则运作，各出资方按照“利益共享、风险共担”的原则，明确约定收益处理和亏损负担方式。《土壤污染防治基金管理办法》将土壤污染防治基金明确为政府投资性质的基金，其设立、运作、终止和退出需遵循市场化要求，并鼓励社会资本的加入；基金运营和管理方案由省级财政部门会同生态环境等部门共同制定，采用绩效管理模式，监督机构为省级财政部门和有关业务部门。《土壤污染防治基金管理办法》的出台为各省（区、市）设立污染场地风险管控基金提供了原则和框架。我国土壤污染防治基金的资金来源主要是政府出资和企业出资，其中政府财政投入是主要来源。环境财政政策的作用路径见图 5-2。

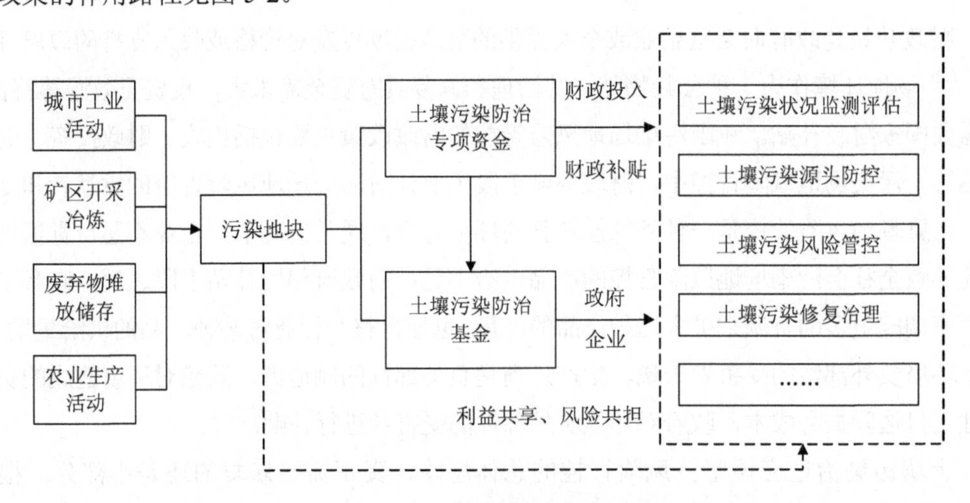

图 5-2 环境财政政策作用路径

5.2.2 环境税费政策作用机制

根据福利经济学的基本原理，征税或收费的依据是厂商生产每一单位的产出对社会环境造成的损害，征税或者收费的额度等于边际损害成本。税费手段的作用效果就是要使污染物的排放量减少，实现经济效益与环境效益的“双赢”。为了将场地风险降低到社会可接受水平，污染场地风险规制政策可通过环境税费政策，促进场地治理从以污染控制为导向的危险规制向以风险预防为导向的风险规制的转变。针对污染场地风险管控目标，制定的相关环境税费政策可包含产品消费税、有害废弃物特别税、污染责任者的罚款及利息[129]，针对土壤污染责任人开展从业管理、过程管理和质量管理，按照确定“谁污染，谁治理”原则，将企业搬迁土壤环境调查、风险评估、治理修复等所需费用列入企业搬迁成本或土地整治成本。政府通过税费手段迫使污染厂商承担了土壤环境污染的负外部性损失。实施污染场地的环境税费政策，不仅可以使效率提高，还有效促进了社会公平。环境税收政策的作用路径见图 5-3。

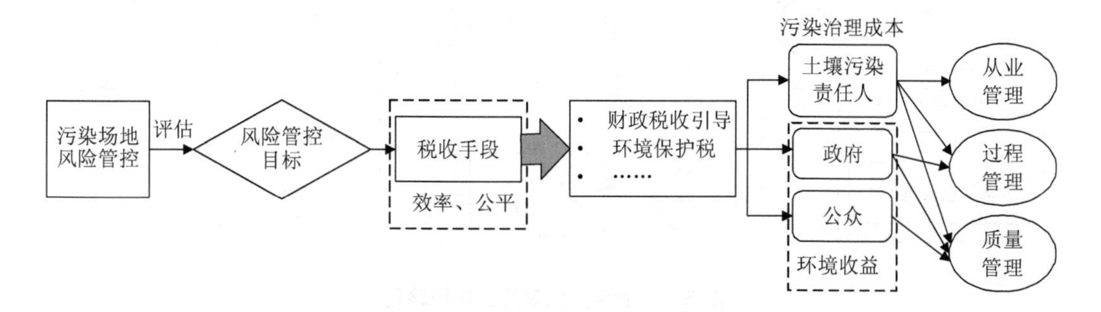

图 5-3 环境税收政策的作用路径

污染场地风险管控中，可利用市场经济的价格杠杆调节环境资源流向，计算企业生产过程中资源消耗的成本与效益。价格手段具有预防效应和补偿效应，预防效应表现为通过对环境资源定价，并根据其损耗计算损耗或者折旧费用，进行经济补偿，使其价在国民收入中有所体现，最终促使人们合理开发和利用自然资源。补偿效应表现为通过对环境资源定价，认可环境容量和生态效应价值的存在，及时有效地惩罚肆意破坏资源的个体，同时补偿环境资源退化和破坏的损失，平衡各经济区的发展。

5.2.3 绿色金融政策作用机制

目前，我国已经建立起了由政府牵头组织，内容涉及投资、产业、生活等方面的较为完善的绿色金融体系。绿色金融政策为污染场地风险管控主体提供了一个鼓励降低场地风险的金融环境，如为管控主体提供信贷资金、风险投资、绿色保险等途径来支持分级分类管控。绿色金融作为经济的血脉，能发挥其特有的集聚资金、对有限资源进行优化配置的功能，对场地污染风险管控主体形成经济激励，将场地修复的外部成本内部化，以市场化的手段促进环境治理和可持续发展，解决现代经济体系下的污染场地管控困境，构建国家、省、市地方政府、金融机构等多层次、立体式的污染治理投融资体系。多元化的风险管控资金来源能为污染场地风险管控提供有效的财力保障。在土壤污染修复与治理方面开展的绿色金融政策实践主要有绿色信贷、环境污染责任险以及绿色债券政策。[130]绿色金融通过规模效应、技术效应和结构效应，有效降低政府在污染场地治理方面的财政压力，提高资金使用效率，丰富污染场地风险管控的投融资模式，缓解污染场地风险管控的经济压力。绿色金融政策的作用路径见图 5-4。

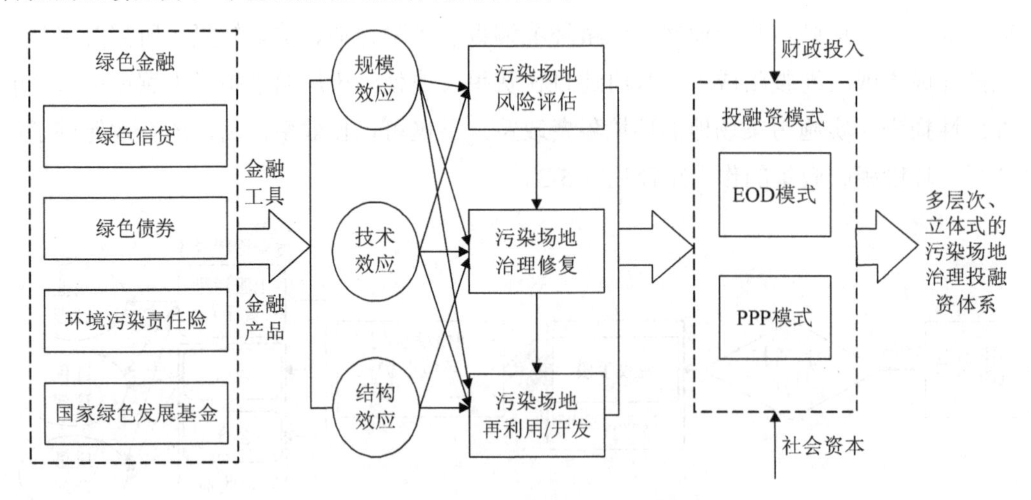

图 5-4 绿色金融政策的作用路径

5.2.4 生态保护补偿作用机制

污染场地风险管控中的生态保护补偿，主要是针对污染责任人征收一定数量的补偿费用，以实现国家作为资源所有者的权益，并对相关利益受损者进行相应的经济补偿，对因土壤资源开发而受害的土壤环境进行恢复和整治。涉及补偿的利益相关者包括中央政府、地方政府、当地居民、矿产开发企业。

土壤污染损害赔偿是生态保护补偿的前提。对于土壤污染损害赔偿，责任主体是污染者和对土壤污染有过错的第三人，所秉承的理念为“谁污染，谁赔偿”。[131]与其他环境污染类型相比，土壤污染具有更强的隐蔽性和滞后性的特点。在土壤受污染后，污染物通过植物的吸收作用进入植物体内，通过食物链最终进入人体，危害人体健康。同时，其他形式的污染的 60%～90%将最终归于土壤，因此，在很多情形下很难界定污染行为的实施者。若采用“谁污染，谁赔偿”的原则，土壤污染产生的原因的复杂性，使企业很容易对污染责任进行推诿，土壤污染的受害人很难找到污染主体，致使其损失难以得到赔偿。因此，对赔偿责任主体适当进行扩大，将危险设备的经营者纳入赔偿责任主体，对可能导致土壤污染的危险设备制作目录，将污染场地或设施的当前经营人及污染场地或设施的过去经营人作为赔偿责任主体。

由于场地污染的负外部性和土壤污染的隐蔽性、滞后性，污染者和对土壤污染有过错的第三人承担损害赔偿，污染场地受损害的当地居民或企业应该受到相应的生态补偿，生态保护补偿涉及中央政府、地方政府、企业、当地居民以及第三方治理机构的多项利益，污染场地风险管控的生态保护补偿政策在均衡利益相关者利益关系的基础上，明确生态保护补偿的主客体及责任划分，使生态保护补偿效益达到最优。[132]

生产企业作为营利机构的特性驱使其在资源开发利用过程中，会在条件允许的情况下最大限度地对资源进行开发利用，这无疑会加剧资源开发中对环境资源和场地的破坏。作为生活在资源所在地的主要人群，当地居民是环境污染的主要受害者。因此，企业和当地居民会就是否补偿、补偿金额和补偿方式进行协商，他们之间的博弈关系主要是：①企业选择是否就场地污染造成的损失进行补偿；②当地居民是否有维权意识，对生产企业进行索赔。作为理性的经济人，场地周边居民一定会选择要求生产企业对环境问题负责，并提供相应的补偿。如果没有直接提出索赔，按照企业追求利益最大化的作风通常不会主动补偿，此时就需要居民自己承担由于资源开发造成的环境问题带来的不利影响。因此，周边居民的最优选择是采取各种措施，通过积极沟通，提出补偿要求。而同样作为理性人，当居民索赔时，企业一般会与当地管理部门进行协商，确定场地污染的损失程度、补偿的金额以及补偿方式等。

因为政府干预，当地居民进行索赔而生产厂商却不赔偿的情况一般不会发生，为了保证辖区内的居民的正常生产和生活不受环境污染的影响，政府要求相关企业做出公平公正的生态保护补偿。在政府干预以及居民要求下，企业选择赔偿的关键在于确定补偿金额，补偿金额取决于当地居民进行谈判的能力，但更重要的是取决于相关管理部门对污染带来的损失价值的评估。对于补偿的金额，企业希望越低越好，而居民则希望越高越好，这样的冲突需要政府作为中间人进行调停，需要政府相关管理部门做出公平公正的损失价值评估。

污染场地风险管控所涉及的生态保护补偿问题本质上是利益相关者之间的利益分配不均的问题。针对自然资源开发，由于中央政府和地方政府的收益是预先收益，即在资源开发之前，开发企业就必须向政府交纳生态恢复治理基金以确保后续资源开发的同时进行生态环境的修复。在资源开发利用过程中政府属于利益分配的第一顺序，所以各级政府也应该作为生态补偿的主体存在，其主要的功能和责任是监督和托底，作为资源开发场地生态补偿的最后一道防线。企业作为资源开发的主体，也应该是生态环境治理的主体和对居民与进行生态补偿的主体。[133]当地居民作为直接受到资源开采对环境的破坏影响的群体，有权利要求企业进行生态补偿，是生态补偿的客体，同时拥有监督第三方治理机构的场地生态修复效果的权利。

污染场地风险管控生态保护补偿中重要的一环是确定生态补偿的方式，根据实际情况选择合理的补偿方式有助于更好地维持生态补偿机制的正常运转。生态补偿方式主要有以下几种，包括政策补偿、资金补偿、实物补偿、项目补偿和技术补偿等。[134]政策补偿是指以政府为核心，在政策机制上对受偿方相对倾斜，受偿方可以通过指定方式获得政府的补贴和优待。资金补偿一般是以直接发放资金或进行资金补贴的方式给予受偿方人民币作为补偿，常见的补偿形式有补助金、贷款利息优惠等。实物补偿通常是指通过现实中的实际物体或财务要素对受偿方进行补偿，实物补偿更贴近受偿方的生产生活方式使补偿发挥更大的作用和价值。项目补偿是指政府为项目开发提供一定程度的优惠以引进投资，通过允许对污染场地所在地及周边地区进行项目开发以减轻地方政府的财政压力。技术补偿是指通过引进人才、为受偿地区提供技术咨询和技术指导的方式促进污染场地生态环境恢复和经济良好运行。在实际的补偿中，可综合考虑污染场地风险和治理情况，选择相应的补偿方式。

在众多的土壤污染事件中，受害人通常以受污染的土地为收入的来源，一旦土壤受到污染，受害人遭受的不仅是健康上的损害，还包括经济来源的丧失，这与其他环境污染事件有极大的不同。[135]由于土壤污染原因和责任主体认定的困难性，需要设定污染场地风险管控的补偿基金。政府提供的财政支持通常是补偿基金的主要来源，首先可考虑环境税，它作为一种经济杠杆，是国家针对企业对自然环境进行开发、利用、破坏、污染行为有效调节的经济手段，应当是补偿基金的来源。[136]其次是政府的财政拨款。引起环境侵害的生产活动是依据社会经济发展的需要，由国家许可、批准的，公民因此而不可避免遭受环境侵害的损失，公民理应从国家得到适当的补偿。还应考虑其他资金来源，如社会募捐、公益诉讼中获得的赔偿金。生态保护补偿路径见图 5-5。

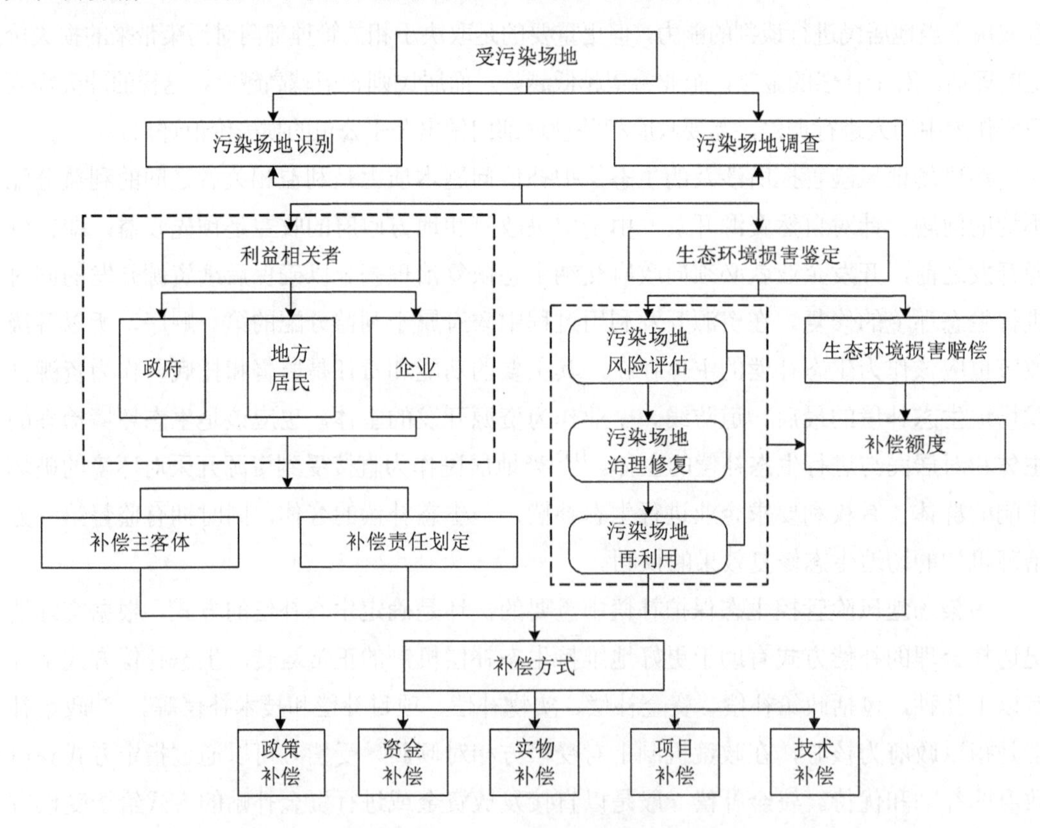

图 5-5 生态保护补偿路径

5.2.5 环境第三方治理的作用机制

中共十八届三中全会后，中央提出积极推行环境污染第三方治理的改革举措，这种环境污染治理新思路、新模式也逐渐为国内学者所关注。[137]国务院在印发的推行意见中首次对环境污染第三方治理的定义予以明确，即“环境污染第三方治理是排污者通过缴纳或按合同约定支付费用，委托专业环境服务公司进行污染治理的新模式”。这个文件是我国首个关于推行环境污染第三方治理的规范性文件（表 5-1）。

表 5-1 环境污染第三方治理的政策制定

时间	部门	文件名称	主要举措
2013 年 11 月	中共十八届三中全会	《中共中央关于全面深化改革若干重大问题的决定》	建立吸引社会资本投入生态环境保护的市场化机制，推行环境污染第三方治理
2014 年 4 月	国家发展改革委	《2014 年深化经济体制改革重点任务意见》	提出推行环境污染第三方治理
2014 年 11 月	国务院	《关于创新重点领域投融资机制鼓励社会投资的指导意见》	提出推动环境污染治理市场化
2015 年 1 月	国务院办公厅	《关于推行环境污染第三方治理的意见》	以环境公用设施、工业园区等领域为重点，以市场化、专业化、产业化为导向，营造有利的市场和政策环境，改进政府管理和服务，健全第三方治理市场
2015 年 3 月	国务院	2015 年政府工作报告	要推行环境污染第三方治理
2015 年 4 月	中共中央 国务院	《关于加快推进生态文明建设的意见》	推行市场化机制，积极推进环境污染第三方治理，引入社会力量投入环境污染治理
2015 年 4 月	国务院	《关于印发水污染防治行动计划的通知》	以污水、垃圾处理和工业园区为重点，推行环境污染第三方治理。充分发挥市场机制作用，采取环境绩效合同服务、授予开发经营权益等方式，鼓励社会资本加大水环境保护投入
2015 年 9 月	财政部、环保部	《关于推进水污染防治领域政府和社会资本合作的实施意见》	在水污染治理项目中大力推行政府和社会资本合作（PPP）模式
2015 年 9 月	国家发展改革委	《关于开展环境污染第三方治理试点示范工作的通知》	在全国环境公用基础设施、工业园区和重点企业污染治理两大领域开展第三方治理
2015 年 12 月	国家发展改革委、环保部、国家能源局	《关于在燃煤电厂推行环境污染第三方治理的指导意见》	以污染治理“市场化、专业化、产业化”为引导和扩大社会资本投入环境污染治理，创新燃煤电厂第三方治理体制机制
2016 年 12 月	国家发展改革委、财政部、环保部、环保部、住建部	《关于印发〈环境污染第三方治理合同（示范文本）〉的通知》	发布了建设运营模式和委托运营模式的合同范本，对有关单位和企业在推行环境污染第三方治理相关工作具有重要参考意义

时间	部门	文件名称	主要举措
2017年8月	环保部	《关于推行第三方治理的实施意见》	对第三方治理的各方责任进行再明确，对规范企业排放技术和管理要求，加强环境监管，创新治理机制和实施方式，加强政策支持引导提出了要求和指导意见
2017年12月	国家发展改革委	《关于印发环境污染第三方治理典型案例（第一批）的通知》	推荐中煤旭阳焦化污水第三方治理等6个案例为环境污染第三方治理典型案例（第一批）
2019年4月	财政部、国家税务总局、国家发展改革委、生态环境部	《关于从事污染防治的第三方企业所得税政策问题的公告》	对符合条件的从事污染防治的第三方企业减按15%的税率征收企业所得税

从环境污染第三方治理的定义和运营模式来看，其实行的是市场化运营模式，政府在其中的作用不可或缺，政府发挥职能作用的必要性主要表现在以下方面：一是从我国的国情和社会治理的实践出发，政府在党的领导下具体承担着经济社会发展和公共事业管理的职能，政府既是行驶公共权力的主体，也是维护公共利益的主体，对环境污染治理负有不可推卸的责任。二是从我国经济制度来看，我国实行的是社会主义市场经济，市场的作用是必不可少的，也是决定性的，但是政府这双“看不见的手”把控着市场经济的发展方向，可以在市场失灵的情形下发挥宏观调控、稳定市场的关键作用。[138]而环境污染第三方治理属于排污者与治污者的市场行为，具有主体行为盲目性，因此自然需要政府发挥引导性作用。从社会公共秩序维护的作用来讲，做好维护、协调排污者与第三方治理者的关系，监督、纠正、惩戒环境违法行为，推动法律法规的订立，出台行业规范标准等政府都义不容辞。同时对排污企业的监管、排污标准的订立、市场环境的维护、环境服务公司的资质审核都离不开政府的监管。

5.2.6 污染场地风险管控环境经济政策作用路径

污染场地风险问题产生的制度根源可以归结为“市场失灵”和“政府失灵”，因此，需要制定有效的环境经济政策来内部化环境破坏或污染问题所产生的外部性问题。环境经济政策以内化环境行为的外部性为原则，对各类市场主体进行基于环境资源利益的调整，从而建立保护和可持续利用资源环境的激励和约束机制；[139]是促进环境保护从主要运用行政办法转变为综合运用法律、经济、技术和必要的行政办法解决环境问题，实现战略性转变的重要举措。我国在2016年确定“风险管控”的场地污染控制思路后，环境经济政策尚处于起步阶段，仅于2020年出台了基金的管理办法，创新土壤污染防治经济政策，充分发挥市场调节作用是土壤污染防治的内在要求，也是破解土壤生态环境问题、推进土壤污染防治管理转型的重要支撑。探索污染场地风险管控环境经济政策需要从理论机制入手，开展多种形式的经济支持政策研究，以利于加快建立我国污染场地风险管控环境经济政策调控体系，从财政补贴、税收、基金、绿色金融等方面健全完善政策体系，并加强与场地调查、监测、修复等相关制度和政策衔接。

从理论上看，污染场地风险管控环境经济政策的作用机理是内化环境成本，形成倒逼机制。由于污染场地风险管控需要决策者在风险带来的危害与收益之间进行比较，在评估多种风险降低手段，如消除风险、转移风险、降低风险等基础上做出选择，进而采取措施将场地风险降低到可接受水平。因此，在决策主体构成上，除政府主导外，其他各种社会组织、机构乃至公民个体也都可以积极参与到场地治理中。污染场地风险管控环境经济政策是运用税费、补贴、交易和价格等经济手段来影响经济主体的决策，促使经济主体在追求自身利益的同时实现了控制场地污染风险的目标。通过综合的经济手段迫使企业将污染场地风险管控成本纳入企业生产的产品成本核算体系，使企业生产的产品成本真实地反映环境资源的价格，作为市场主体的企业就必须考虑环境外部成本，从而调节其行为以达到经济发展与环境效益的“双赢”。生态保护补偿效应表现为通过对环境资源定价，认可环境容量和生态效应价值的存在，及时有效地惩罚肆意破坏资源的个体，同时补偿场地污染的损失，平衡各经济区的发展。

污染场地环境经济政策的治理逻辑是运用税费、补贴、价格、交易等经济手段，解决“市场失灵”与“政府失灵”导致的经济发展与环境保护不协调等问题。[140]在污染场地风险管控实践过程中，由于风险管控与修复的过程较复杂，前期投入大，收益效率低下，需要基金、税收、转移支付等环境经济政策对风险管控活动进行充分的资金支持，并建立多元化和高效的投融资机制。在环境收益相同的情况下，污染场地风险管控环境经济政策的最优选择取决于边际管理成本和边际交易费用的大小，即主要取决于造成场地污染企业数量、市场完善程度和风险管控效率 3 个要素。针对污染场地风险管控，不同的环境经济政策应该整合协调，才能够发挥最优的管控效果。根据污染场地风险问题的实际情况和具体领域采取差异化手段，以达到风险管控成本与交易费用之和最小，实现最优政策设计。一方面发挥市场作用。统筹用好财政奖补、税收、金融、用地等优惠政策，引导和鼓励社会资本投入，积极引入 PPP 模式，建立受益者付费机制，提高污染场地修复终端产品竞争力，建立可持续运行的污染场地风险管控市场机制。另一方面，要发挥奖补资金的引导作用。创新投入机制，通过政府与社会资本合作、环境第三方治理等方式，撬动金融和社会资本参与污染场地风险管控，加快建立有效的污染治理的长效机制。

坚持多种手段组合治理。在明晰环境经济政策作用机理的基础上，未来，应注重税费、补贴、价格、交易等多种手段组合治理协同机制以及协同作用效果的挖掘。当前应支持政府通过税费或补贴的方式来引导企业内部化环境成本，优先解决主要污染场地的风险问题，未来随着环境资源产权的不断明确，市场化的价格和交易机制将成为推动环境成本内部化的重要手段。污染场地风险管控环境经济政策作用路径见图 5-6。

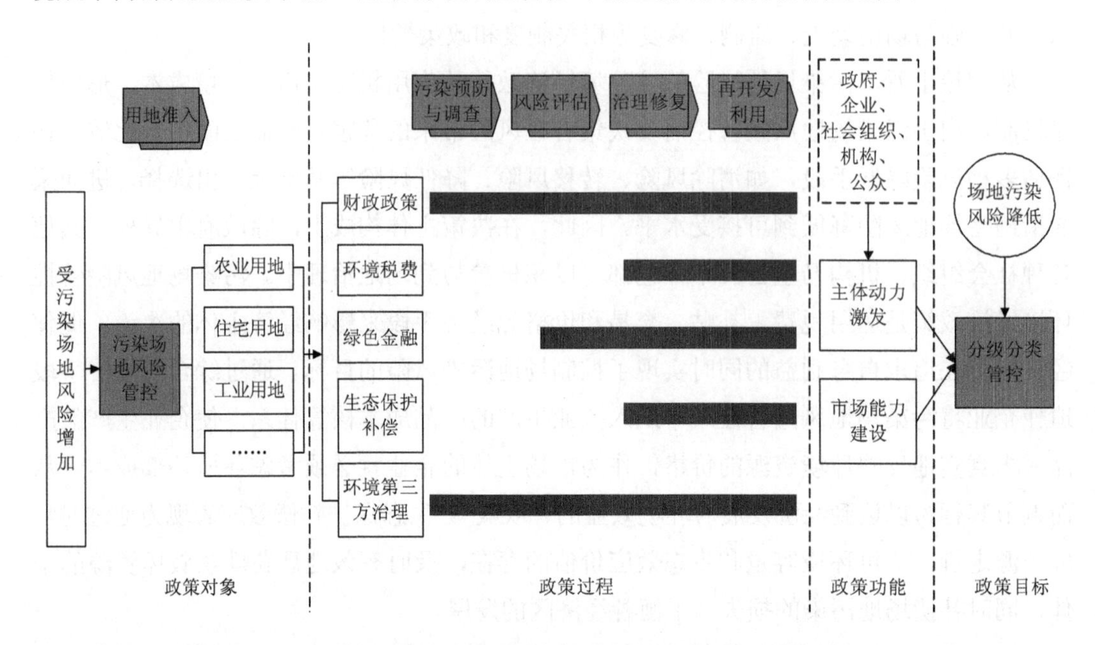

图 5-6 污染场地风险管控环境经济政策作用路径

5.3 我国污染场地风险管控环境经济政策体系构建

5.3.1 主要思路

基于科学研判，设计出一套具有可行性、效率高、保稳定、保目标的“一揽子”环境经济政策措施，如基金、税收、转移支付等，对污染场地风险管控活动进行充分的资金支持，并建立多元化和高效的投融资机制，通过创新污染场地风险管控经济政策，充分发挥市场调节作用，解决风险管控与修复的过程较复杂、前期投入大、收益效率低下等问题，以利于破解土壤生态环境问题、推进土壤污染防治管理转型。

5.3.2 基本原则

污染场地风险管控环境经济政策体系的设计以科学性与可行性、系统性与针对性、代表性与可操作性和先进性与特色性这“四个统一”为原则，以风险管理和控制为核心，从对象、内容和工具 3 个方面构建既与国际水平接轨又具有鲜明中国特色的我国区域尺度污染场地风险管控政策框架，为污染场地风险管控提供有效决策支撑。[141]

科学性与可行性。污染场地风险管控环境经济政策质量与政策执行力密切相关，政策本身的不完善是限制执行力提升的重要因素，而加强政策的科学性和可行性研究是提高政策质量的有效途径。

系统性与针对性。污染场地不仅是与资源性、生态性、经济性相关联的技术性议题，也是社会建构的、寓于社会关系和社会结构之中的社会性问题。因此，污染场地风险管控环境经济政策的制定既要全面系统，涵盖污染场地治理的各个方面，又要具有针对性，能解决实践中的具体问题。

代表性与可操作性。污染场地风险管控环境经济政策需要产生实际性的效果，具有代表性的意义；同时，相关政策的制定要遵循可操作性原则，增加政策执行活动，使出台的宏观经济政策变为更富有实质性特征的政策。

先进性与特色性。对具有社会风险属性的污染场地治理进行经济激励，应立足于不同利益方的利益识别，明确不同主体的差异化利益要求，构建起一种公平分配污染场地风险的具有先进性与特色性的政策体系。

5.3.3 框架体系

我国污染场地风险管控基本均处于成长期向发展期的过渡时期，相关环境经济政策的设计也应由过去的以供给面创新政策为主转为以需求面创新政策为主，通过刺激市场的出现或整合不同的经济激励手段，有效发挥不同层面的需求对污染场地风险管控的促进作用。因此，我国污染场地风险管控环境经济政策设计，需要分析污染场地风险管控的真正需求者以及不同需求者的实际需求。

污染场地风险管控目标价值不仅在于消除场地污染威胁，而且在于通过一系列的环境经济政策规范建构起一种公平分配污染场地风险的机制，改变利益获取与风险分配不对称情况，予以弱势群体、地区以倾斜保护，以实现社会的正义价值。[142]在强调责任公平分配的同时，污染场地的风险管控也应注重通过环境经济手段协调多元利益冲突。在污染场地风险治理关系中，不仅存在政府与污染企业之间的监管关系，也存在政府与公众，污染企业与员工、居民，专家系与社会舆论之间多重叠加的利益博弈和分享关系；不仅需要保障公民环境权益，也需要协调企业经营权、开发商收益权和政府监管权；不仅应该考虑环境利益，也应该平衡经济增长、环境保护和城市可持续发展之间的良性关系。因此，污染场地风险管控环境经济政策涉及的目标需求者主要包括国家、地方政府、企业和公众。

从国家层面来看，污染场地风险管控的环境经济激励内容主要有：开展场地污染的修复整治行动，加强缺乏收益机制的受污染土地的治理；提高土壤污染防治和污染场地修复与管理效率。2020 年 1 月，财政部、生态环境部、农业农村部等多部委联合印发了

《基金管理办法》，这是我国首次出台污染场地风险管控领域的环境经济政策。《基金管理办法》将土壤污染防治基金明确为政府投资性质的基金，其设立、运作、终止和退出需遵循市场化要求，并鼓励社会资本的加入；基金运营和管理方案由省级财政部门会同生态环境等部门共同制定，采用绩效管理模式，监督机构为省级财政部门和有关业务部门。《基金管理办法》的出台为各省（区、市）设立污染场地风险管控基金提供了原则和框架。

从地方政府层面来看，污染场地风险管控的环境经济政策工具有预算内财政补助政策、省级土壤污染防治基金、政府财政出资回购、专项治理债券等。一些省份（吉林、湖南和江苏等）陆续设立了省级土壤污染防治基金，目前省级层面的土壤污染防治基金规模在数亿至数十亿之间，首期均为省级财政出资认缴，后面陆续放开社会资本进入。与各地区庞大的污染场地修复资金需求相比，目前的资金规模显然远不能满足，因此基金的投资运营原则一般为优先投资有收益的风险管控项目，力推“滚动回收使用”模式。PPP 模式解决土壤修复问题的最大优势在于将民间资本引入土壤修复市场。

从企业层面来看，污染场地风险管控的环境经济政策工具包括税费优惠、污染方付费、收益方付费、绿色金融、产业基金等。污染场地产业基金以项目投资为主，股权投资为辅，通过污染防治专项基金的方式固化行业资本、吸引外部或跨行业资本，进而推动行业技术和模式创新，做大行业体量。以污染方为治理责任人，为土壤修复付费为主要原则。对于搬迁企业造成土壤污染的，由企业承担治污责任。“土十条”出台后，更是明确了“谁污染，谁治理”的原则，明确责任由造成土壤污染的单位或个人承担。责任主体发生变更的，由变更后继承其债权、债务的单位或个人承担相关责任；土地使用权依法转让的，由土地使用权受让人或双方约定的责任人承担相关责任。责任主体灭失或责任主体不明确的，由所在地县级人民政府依法承担相关责任。部分具有商业用地价值的土地修复采取受益方付费模式，对修复后土地进行再利用的房地产开发商或地方土地储备部门承担土壤修复费用。该模式对无法落实污染责任人的一、二线城市工厂搬迁地块修复项目具有普适性。[143]由于城市地价较高，修复后的土地作为商业用地具有较高经济价值，房地产开发商和地方土地储备部门可以直接从修复后的土地使用或流转中获得利润，可行性较高。受益方付费模式分为两种：一是政府直接出让受污染土地给土地开发商，由土地开发商出资负责土壤修复，对修复后达标的土地进行再利用获得收益；二是由政府出资负责污染土地修复，再将修复后达标的土地出让给土地开发商，有关部门从土地流转中获益。

基于上述分析，可初步构建污染场地风险管控环境经济政策框架体系——四层多维多方面“OCTT”（目标对象-政策内容-政策类型-政策工具）环境经济政策框架（图 5-7）。

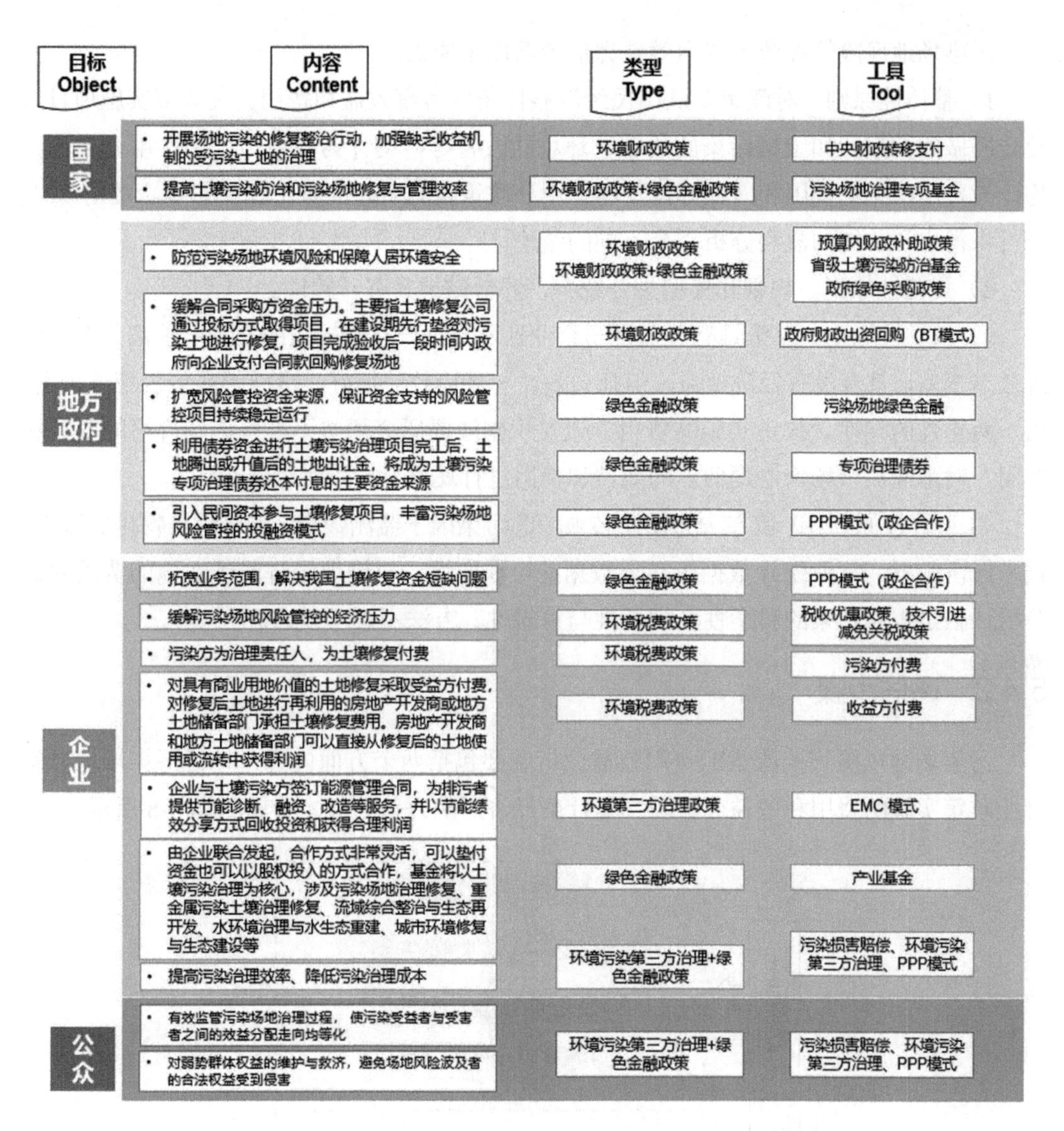

图 5-7 我国污染场地风险管控环境经济政策 OCTT 框架体系

5.4 我国污染场地风险管控政策费效评估模型方法研究

5.4.1 评估目标和基本原则

污染场地风险管控的费效评估主要评估政策实施的成本、带动的投资，以及土地改善带来的社会、经济、环境影响，实现区域层面（由政策引起的）污染场地治理与控制行为（清单管理、风险排序、修复与再开发规划过程）的成本和效益的综合性评估。

污染场地风险管控政策费用效益评估遵循以下原则：

1）整体性原则。对政策要从国民经济整体角度考察效益和费用。凡政策实施项目为社会所做的贡献，如土壤污染的治理、环境的改善等，均计为效益。凡是占用社会资源均计为费用，无论费用和效益都需要考虑由该政策实施引起的整个社会影响。费用-效益分析将得出和单纯的盈利分析完全不同的结论。

2）规范性原则。规则和模型规范统一，评价结果具有一致性。

3）双重性原则。政策具有公益性与企业性双重性，有些政策的实施会使部分企业经济效益变差，甚至没有经济效益，但社会效益与环境效益很好，这样的政策也应该采用。由于两重性的存在，政策实施的费用、效益识别还要研究那些不具有市场价格的效益和费用，对那些被市场价格歪曲了的效益和费用进行还原。

4）可行性原则。评估方法的设计必须考虑污染因子监测数据、主要污染物排放数据、技术经济数据、行业统计数据等必要数据的可获取性，以确保经济政策实施的费用效益分析评估过程和结果的科学性、规范性与可靠性，方法不过于复杂。

5.4.2 评估步骤

污染场地风险管控政策的费用效益分析主要包括两个方面内容：一是污染场地风险管控政策实施的费用和效益分析，二是社会经济影响评估。基本步骤如图 5-8 所示。

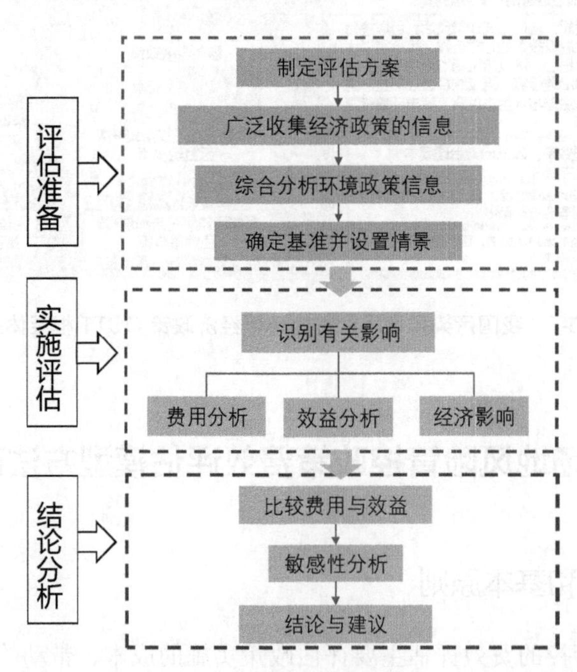

图 5-8 环境政策的费用效益评估的基本步骤

（1）确定基准并设置情景

情景方案主要包括实施该环境政策（基准情景）和不实施该环境政策（现实情景）两种。基准情景是经济分析的一个基准线和参考点，它反映的是没有草拟法规的世界。基准情景是对草拟政策方案的潜在效益和成本进行经济分析的出发点，因为经济分析考虑的是与此基准情景相比的政策或者法规的影响，所以其方案内容可以对经济分析的结果产生重大影响。谨慎而准确的基准线规范可以确保效益和成本估值的精确性。[144]本研究中的基准情景可以设置为对不存在草拟方案或者政策行动进行的评价，即假设政策计划没有发生变化、没有新增政策时的情形。

（2）经济政策费用识别与评估

环境政策费用主要包括采用这项环境经济政策带来的场地修复与管理费用、修复工程施工过程的健康损害、修复工程施工过程的生态环境危害、企业减少的环境税费、公众增加的各项损失等，以及政府增加的管控成本、补贴成本等。

（3）效益识别与评估

经济效益包括污染场地地价提升，其中考虑场地本身地价提升（针对公众/自然资源部门的资料或问卷）和场地周边地价提升（针对公众/自然资源部门的资料或问卷）。

环境风险削减包括环境健康风险削减，其中考虑致癌健康风险削减（风险模型+损害定量+货币化评价）、非致癌健康风险削减（风险模型+损害定量+货币化评价）、儿童血铅超标风险（风险模型+损害定量+货币化评价）和急性健康危害削减（风险模型+损害定量+货币化评价）。

生态环境质量提升效益包括场地周边生活/工作环境改善，其中考虑减少对当地居民活动的限制与约束（支付意愿+货币化评价）、工作环境和基础条件的改善（风险模型+支付意愿+货币化评价）。

（4）社会经济影响识别与评估

环境政策的实施使环保投资增加，对环保产业及相关产业产生影响，对产业结构调整、拉动宏观经济有贡献。根据环境政策实施的不同情景（基准情景和现实情景），可采用成本效益模型、投入产出模型、一般均衡（CGE）模型等，对不同情景下的宏观经济效益（如 GDP、行业增加值、产业结构调整、税收、进出口等指标）进行模拟分析，考虑贴现率，对标准实施的宏观经济影响进行计算。由于模型较为复杂，标准实施对宏观经济定量影响测算可根据需要选做，但要定性分析政策实施对产业结构调整、产业技术升级、产业竞争力提升、劳动力就业数量增加等的影响。

环境政策的实施还可能对社会造成影响，除了上述一些可以通过货币化量化出来的效益之外，还有一些效益由于缺少方法或者数据难以获得而无法定量算出，它主要包括提高悦感、减少物资损失、公民得到解决危险物质污染问题的权力、防止危险物质不受控制的释放、提高应急准备的能力、对国际社会的帮助，等等。

（5）费用与效益比较分析

对环境费用和效益进行综合比较，通常采用的是净效益、效费比和内部收益率等指标和方法。净效益（NB）的计算方法是用总效益（TB）减去总费用（TC）的差额，即

$$NB=TB-TC \tag{5-1}$$

若NB大于零，表明效益大于所失，政策是可以接受的。若NB小于零，则该项政策不可取。

（6）不确定性分析

在环境政策的费用效益分析中，不确定性通常包括模型不确定性和数据不确定性。模型不确定性是由对真实物理过程进行必要的简化，模型构建过程中所提到的假设、边界条件以及目前技术水平难以在计算中反映的种种因素，导致理论值与真实值的差异，都归结为模型的不确定性。数据不确定性包括测量误差、模型参数不确定性以及用于模型校正的观测数据的不确定性。在环境模型的不确定性分析中，常用的是敏感性分析。

5.4.3 评估内容和框架

按照USEPA《环境政策的经济分析指南》《土地治理和再利用的收益、成本和影响手册》，费用效益分析主要包括两个方面内容：①污染场地风险管控经济政策实施的费用和效益分析；②社会经济影响评估。

费用主要包括评估、清除、控制、处理、运输和/或处置污染物的投资、运行费用，中间技术改进增加的投入成本，增加的管控成本、补贴成本，减少的环境税费等，以及任何计划管理成本、土地治理成本，暂时的人类健康风险和生态破坏。效益主要包括增加的环境效益（污染排放的减少、环境质量改善）以及环境改善的终端效益（人类健康改善、生态效益、美学提高、避免材料损坏、提高土地生产力等）。社会经济影响评估包括环境政策实施对GDP、产业结构、就业、税收、进出口等影响。环境政策的费用效益评估的框架思路见图5-9。

（1）费用项识别

费用指的是风险管控所需的全部费用。风险管控相关活动，可以通过资料收集和问卷调查的方法直接获得，选定贴现率反算总费用的现值即可。施工过程的健康损害，这部分健康损害的计算主要基于支付意愿法。施工过程的生态环境危害主要包括环境质量下降、服务功能下降两个部分，环境质量下降又可以分为污染场地现场污染清除或处置区域、污染物运输导致的处置区域、污染物异位处置导致的处置区域的环境质量下降。服务功能下降包括污染场地现场污染清除或处置区域、污染物异位处置导致的处置区域的服务功能下降，主要采用替代等值分析方法、支付意愿调查、直接赋值评估法等方法计算（表5-2）。

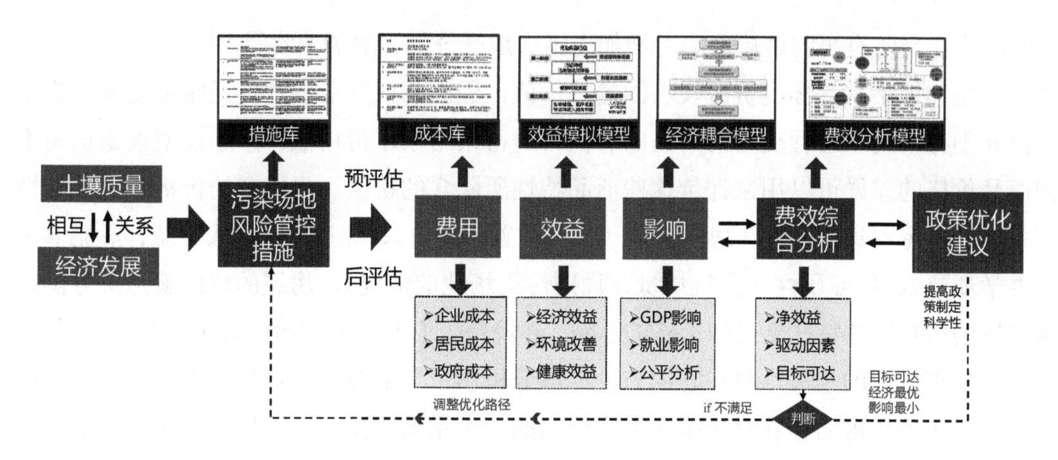

图 5-9　环境政策的费用效益评估的框架思路

表 5-2　费用项及计算方法

类别	费用项	示例	常用评估方法
场地管理费用	风险管控成本	• 场地调查评估费用 • 场地风险管控前期准备 • 场地风险管控施工费用 • 场地风险管控监理和监管费用 • 场地风险管控二次污染防控费用	• 资料收集和问卷调查
	场地再开发利用	• 根据场地再开发利用类型，再开发建设过程中设计的相关费用	• 住建部门及相关企业直接估值/支付意愿
施工过程的人群健康损害	环境健康危害	• 风险管控施工区及周边的环境健康危害 • 污染物运输和异位处置导致的环境健康危害	• 支付意愿调查/风险模型/预期寿命损失/伤残调整
	职业健康危害	• 风险管控施工区及周边的职业健康危害	• 支付意愿调查/风险模型/预期寿命损失/伤残调整
施工过程的生态环境危害	环境质量下降	• 污染场地现场污染清除或处置区域 • 污染物运输导致的处置区域 • 污染物异位处置导致的处置区域	• 替代等值分析方法 • 支付意愿调查 • 直接赋值评估法
	服务功能下降	• 污染场地现场污染清除或处置区域 • 污染物异位处置导致的处置区域	• 替代等值分析方法 • 支付意愿调查 • 直接赋值评估法

（2）效益项识别

风险管控的效益相对复杂，因为风险管控的效益包括对健康、房地产、饮用水供给、感知和生态系统等的影响，其中对健康、房地产和饮用水供给的影响是可以通过货币表征的，对于感知和生态系统的影响则难以通过货币来衡量。通常将风险管控的效益分为直接效益和间接效益。直接效益即市场效益，通常是指修复后资源环境价值或房地产价值的增加。间接效益即非市场效益，指改善周围环境的正外部效应，包括防止土壤和地下水污染、预防有害的健康效应、增加周围房地产价值、增加税收等。[145]

土壤和地下水等环境资源没有固定的价值，因此间接效益的评价通常很复杂。为了评价并不在市场上进行交易的商品的价值，通常采用享乐价格法。享乐模型理论认为不同商品价格的差异可以用来评价这些商品特性所隐含的价值。房地产的价格跟很多属性相关，如房屋本身的特性（房屋数量、所在位置、年份）、邻里属性（人口统计、犯罪率和办学质量）、环境属性（空气质量、周围污染场地的情况），房屋的售价就是买方愿意为房屋的所有这些特征支付的价格的总额。环境是人们购买的房屋的其中一个重要属性，因此，根据房屋的相关信息和它的售价能够分析出个人愿意为环境物品支付的费用。研究表明，污染场地的存在是影响房地产价格的一个重要因素，即房地产价格实际上包含与污染场地的距离、修复所处阶段等属性的价值（表 5-3）。

表 5-3 效益项及计算方法

类别	效益项	示例	常用评估方法
经济效益	地价	提升地价： • 场地本身地价 • 场地周边地价	• 享乐价格法、修复成本法、收益还原法、市场比较法 • 针对公众/自然资源部门的资料或问卷
	周边经济（土地生产力改善）	带动经济： • 场地周边商品或服务价格提升 • 场地周边生产或销售成本降低（提高劳动生产率）	• 享乐价格法 • 针对公众/自然资源部门的资料或问卷 • 生产/成本函数 • 资产价值模型
人类健康改善效益	死亡	降低风险： • 癌症死亡率 • 急性死亡率	• 避免行为 • 资产价值模型 • 陈述偏好
	发病率	降低风险： • 癌症 • 事故和伤害 • 铅中毒 • 出生缺陷	• 避免行为 • 疾病费用 • 资产价值模型 • 陈述偏好
生态环境质量改善效益	区域生态环境安全	• 污染的削减水平	• 生态模型
	场地周边生活/工作环境改善	• 减少对当地居民活动的限制与约束 • 工作环境和基础条件的改善 • 改善饮用水的味道和气味	• 风险模型 • 支付意愿调查 • 货币化评价
	生态服务价值提升	• 景观和休闲娱乐水平提高 • 恢复或保存的物种或生态系统 • 提高鱼类产量	• 陈述偏好 • 生产/成本函数 • 避免行为 • 资产价值模型 • 休闲需求

类别	效益项	示例	常用评估方法
其他收益	突发环境事件或隐患	降低风险： • 突发环境事件风险削减 • 污染地下水或其他迁移扩散隐患削减	• 避免行为 • 风险模型 • 支付意愿调查 • 货币化评价
	减少材料损坏	• 减少腐蚀和污染	• 避免行为 • 双赢功能 • 生产/成本函数

（3）社会经济影响识别

社会经济影响方面，包括因风险管控而带来的就业净变化、收入、税收、社会投资的带动，企业变化，家庭和住宅影响，以及对不同社会人口群体的影响（公平性）（表5-4）。在工程项目评价中，对社会经济的影响，一方面，从本身区域角度，工程治理带动经济的发展，投资拉动了经济、影响了 GDP，通过间接作用进一步对相关产业链产生影响；另一方面，带动了就业，而增加的劳动力需求也可能提高收入和劳动生产率水平，因为工人因就业机会而获得更多技能和经验。此外，还包括环境公平分析，即土壤政策对不同社会人口群体的影响、关注涉及的居民的利益的影响。少数民族、低收入人口及部落人口可能尤其需要关注，一般可采用环境公平（EJ）分析。儿童及其他群体也可能需要给予法规影响分析方面的特殊关注。社会经济影响直接的影响可以用计量经济模型、统计分析计算出来，间接的影响带动作用等可以采用投入产出模型或 CGE 模型，使用实际的经济数据来估算经济对政策、技术或其他外部因素变化的反应。

表 5-4 社会经济影响项及计算方法

类别	影响项	示例	常用评估方法
就业/收入	就业（最显著）	• 因风险管控项目而导致的就业净变化	• CGE • 投入产出 • 动态预测模型
	劳动生产率水平	• 增加的劳动力需求可能提高收入和劳动生产率水平，因为工人因就业机会而获得更多技能和经验	
企业	企业数量/规模变化	• 新企业的数量和规模以及现有企业保留或被取代的数量和规模	• 市场调查 • 统计分析
	生产力水平	• 由于地理上的集群开发而提高生产力	
	产业链	• 由于新建项目的投资带来的其他行业的增长	• CGE • 投入产出
税收和政府影响	税收	• 更高的财产价值可以提高地方财产税 • 企业数量、就业率和消费者支出增加的变化会影响所得税及销售税收入	• 计量经济模型
	地方财政	• 除税收外的政府财政健康状况	
	社会投资	• 用于风险管控的社会投资金额	• 统计分析

类别	影响项	示例	常用评估方法
家庭和住宅影响	住宅	• 增加当地的住房存量	
公平评估和环境正义	对不同社会人口群体的影响	• 不同群体的健康影响或风险降低：儿童、老年人、低收入人群、少数民族和部落社区（如政府给予贫困地区的补贴）	• 计量经济模型
	关注涉及的居民的利益	• 健康风险、就业、收入、租金和财产价值以及搬迁模式 （通过改善就业和住房前景来促进当地弱势居民的环境正义；或将高档社区提高租金或财产税）	• 计量经济模型
其他影响	资源	• 由于新建项目带来的其他行业的增长，从而带来了资源的消耗	• CGE • 投入产出
	污染物	• 由于新建项目的投资带来的其他行业的增长，从而带来了污染物的排放	• CGE • 投入产出
	温室气体	• 新建项目带来的碳排放等	• 生命周期

5.5 我国污染场地风险管控经济政策调控技术研究

5.5.1 污染场地风险管控经济政策调控机制

污染场地风险管控经济政策对不同利益相关方的调控机制如图 5-10 所示。政府是经济政策的制定者和修订者，其政策导向在于保证污染场地风险可控和修复达标的前提下，促进社会资本与力量积极参与污染场地风险管控，推动区域污染场地有序可持续修复和再开发。修复和开发企业是经济政策的主要影响对象，在经济激励政策的利益驱动下积极参与污染场地的修复和再开发。污染企业是污染场地风险管控与修复的第一责任主体，税费减免、环境保护税（如美国和我国台湾地区对污染企业征收的整治费用）将在一定程度上促进其承担污染场地相关责任，土壤污染防治基金则是对其出资参与风险管控与修复的补充。周边公众主要对污染场地风险管控经济政策的实施行使监督权利，包括对资金使用情况、污染场地风险管控和修复情况以及过程中的环境影响进行监督，如有意见可向政府管理部门进行反馈。

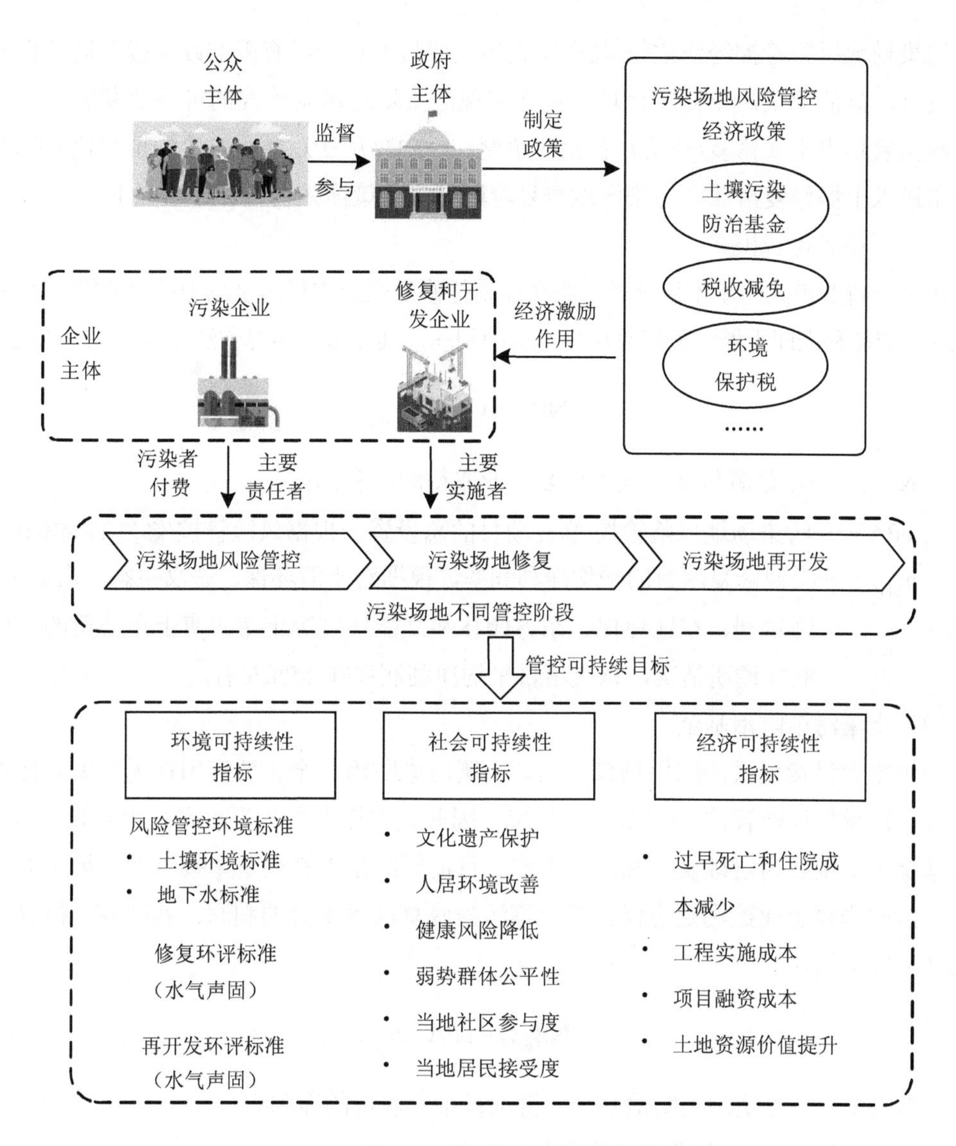

图 5-10 污染场地风险管控经济政策调控机制

5.5.2 污染场地风险管控经济政策净效益核算和优化调控方法

根据污染场地风险管控的项目周期，可分为风险评估、场地修复、场地再开发和城市再生 4 个阶段。根据以上列举的经济政策作用机制，其政策作用点和企业盈利阶段主要集中在场地修复和场地再开发两个阶段。经济政策的净效益核算方法也基于此分为修复和再开发两个部分，其中污染者付费、土壤污染防治基金、财政补贴、税收减免主要作用于场地修复阶段，开发商付费、EOD 模式、PPP 模式和 BOT 模式主要贯穿于修复和再开发两个阶段，其中盈利点主要集中在再开发阶段。

污染场地风险管控经济政策/融资模式的主要目的在于以有限的政府投入撬动更多的社会资金，盘活土壤污染修复市场，从而实现污染场地风险管控的可持续发展。因此净效益应主要集中于（修复/开发）企业端角度，（修复/开发）企业净效益越大越可吸引社会资本进入土壤修复事业。污染场地修复阶段经济政策净效益核算方法如下。

（1）污染者付费模式

污染者付费模式的基本原理是污染企业委托修复企业进行污染场地的风险管控/修复，修复企业的盈利点即土壤污染修复项目本身的利润，其净效益核算方法如式（5-2）所示：

$$NB_{PP}=TPA\times\eta_{NPR} \tag{5-2}$$

式中，NB_{PP}——污染者付费模式下修复企业取得的净利润；

TPA——污染场地风险管控/修复项目的总投资，根据风险管控/修复的成本确定；

η_{NPR}——类似修复项目的平均净利润率，根据对永清环保、铁汉生态、启迪桑德、维尔利、东江环保、东方园林和高能环境等土壤修复上市公司的历史利润率调研情况，该类项目平均净利润率在15%左右。

（2）土壤污染防治基金

与污染者付费模式的应用场景不同，土壤污染防治基金主要应用在无污染责任人或责任人无法承担风险管控/修复成本的情况，因此其委托人主要为政府。我国的土壤污染防治基金来源主要为财政资金和国有资本，目前暂时缺乏社会资本投入和污染企业追偿机制，因此修复企业盈利点也仅包括土壤污染修复项目本身的利润，其净效益核算方法如式（5-3）所示：

$$NB_{SPPF}=TPA\times\eta_{NPR} \tag{5-3}$$

式中，NB_{SPPF}——土壤污染防治基金支持项目企业取得的净利润；

TPA和η_{NPR}——含义和取值来源同上文。

（3）财政补贴

从现有机制和项目实施情况来看，目前财政补贴政策与土壤污染防治基金对于修复企业的盈利点是一致的，仅资金来源分别为财政专项资金和专门基金。因此财政补贴政策下修复企业净效益核算方法如式（5-4）所示：

$$NB_{FS}=TPA\times\eta_{NPR} \tag{5-4}$$

式中，NB_{FS}——土壤污染防治基金支持项目企业取得的净利润；

TPA和η_{NPR}——含义和取值来源同上文。

（4）税收减免

在税收减免政策下，修复企业的盈利点除土壤污染修复项目的直接利润外，还可以获得税收减免。根据《中华人民共和国企业所得税法实施条例》、《关于从事污染防治的第三方企业所得税政策问题的公告》和《环境保护、节能节水项目企业所得税优惠目录（2021 年版）》等政策规定，土壤修复企业自项目取得第一笔生产经营收入所属纳税年度起，第 1～3 年免征企业所得税，第 4～6 年减半征收，其后对于土壤与地下水污染修复项目按照 85%征收；根据《资源综合利用产品和劳务增值税优惠目录》，土壤污染修复项目劳务费采用即征即退 70%的优惠政策。由此可以得到税收减免政策下修复企业的净效益核算方法：

$$NB_{TRE}=TPA\times\eta_{NPR}+TPA\times TR_{CIT}\times\eta_{TRR}+TPA\times\eta_{SF}\times\eta_{LR} \tag{5-5}$$

式中，NB_{TRE}——税收减免政策下修复企业取得的净利润；

TPA 和 η_{NPR}——含义和取值来源同上文；

TR_{CIT}——企业所得税税率，根据《中华人民共和国企业所得税法》，企业所得税税率为 25%（由于污染场地风险管控/修复项目规模相对较大，设定所涉企业均非小微企业）；

η_{TRR}——企业所得税退税比例，第 1～3 年取 100%，第 4～6 年取 50%，第 7 年及以后取 15%；

η_{SF}——污染场地风险管控/修复项目劳务费占项目总额比例，根据典型项目调研，劳务费比例平均为 15%；

η_{LR}——劳务费退税比例，根据《资源综合利用产品和劳务增值税优惠目录》取 70%。

5.5.2.1 污染场地再开发阶段经济政策净效益核算方法

（1）开发商付费模式

开发商付费模式基于“谁受益，谁付费”原则，企业净效益为修复后再开发土地资源产生的利润减去修复成本和土地流转成本。开发商付费模式下企业净效益核算方法如式（5-6）所示：

$$NB_{DP}=P_C\times A_{CS}\times R_P-TPA\times(1+IR_{NOR})^y-P_{LT}\times A_{CS} \tag{5-6}$$

式中，NB_{DP}——污染者付费模式下修复企业取得的净利润；

P_C——修复后土地再开发的单位建筑面积价格，根据用地类型和当地住宅/产业用地价格确定；

A_{CS}——污染场地面积；

R_P——再开发建筑容积率，其中住宅用地容积率取 2.0，产业用地容积率取 1.2；

TPA——含义和取值来源同上文；

IR_{NOR}——普通项目贷款利率；

y——污染场地风险管控/修复项目周期，取值2年；

P_{LT}——当地土地流转价格，参考各地建设用地指标流转价格，取平均价格为1 050元/m^2。

（2）EOD模式

EOD模式下修复企业在生态环境部门背书下可获得一定低息绿色贷款，大幅降低了项目融资成本。因此EOD模式下除土壤污染修复项目的直接利润外，还可以获得低息贷款下的额外融资成本减免。由此可以得到，EOD模式下修复企业的净效益核算方法：

$$NB_{EOD} = TPA \times \eta_{NPR} + TPA \times [(1 + IR_{NOR})^y - (1 + IR_{GC})^y] \quad (5\text{-}7)$$

式中，NB_{EOD}——EOD模式下修复企业取得的净利润；

TPA和η_{NPR}——含义和取值来源同上文；

y——污染场地风险管控/修复项目周期，取值2年；

IR_{NOR}和IR_{GC}——普通项目贷款利率和EOD项目贷款利率，其中普通项目贷款利率根据当前贷款市场报价利率（LPR）确定，取4.3%，EOD项目贷款利率参考碳减排等其他环保领域的绿色信贷利率，取1.75%。

（3）PPP模式

修复企业在PPP模式下的盈利点主要可概化为污染场地在修复后进行土地转让等经济活动后产生的经济利益，可享有按照社会资本出资比例的土地转让收益，如式（5-8）所示：

$$NB_{PPP} = P_{LT} \times A_{CS} - TPA \times (1 + IR_{NOR})^y \quad (5\text{-}8)$$

式中，NB_{PPP}——PPP模式下修复企业取得的净利润；

TPA和IR_{NOR}——含义和取值来源同上文；

y——污染场地风险管控/修复项目周期，取值2年；

P_{LT}——当地土地流转价格；

A_{CS}——污染场地面积。

（4）BOT模式

修复企业在BOT模式下盈利点主要集中在特许经营期间，房租、物业费、公园门票、资源费等运营收入，如式（5-9）所示：

$$NB_{BOT} = A_{CS} \times R_P \times C_{RF} \times y_O - TPA \quad (5\text{-}9)$$

式中，NB_{BOT}——BOT模式下修复企业取得的净利润；

TPA、A_{CS} 和 R_P——含义和取值来源均同上文；

C_{RF}——单位运营收益，根据用地类型可分为公园用地、住宅用地和产业用地，公园用地根据公园门票和政府专项补贴额度确定，住宅用地和产业用地根据当地住宅和厂房平均租金确定；

y_O——特许经营时间，一般情况下总项目周期为 20 年，设定修复时间为 2 年，再开发建设时间为 2 年，则经营时间取 16 年。

5.5.2.2 污染场地风险管控经济政策优化调控方法

横向对比以上列举的数种污染场地风险管控经济政策，整体而言作用于修复阶段的经济政策下修复企业盈利来源较为单一，仅包括委托方（污染企业或财政资金）直接出资或税收减免，对社会资本吸引能力较为有限；作用于修复-再开发阶段的经济政策中，修复企业可以在一定程度上共享由土壤污染修复带来的土地流转、建筑设施特许经营/租赁和相关产业开发等收益，盈利来源更广泛，净利润相对更高，对社会资本更具有吸引力。污染场地风险管控经济政策对比分析见表 5-5。

表 5-5 污染场地风险管控经济政策对比分析

经济政策	资金来源	适用范围	政策先进性
污染者付费	企业自有资金、资本市场资金	责任主体明确的污染场地	提高污染企业污染成本，降低政府财政压力
开发商付费	企业自有资金、资本市场资金	土地增值潜力较大的污染场地	将预期来源于开发再利用的土地增值作为公共投资的资金来源
土壤污染防治基金	政府、企业和社会组织多方投入	配合中央土壤污染防治专项资金确定修复的污染场地	省级土壤污染防治基金导向性更高，是一种灵活有效的投融资模式，可为污染场地风险管控提供重要的资金保障
财政补贴	财政专项资金	主要适用于责任主体灭失/不明确的污染场地	有效保证污染场地风险管控项目的资金支持
税收减免	财政收入（以机会成本计）	符合企业所得税法适用范围的污染场地修复企业	在常规委托方资金来源之外，降低修复企业的投入成本，提高修复企业的项目参与积极性
EOD 模式	政府财政资金、社会资本投资	公益性强、范围广、修复时间长，同时可以实现一体化开发的污染场地	污染场地风险管控和产业开发有效融合，通过一体化实施，实现项目整体收支平衡，推动区域社会经济发展
PPP 模式	政府一般公共预算支出、社会资本投资	风险性较高、融资成本大且时间跨度长的污染场地	资金渠道多元化，能够适当减缓财政压力，能够让政府和社会资本形成联盟，以实现项目长期价值的最大化和建设成本最小化
BOT 模式	项目公司筹建资金	投资减值较高、修复期限较短的污染场地	缓解政府财政资金紧张，为污染场地风险管控项目提供多元化融资模式

5.6 污染场地风险管控与治理修复投融资模式和管理机制研究

5.6.1 污染场地治理修复投融资模式分类标准

我国当前污染场地修复主体主要遵循 2018 年 8 月 31 日颁布的《中华人民共和国土壤污染防治法》第四十五条：土壤污染责任人负有实施土壤污染风险管控和修复的义务。土壤污染责任人无法认定的，土地使用权人应当实施土壤污染风险管控和修复。因此，我们首先依据法律中规定的上述两类修复义务人划分投融资模式的主体，分为“污染方付费”和“土地使用权人付费”；同时将无责任义务的开发商进行污染场地修复作为“受益方付费”（图 5-11）。

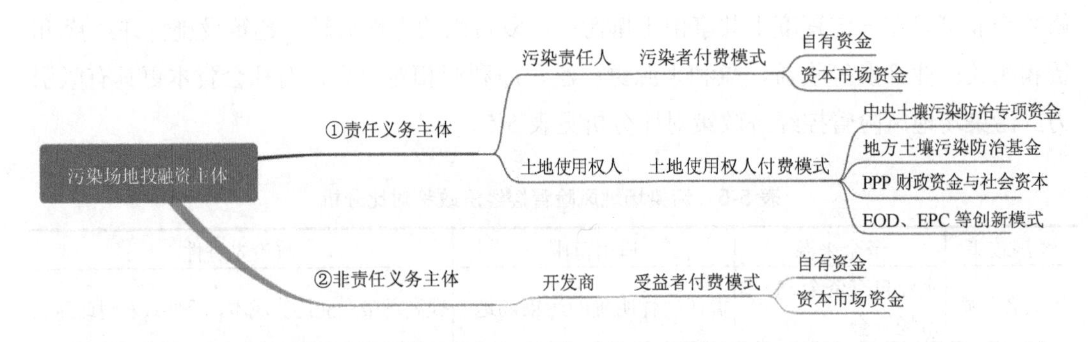

图 5-11 污染场地治理修复投融资模式及主体互划分

5.6.2 污染方付费模式

“土十条”出台后，更是明确了“谁污染，谁治理”的原则，明确责任由造成土壤污染的单位或个人承担。其原则是指一切向环境排放污染物的个人与组织，应当依照一定的标准缴纳费用，以补偿其污染行为造成的损失。付费将促使污染者采取措施控制污染，或使政府等管理部门获得相应的收入以治理污染。大多数情况下，由于污染场地修复缺口巨大，污染企业仅依靠自有资金无法支持，其通过多种方式筹集资金。污染方投融资方式主要有：

1）绿色债券，是指金融机构将所得资金专门用于资助符合规定条件的绿色项目或为这些项目进行再融资的债券工具。绿色债券的发行既有其优势，又需接受更严格的监管。企业发行绿色债券的优势有以下几点：①可以吸引关注环保的新型投资者，拓宽投资者范围；②市场对绿债需求不断增大，可为发行人带来更有利的条款和发行价格；③此举有助于提升企业的声誉。

2）绿色信贷，是指银行业金融机构针对绿色、循环和低碳产业发行的创新型信贷产品。其优点在于充分发挥银行业金融机构的信贷在引导社会资金流向、配置资源方面的作用，加快推进土壤污染治理与修复行业的良性发展。但绿色信贷的缺点同样明显，在正向激励机制（绿色贷款贴息等）、信息披露共享机制、法律责任机制等方面存在不足，导致绿色投资的积极性不高、效果不够明显，法律政策有待完善。[146]

3）绿色保险，即国际通称的环境责任保险制度。它是指企业就可能发生的环境事故风险向保险公司进行投保，由保险公司对因该企业造成的环境事故而受到损害并且符合投保事项的污染受害者进行赔偿的制度。绿色保险能够降低环境纠纷的交易成本，及时、有效地保护公民权益，有助于分散企业的经营风险，提高环境管理水平。

模式的意义及难点：污染方付费原则的提出具有重要意义，污染企业被征收的治污费用可将污染环境的成本反映在排污者的私人成本中。提高的内部成本将影响污染者的行为决策，促使其减少排污并提高效率，最终使总经济体达到环境资源的有效配置。多元化的资金筹集渠道也为污染企业承担污染责任提供了保护路径。目前，我国污染方付费在具体实施过程中主要存在两处难点，一是因为我国的公有制土地产权属性，场地污染防治权责不清；二是多数造成土壤污染的企业是老工业企业，难以应对污染场地治理修复的高额费用和时间损耗。

5.6.3 土地使用权人付费模式

“土十条”出台后，明确责任由造成土壤污染的单位或个人承担。责任主体发生变更的，由变更后继承其债权、债务的单位或个人承担相关责任；而对于责任主体灭失或责任主体不明确的，由土地使用权人承担相关责任。土地使用权人主要为市级的土地储备中心、区政府、街道办事处、园区管委会等政府部门，或者城投公司、市或者区建设发展公司等企业。

政府部门修复与治理污染场地的资金来源主要分为中央土壤污染防治专项资金、地方土壤污染防治专项基金、财政资金与社会资本的融合以及一些地方政府的创新型投融资模式。

（1）中央土壤污染防治专项资金模式

中央土壤污染防治专项资金一般是中央财政拨款，根据土壤修复的实际情况，主要用于一些周期长、收益低的污染场地。

优点及缺点：中央土壤污染防治专项资金模式的本质是“先修复，再出让”，主要由市级土地储备中心负责招标，确认修复完成后再进行拍卖或者出让。优点是可以让使用该模式修复的土地有望率先得到治理。缺点是对土地进行环境调查、修复治理，完成治理后再进入土地市场，这样的周期会持续数年之久。我国污染场地数量巨大，全然依靠中央土壤防治专项资金不是长久之计。[147]

（2）地方土壤污染防治专项基金模式

当前我国已有 11 个省份建立省级土壤污染防治基金，旨在优化财政资金支持方式，探索将财政的支持方式由“拨款”转为“投资”，实现治理资金从“只能使用一次”向“滚动回收使用”的转变。

优点及缺点：对于符合省级土壤污染防治资金投资项目申报指南的支持对象，地方土壤污染防治专项基金通过股权投资的方式，为土地污染责任人和土地使用权人在土壤污染治理方面提供支持。优点是省级土壤污染防治基金导向性更高，是一种灵活有效的投融资模式，可为污染场地修复与治理提供重要的资金保障。缺点是省级土壤污染防治基金的核心还是地方政府，并未进一步加大宣传力度，吸引更多的社会资金入驻，造成资金基础保障薄弱，难以有序推进土壤污染防治。[148]

（3）PPP 模式

自 2014 年以来，国家密集颁布 PPP 项目利好政策和指导性意见，体现了国家对于推进 PPP 模式的决心和紧迫性。在《关于创新重点领域投融资机制鼓励社会投资的指导意见》中明确提出，要在以“七大重大投资工程包”为代表的基建投资领域，推进 PPP 模式，引入社会资本。PPP 模式，即政府和社会资本的合作，是公共基础设施中的一种项目运作模式。通常政府投资包括中央和地方政府可用于项目建设的财政性资金，社会资本来自国内外金融组织贷款、外商投资、国有资本、政策性银行投资、私人资本以及风投公司等。PPP 模式在具体运营中又有 BOT、BOO、BT、TOT、ROT、TBT 等模式。

优点及缺点：PPP 模式的优点是：资金渠道多元化，有利于区域经济的发展；能够适当减缓财政的压力，有效地防范和化解地方性政府债务的风险，并且担任监管角色；能够让政府和社会资本形成联盟，以实现项目长期价值的最大化和建设成本的最小化。缺点是：PPP 模式中的社会资本大多是国企或央企，仍然存在民间融资资本难度大、融资成本高的问题；PPP 项目涉及的主体较多，合作期限长，一般是 15～20 年，未来不确定项目风险因素增多。[149]

从目前公开的资料来看，PPP 模式用于污染场地的实践项目不多，更多的是用于生态修复、水利基础设施等大型项目。PPP 模式可以在污染场地修复投融资项目中进行运用，在实践中可以有多种运营方式。

具体运营方式：

BOT 模式即“建设-经营-转让”，指的是政府或政府授权项目业主，将拟建设的某个基础设施项目，通过合同约定并授权另一投资企业来融资、投资、建设、经营、维护该项目，该投资企业在协议规定的时期内通过经营来获取收益，并承担风险。适用于对现在不能盈利而未来却有较好或一定的盈利潜力的项目。

BOO 模式即“建设-拥有-经营”，指的是投资者根据政府或业主赋予的特许权，建设并经营某项目，但并不将此项目移交，而是继续经营。例如，由环保企业投资并承担工程的设计、建设、运行、维护、培训等工作，硬件设备及软件系统的产权归属环保企业，而政府部门或业主负责宏观协调、创建环境、提出需求，政府或业主每年只需向环保企业支付一定使用费即可。BOO 这一模式体现了“总体规划、分步实施、政府（或业主）监督、企业运作”的建、管、护一体化的要求。通常适用于盈利项目。

BT 模式即“建设-转让”，是 BOT 的一种演化模式，其特点是协议授权的投资者只负责该项目的投融资和建设，项目竣工经验收合格后，即由政府或授权项目业主按合同规定赎回。适用于建设资金来源计划比较明确，而短期资金短缺、经营收益小或完全没有收益的基础项目。

TOT 模式即“移交-经营-移交”，是指以现有的项目为基础，将现有项目的经营权从政府手中移交给私人主体，私人主体获得一定期限的经营权，但必须以支付政府一笔资金作为代价，然后通过未来一定期限内对项目进行运营以收回成本和获得利润，当约定的经营期限届满后，私人主体将项目移交给政府。适用于还未采取市场化方式引入专业社会资本运营管理的项目。

ROT 模式指授予方将存量资产转让给项目运作主体进行改建，并授予其特许经营权，在特许经营权期满后，再将该项目移交给授予方的一种运作模式。ROT 模式兼具 TOT 与 BOT 模式的特点，在项目资产的权属上是相同的，即项目运作主体不享有相关的所有权或控制权。但区别在于，ROT 模式运作的资产既不完全是授予方转让的存量资产，也不是新建的资产，而是在授予方转让资产的基础上进行改建形成的资产。

TBT 模式即“转让-建设-转让”模式，一般是指政府部门将项目交给企业后，由企业进行建设经营，其间所有利润属于企业。一般适用于商业经营的政府工程项目。

（4）EOD 与 EPC 的引入与推广

1）EOD 模式

2020 年 9 月，国家印发了《关于扩大战略性新兴产业投资培育壮大新增长点增长极的指导意见》，提出“探索开展环境综合治理托管、生态环境导向的开发（EOD）模式等环境治理模式创新”，对于绿色环保项目的市场化开发提供了新的思路。EOD 模式重在“以生态文明思想为引领，以生态保护和环境治理为基础，采取产业链延伸、联合经营、组合开发等方式，推动公益性较强、收益性差的生态环境治理项目与收益较好的关联产业有效融合，将生态环境治理带来的经济价值内部化”。简单来说，EOD 模式就是将绿色项目的经济效益与环境效益相结合，探索多种融合发展模式。其具体的投融资模式也有多种形式，如“PPP 商业模式+EOD”和“施工总承包+EOD”等模式。“施工总承包+EOD”模式主要适用于一部分投资额较小的项目，“PPP 商业模式+EOD”模式，将 EOD 模式与

PPP 模式结合，引入具备技术和运营能力的社会资本方，解决政府投入项目前期开发资金不足的问题，[150]同时以流域为单元进行综合开发，从资源开发、政府投资补助等方面实现投资平衡。

目前，我国 EOD 模式在生态保护、环境治理与产业发展融合等方面应用广泛，可以进一步开发污染场地修复的市场模式，运用到大型的污染场地修复中。

生态治理与产业开发有效融合是 EOD 项目生态价值实现的关键。政府与社会资本需要根据地域特点，选择适宜的资源、产业开发项目，并通过一体化实施，实现项目整体的收支平衡和区域社会经济高质量发展。其缺点是目前 EOD 参与的项目具有公益性强、范围广、时间长和项目复杂程度高等特点，容易导致项目难以持续，产业开发难度大，从而转向财政补助；大多数项目治理尚无费用和价格政策，而回报来源单一、政府付费能力存在不确定性，导致许多社会资本望而却步，市场化模式难以大规模、全面推开。如项目公司未能建立足够的执行能力或吸引整合行业领先资源、合作伙伴，则会造成对资源开发深度不足，不能完全体现资源价值，也不利于流域治理的可持续快速发展。[151]

2）EPC 模式

EPC 是指承包方受业主委托，按照合同约定对工程建设项目的设计、采购、施工等实行全过程或若干阶段的总承包，并对其所承包工程的质量、安全、费用和进度进行负责。目前，EPC 模式与 EOD 模式融合成新的发展模式，如“F+EPC”模式、“EPC+O”模式、“投资人+EPC”以及“特许经营+EPC”等模式。区别在于“F+EPC”模式下施工总承包单位还承担项目融资，“EPC+O”模式下项目总包单位还负责后期运营，“投资人+EPC”模式因其表征为企业+企业的合作，规避了政府直接融资负债的限制，即中标的社会投资人既是投资人也是施工总承包人。“特许经营+EPC”模式是在“投资人+EPC”模式的基础上，突出“特许经营”模式，项目的合法性、合规性得到更多保障。EPC 模式广泛运用于大型基础设施建设项目，污染场地修复对该模式的运用较少，但也适用。

优点及缺点：EPC 模式的基本优势是能够充分发挥设计在整个工程建设过程中的主导作用，有利于不断优化工程建设项目整体方案，实现设计、采购、施工各阶段工作的合理衔接，控制项目的进度、成本和质量确保获得较好的投资效益。缺点是该模式对总承包商的要求较高，选择有限。

（5）典型城市创新型投融资模式

由于我国的土地性质和我国土壤修复的实际情况，大量受污染土壤已经无法找到污染责任人，再加上土壤修复的工程量大、资金昂贵、效益不确定等因素，单纯依靠中央专项资金和地方政府土壤污染防治基金难以支撑，[63]所以地方政府根据当地的财政条件、资本市场的活跃度以及土地的社会需求，建立了多种投融资模式。

1）地票制

所谓“地票”，指包括农村宅基地及其附属设施用地、乡镇企业用地、农村公共设施和农村公益事业用地等农村集体建设用地，经过复垦并经自然资源部门严格验收后产生的指标，以票据的形式通过农村土地交易所在一定范围内公开拍卖。

优点及缺点：地票制的实行提高了土地利用效率，对城乡土地资源进行了优化配置，并通过城市反哺农村的方式，保障了农民的利益，此举也为耕地保护提供了新的路径。不少城市实行地票制，但鲜有城市成功，这是因为地票制的推广范围有限，该制度对政治、经济、自然环境条件的要求较高。政治条件要求地方政府有健全有效的管理体系，避免市场混乱；经济条件要求城市经济发展迅速，社会投资愿望强烈，并且城乡经济差距大；适用于自然环境适宜、便于耕地复垦的南方地区，且农民分散居住的地区。其中，重庆市因其独特的经济、自然环境，外加强有力的政府干预才成功实现地票制的实行。

2）土壤银行

“土壤银行”是指通过对土壤进行精准分类，将高附加值的建筑渣土存储至土壤银行中，以备日后所需。存储方式目前有集装箱存储和矿区存储两种。土壤银行的推行是将建筑垃圾合理处置及资源化利用的重要突破口。

优点及缺点：土壤银行的优点在于可以将废弃无污染的土壤创造出新的价值，通过降低废弃渣土的处理费用，并通过降低购买土壤的费用，达到节省土壤流转资金的作用。土壤银行的创建，开创了废土的资源化开发利用，为可持续循环经济提供了道路。缺点在于建筑渣土重金属等污染物含量指标的检测往往需要专业的检测仪器，其检测难度和检测成本成为制约其发展的主要原因。可利用的无污染渣土在存储和运输过程中又会产生额外的仓储成本及运输成本，最终运送至买家手中的土壤价格是否真正低廉难以考究。

3）地方政府重金属治理债券模式

湖南省是全国首个且唯一推出重金属专项治理债券的省份。截至目前，衡阳市、湘潭市、郴州市苏仙区、郴州高新区通过地方融资平台分别发行重金属污染治理专项债券 16 亿元、18 亿元、15 亿元、18 亿元。债券分别由衡阳弘湘国有资产经营有限责任公司、湘潭振湘国有资产经营投资有限公司、郴州市新天投资有限公司、郴州高科投资控股有限公司发行。主要用于企业搬迁退出的污染场地、土壤修复、河道整治等项目。

优点及缺点：在利用债券资金进行土壤污染治理项目完工后，土地腾出或升值后的土地出让金，将成为土壤污染专项治理债券还本付息的主要资金来源。优势在于利用债券市场可以迅速筹集到治污所需资金，其不利之处在于模式并没有较传统招投标模式有所创新，举债实质上仍然是地方财政出钱。另外，债券发行的基础在于未来有治理修复完毕的土地增值收入，但这种增值收入在农田、矿区土地修复，以及四线以下土地升值潜力较小的城市无法保障未来能按时还本付息，未来地方债务风险加大。[152]

5.6.4 开发商付费模式

由于历史原因，我国污染场地主体大多是各类国有企业，经过多轮的改制重组，很多企业产权归属关系已经丢失，无法明确造成污染的责任主体，即便产权明晰，也很难有能力再去支付高额的土壤修复费用。而单纯由“政府出资”模式筹措资金用于污染场地的修复，将给政府带来巨大的财政压力。通过利用市场机制，可以引导和鼓励社会资金投入土壤环境保护和综合治理。由开发商来承担污染场地的修复，通过其自有资金或者资本市场融资的方式来筹措修复资金，同时把污染场地开发再利用所带来的预期增值作为土壤污染修复治理的商业回报。

优点及缺点：开发商模式的优点是将预期来源于开发再利用带来的土地增值，作为公共投资的资金来源，而且体现了公平原则，遏制了土地受益者投机行为，付费者同时也是监督者。常见的是房地产中土地开发商对污染场地的修复。但这一模式的弊端是实际最终买单者仍然是购买污染场地开发为住宅的居民，对哄抬高房价推波助澜。而且土地开发商对场地修复的专业性低可能造成修复效果不佳，开发商与评估公司有可能串通来偷逃国家土地出让金，从而在实际操作中滋生腐败现象。

5.6.5 污染场地治理修复投融资管理机制研究

结合我国投融资模式国情，进一步完善污染场地治理修复投融资管理机制可以从以下 4 个方面入手：

（1）清晰定位各利益主体，理顺各方相互关系

首先，借鉴美国以法律修正案的形式将后来开发者从修复污染土地的责任认定中分离出来的做法，我们可以从法律法规上进一步明晰污染者、政府、开发商以及当地居民各自的角色定位，确定在污染场地治理修复中各自的权利与义务，并具备落地性。其次，确保各利益主体履行相关义务，由于在修复期间，污染场地不能进行持续的价值产出，这就使土地经济价值在短期内无法实现，利益相关者无法从土地中获得经济利益。所以需要制定完备的土地使用以及治理规划，预估时间和资金成本并得到各利益主体的认可，防止土地使用者在获得经济利益后，以经济压力等各种方式为由逃避修复责任。综上所述，基于科斯定理，对于积极履行义务、发挥作用的主体，进行多形式的奖励机制，进一步调动其积极性；对于推诿责任、未履行相应义务的主体，实行相应的惩罚措施。

（2）明确污染场地治理责任的分配原则，以多元化的责任主体保证治理资金的来源

土壤污染责任认定可按照污染者负担、受益者负担、政府负担三大原则进行，三大原则对应的责任主体分别为污染者、受益者（一般为开发商）、政府。其中，污染者负首要责任，受益者与政府负补充责任（图 5-12）。

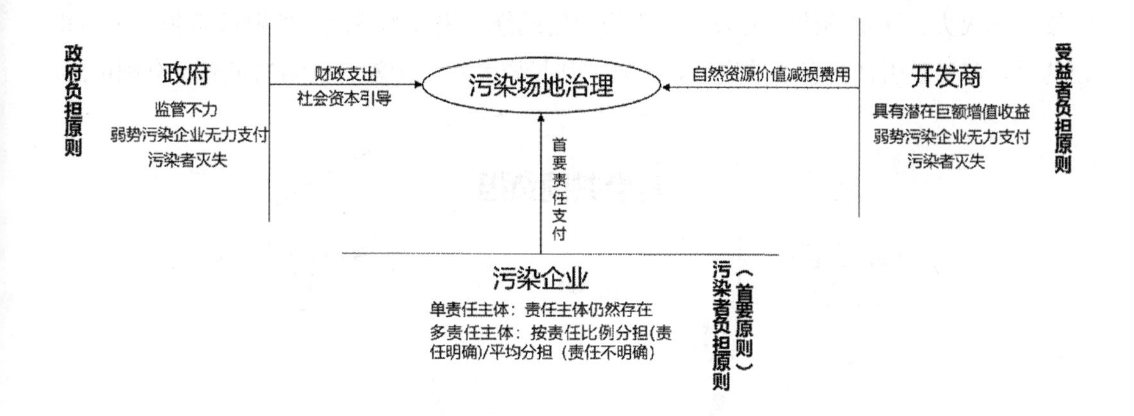

图 5-12 污染场地治理责任分配原则

具体而言，首先，在污染者负担原则下，污染者应承担污染场地治理修复的绝大部分成本。在这个过程中，最需要解决的是多个污染者之间的责任划分问题。《中华人民共和国侵权责任法》第六十七条规定，当存在两个以上污染者时，污染者承担的侵权责任的大小根据其各自排放的污染量和种类来决定，即对各自的污染负责。因此，污染者负担原则下的重点在于圈定污染者范围并制定标准以衡量各自污染责任的比例，进而确定各污染者应分担的治理费用（责任明确时按责任比例分担；责任不明确时各污染主体可平均分担）。其次，受益者负担原则下，开发商需要为生态环境资源价值的减损支付相应的代价，承担起修复污染场地的责任。一般而言，许多污染场地处于城市黄金地段，位置优越，具有极强的增值潜力，开发商可以从中获取巨额经济收益，因此完全具备承担部分治理修复责任的能力。受益者负担原则可以在一定程度上解决弱势污染者历经破产等问题后资金不足的问题，在德国、日本等发达国家广泛运用，但在我国的法律体系中仍有待补充。最后，政府负担原则下，政府应起到补充及兜底的作用。一方面，政府负有监督与治理职责，例如，在土地再次出让前，土地管理者也应当负有一般性义务保证出让土地符合标准，如果土地管理者在收回土地后未采取任何措施或发现污染后刻意隐瞒事实再次出让土地，则土地管理者就应当承担相应的治理责任；另一方面，若污染者因破产等原因出现灭失情况时，政府应主动承担责任，保障社会公众的健康安全。值得一提的是，政府对于污染场地治理责任的承担并不一定完全通过支付财政资金实现，积极引导社会资金的流入也是政府履职的重要表现。

（3）扩宽资金来源，建立多元化的资金筹措机制

政府应不断引入污染场地治理开发的社会融资模式，通过投融资平台的建设，积极引导社会资本的流入（图 5-13）。从本质上说，这种做法是将前文所述的“污染者负担”、“受益者负担”以及“政府负担”原则扩展为“全社会共同负担”原则，进而缓解政府在

污染主体灭失、认定不清、无力承担维修费用或修复失败等情况下的财政负担。需要指出的是，若要吸引社会资本的进入，必须要让投资者感受到融资机制的可靠及有利可图。

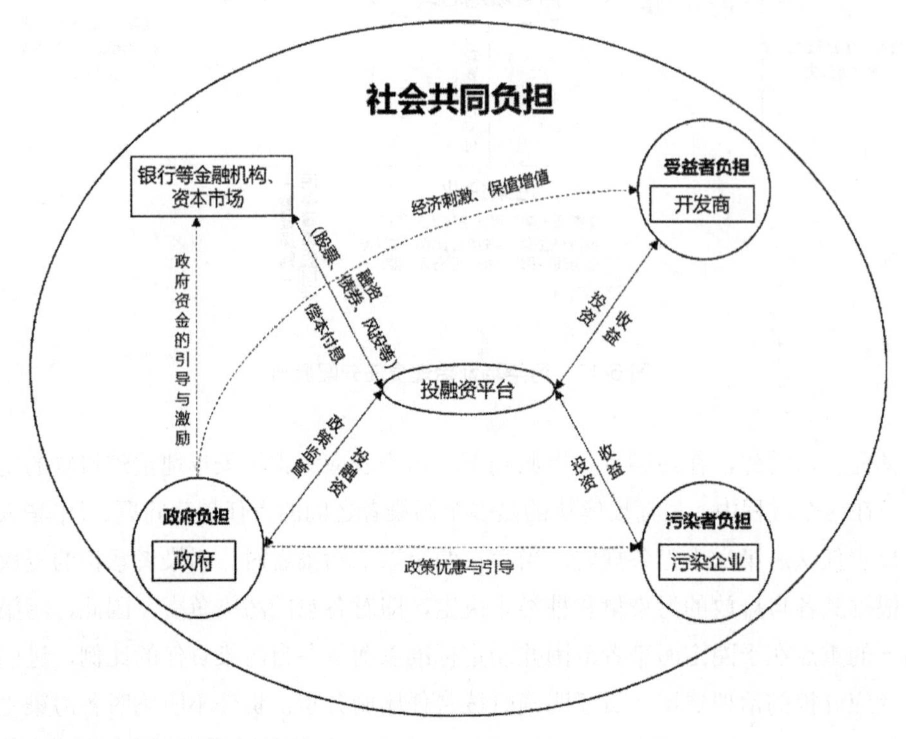

注：虚线表示政府对其他社会资本的引导。

图 5-13 社会共同负担情形下的投融资模式

具体而言，首先，政府起主导作用，承担组织、协调等牵头工作，建立有效的市场机制，筹措大量缺口资金；其次，充分发挥非政府组织在环境保护事业中的重要作用，金融机构及工商业非政府组织将环境影响评价纳入经济发展评估体系，投融资平台作为政府委托融资单位，负责协调开发商、筹措修复资金，委托专业机构进行污染场地调查评估，以及后期场地再开发等事宜；最后，设立和实施土壤污染防治基金应以法治建设为基础，以保护和改善土壤环境质量为导向，按照“谁污染，谁付费”原则，明确治理主体归责，通过政府性资金的引导作用和激励功能调动银行等金融机构以及投资公司等社会资本的投入（“政府负担”扩展为“全社会共同负担”），通过政策优惠与引导使无法承受完整治理资金的污染者改为投入部分资金，从而承担部分环境治理责任（“污染者负担”扩展为“全社会共同负担”），通过经济刺激、保值增值带动土地开发商对污染治理的投入（“受益者负担”扩展为“全社会共同负担”），由此形成多元化的资金投入模式，并通过基金的引领作用，带动土壤修复产业发展，同时，实现基金的部分资金增值盈利，确保基金的有效稳定补充。

（4）建立公开有效的信息披露系统

政府部门可利用当今互联网技术，建立专项“土壤污染治理披露网站”，强制要求各公司公布治理结果，加大信息公开力度。公开有效的信息披露系统主要包括 3 个特征：第一，透明度。居民对所处居住环境享有基本的知情权，其治理参与度也与信息公开程度正向相关。只有政府与企业均公开透明地发布污染场地信息，居民才能了解本地土壤状况，激发对所处环境的认同感与归属感，进而充分发挥监督作用。第二，真实性。披露的信息必须真实有效，否则将极大程度影响政府的公信力，影响政府在居民心里的形象。第三，即时性。对于突发的场地污染事件必须及时通报，使居民可以便捷快速地查询到自己所在区域的场地污染状况，进而实现信息披露机制在污染场地治理全过程中的贯穿。综上所述，信息披露系统有助于当地居民监督政府的作为以及企业的不法行为，甚至参与到污染场地治理的风险决策过程中来。

6 污染场地风险管控与经济政策示范应用研究

6.1 研究概况

6.1.1 研究目标与定位

（1）研究目标

本研究课题 5 从区域与场地尺度对污染场地的全过程的可持续风险管控与再利用的实践框架与路线开展研究，兼顾其在区域尺度的环境、经济政策、社会等多维度影响，阐明多尺度的污染场地可持续风险管控与再利用的实践路线与步骤，以改善当前大多数实践项目轻调查重工程、修复过程二次污染严重、治理修复后绩效不高或未获得价值提升等问题。旨在深化集成示范验证，阐明场地风险管控与可持续发展的交互机制，最终创新我国污染场地可持续风险管控与再利用的实践框架与路线，并选取生态修复与保护类特色区域、近零排放类特色区域，开展风险管控多元模式、宏观经济政策调控、风险管控区划规划等示范应用，将场地可持续风险管控与城市景观规划示范研究结合，制定场地可持续风险管控多元技术与政策方案，优化和验证本研究开发的可持续风险管控与再利用实践模式与路线，为推动我国污染场地全过程管理的环境安全、成本降低和最佳价值提升提供实现途径与方法学支撑。

（2）研究定位

课题 5“污染场地风险管控与经济政策示范研究”是本书研究的落脚点，在自主开展路径研究的基础上，集成课题 2、课题 3 和课题 4 研究成果，构建污染场地可持续风险管控与再利用实践框架，阐明多尺度的污染场地可持续风险管控与再利用的实践路线与步骤；开展区域尺度可持续风险管控与再利用决策的支持验证，并选择各类典型行业场地进行场地尺度的实践验证；选取特色示范区展开实践验证，制定风险管控多元技术与经济政策方案。

6.1.2 研究任务与增量

（1）研究任务

针对典型污染区域的迫切需求，选取天津市、黄山市、北京城市副中心等，并选择农药、冶炼、化工等典型行业场地，将场地可持续风险管控与区域景观再生规划示范应用研究结合。在区域尺度开展“多元管控技术-宏观经济调控”方案编制，在场地尺度进行可持续风险管控与再利用的案例研究以及课题1～课题4成果的示范应用，进而构建不同情景下的再利用实践路径，为推动我国污染场地全过程管理的环境安全、成本降低和最佳价值提升提供实现途径与方法学支撑。

本研究旨在深化集成示范验证，结合项目内其他课题，综合开展污染场地可持续风险管控与再利用示范应用研究，阐明场地风险管控与可持续发展的关键决策环节，最终创新性提出我国污染场地可持续风险管控与再利用的实践路径。

（2）研究增量

理论方法研究方面：本研究归纳总结国际发达国家在土壤污染防治领域几十年积累的成功经验，选择英国、美国等发达国家作为研究对象，通过研究国外污染场地相关的综合管理体系、治理与再开发历程、风险管控等关键概念的内涵及发展应用、重要的实践指南等，结合典型案例分析，厘清国外在污染场地风险管控与再开发领域的发展脉络，总结最前沿、最具成效的两种污染场地风险管控与再开发实践模式，旨在为我国污染场地风险管控与再开发提供国际前沿的理论基础和实践指导。在此基础上，本研究结合国际前沿经验与我国实际国情，依据我国当前污染场地风险管控与再开发所处阶段，提出三大核心策略，将“可持续”理念融入污染场地风险管控的全过程，探索我国污染场地可持续修复与规划开发相结合的新模式，走中国特色发展之路，实现“弯道超车”。

示范应用实践方面：以受到国家重点支持，将零碳城市、生态之城作为发展目标的北京市通州区城市副中心为示范区域之一，以电镀类、金属铸造类、涂料类、石油化工类以及以东方化工厂为代表的化学品制造类等典型行业场地为重要试点场地，构建可持续风险管控与再利用的实践路线，形成以“零碳城市”“可持续发展”为目标的人口密集的大中型城市的可持续风险管控与再利用的特色实践路线，提供该类型风险管控多元技术与经济政策实践方案。以生态、景观、旅游价值鲜明的黄山市为示范区域之一，在风景价值突出的区域内筛选典型污染地块开展可持续风险管控与再利用的试点项目，最终形成适用于以“生态城市”“景观旅游城市”为特点的城市或区域的可持续风险管控与再利用的特色实践示范。

6.1.3 研究内容

在京津冀、长三角等重点发展区域选取工业聚集开发区和典型污染场地开展案例分析和示范应用。选择北京市通州区污染地块可持续风险管控与再开发典型案例，作为近零排放类特色区域代表；选择安徽省黄山市风险管控与再开发典型案例，作为生态保护与修复特色区域代表。

针对北京市通州区、安徽省黄山市开展污染场地可持续风险管控与再利用多元技术及经济政策方案的编制，为不同污染类型、不同发展目标的场地提供针对性的修复技术方案和宏观政策建议；针对北京市通州区和安徽省黄山市开展案例研究和示范应用研究，为验证课题 1～课题 4 的管理绩效分析、风险管控模式、经济政策调控、区划规划技术等研究成果奠定基础。

（1）污染场地可持续风险管控与再利用的实践框架与路线图研究

分析我国污染场地风险管控与再开发的现状实践特点，对比世界范围内的前沿研究，如欧洲工业污染场地网络（Network for Industrially Co-ordinated Sustainable Land in Europe，NICOLE）于 2010 年发布的可持续修复（评估与管理）路线图，芬兰环境部于 2014 年发布环境管理指南《污染场地风险评估和可持续风险管理指南》等，考察其实践流程等情况，初步建立适应我国国情的实践框架；以天津市、北京市通州区、黄山市等污染特征明显、政策支持、工作基础良好的城市为试点区域，选择各类典型行业场地，综合各模式的关键环节，利益相关方的参与方式、场地特征与再开发交互关系等方面开展实践研究，完善中国污染场地多尺度、全过程的可持续风险管控与再利用的实践框架与路线图；结合中国污染场地数据基础，总结基于污染特征、再开发用途、修复方法等多种分类方式，展开交叉研究，探讨污染场地可持续风险管控的分类分级体系。选取至少两类在区域与场地尺度具有典型性和代表性的特色示范区，展开基于前期提出的污染场地可持续风险管控与再利用的实践框架与路线图的实践验证，对成果进行绩效评价，给出各个关键环节的反馈建议。

（2）生态修复与保护类特色区域与场地示范应用——以安徽省黄山市为例

以安徽省黄山市为例，开展区域污染特征分析、利益相关者分析、风险管控区划，纳入区域生态规划、风景区规划、绿地系统规划等国土空间规划内容，进行区域污染场地可持续风险管控与再利用专项规划；筛选各类典例场地，分析场地污染特征、再开发用途、风险受体、可持续修复技术等要素，开展基于目标用途的场地风险管控与再利用实践研究，对结果进行绩效评价，建立适用于生态修复与保护特色区域的可持续风险管控与再开发实践模式，并提供对应的风险管控多元技术与经济政策实践方案，为子课题 5.1 提供注重生态修复与保护情景下的实践路线。

（3）近零排放类特色区域与场地示范应用——以北京城市副中心为例

以北京城市副中心为例，开展区域污染特征分析、利益相关者分析、风险管控区划，纳入 2016—2035 年城市控制性详细规划内容，进行区域污染场地可持续风险管控与再利用专项规划；筛选典例场地，分析场地污染特征、再开发用途、风险受体、可持续修复技术等要素，开展基于目标用途的场地风险管控与再利用实践研究，对结果进行绩效评价，建立适用于近零排放类大中型城市或区域的可持续风险管控与再开发实践模式，并提供对应的风险管控多元技术与经济政策实践方案，为子课题 5.1 提供注重生态修复与保护情景下的实践路线。

研究框架如图 6-1 所示。

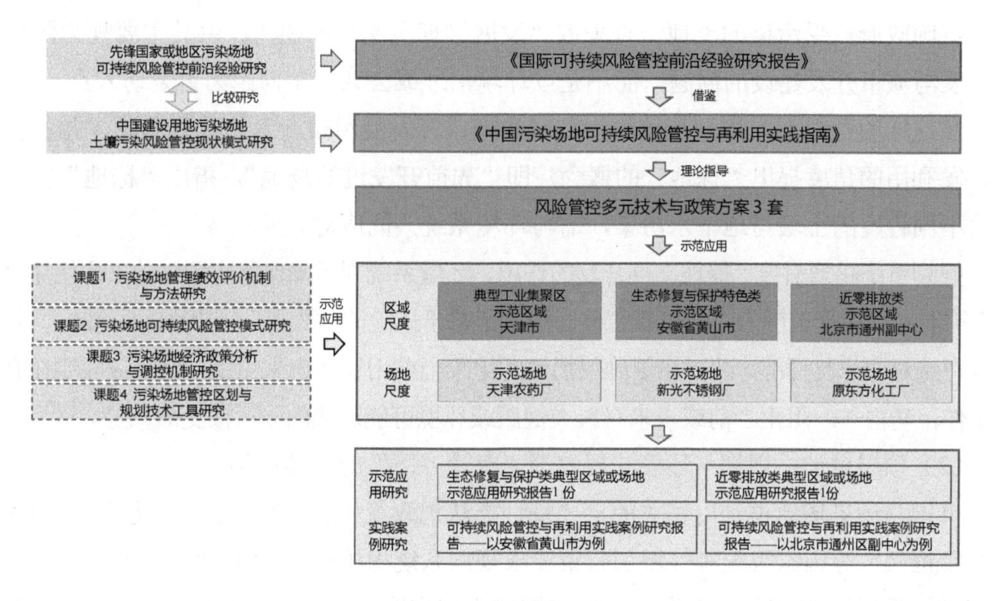

图 6-1 研究框架

6.2 国际可持续风险管控前沿经验研究

在国际上，英国、美国在土壤污染治理与再利用领域起步比较早，至今已积累大量经验，顶层设计较为成熟完备，并且两国都形成了污染场地风险管理与再利用紧密结合的实践路径，在世界各国中处于前沿与引领地位，具有较高借鉴价值。

目前，虽然关于污染场地治理与再利用的国际经验研究已有一定积累，但是，大多仅关注单一方面，或关注污染场地管理经验[153]，或关注土壤污染治理相关法律制度[154]、资金与政策研究[155,156]。此外，随着我国污染场地调查、风险评估、修复等标准与导则编制工作的推进，近些年越来越多关注各国污染场地风险评估、修复、风险管控相关技术标准体系研究。[17,157-161]可见，已有研究多侧重于某一特定层面，而采用整体性视角从顶层设计到实践路径的系统分析还有待进一步完善。

本研究将污染场地治理与再利用视为一个整体，重点关注英、美两国的法规政策、制度设计、部门协同等顶层设计及两国所形成的风险管理与再利用实践路径，着重分析不同顶层设计对实践路径的影响，对我国进一步优化顶层设计与体系架构、完善污染场地风险管理与再利用协同机制和实践路径提出建议。

6.2.1 英国体系

（1）基本观念：以土地再利用带动污染治理的“发展管理主义”

英国政府对受污染的土地一直采取“发展管理主义”的视角，将其主要视为阻碍经济发展与城市开发建设的问题，而不是以环境治理或公共卫生问题为首要切入点。[162]

在这样的背景下，规划系统成为英国治理、开发受污染土地的首要手段，并从土地再开发利用的角度提出“棕地”的概念，即“先前开发过的场地”，指出“棕地”往往存在着不同程度的土壤与地下水污染，需与环境系统共同应对。

规划系统起到引导“棕地”再开发的作用，环境系统则需确保将土壤与地下水污染“风险”控制在可接受范围内。两个系统共同形成了基于风险的“适用”(suitable-for-use）哲学，即没有绝对的修复标准，要点在于确保场地适用于当前用途或未来用途，修复应限制在必要的工作范畴内——阻止当前或未来对人类健康或环境可能造成的不可接受的风险。[163]

（2）顶层设计：规划与环境法规政策“双管齐下”的总体框架

英国与污染场地再利用相关的重要规划类法规政策如表 6-1 所示。一方面，《国家规划政策框架》等国家级统领性规划政策要求规划系统积极推进 “棕地”再利用[164]，《城镇和乡村规划法（棕地登记册）条例》《国家规划实践指南——棕地登记册》等法规与指南规定地方规划当局负责调查辖区棕地、建立棕地土地利用数据库、通过棕地登记册与规划许可制度尽可能多地利用棕地。[165,166]另一方面，《国家规划政策框架》规定在编制土地利用规划、地方发展规划时需将土壤污染调查与风险评估结果作为规划依据之一，考虑土壤污染及修复管控方案对场地、周边区域的影响，并发布《国家规划实践指南——受污染影响的土地》，规定了受污染场地的规划实践流程。

表 6-1 英国与污染场地相关的规划类法规政策

年份	类型	名称
2012 年首次发布，最新版发布于 2021 年	政策	《国家规划政策框架》
2017 年	法律	《城镇和乡村规划法（棕地登记册）条例》
2017 年	规划指南	《国家规划实践指南——棕地登记册》
2017 年首次发布，最新版发布于 2019 年	规划指南	《国家规划实践指南——受污染影响的土地》

主要的环境类法规政策重点在于处理土地污染风险问题。《环境保护法（IIA 污染土地）》《污染场地条例》等法律确立了基于风险评估的污染场地判定与分类方法、各级环境部门责任与分工等内容。在场地分类上，根据风险与危害程度、污染物性质等情况，分为“受污染影响的土地”“污染场地”“特殊场地”3 类，污染风险逐级递增。针对 3 类场地，分别制定《土地污染风险管理指南》《污染场地法定指南》《放射性污染土地：法定指南》，规定了不同的风险管理要求与工作程序。在场地管理上，地方当局与地方环境部门负责调查、评估辖区内土壤污染情况，建立 “疑似污染场地”与已认定的“污染场地”档案并直接监管；英国环境署（UK EA）负责管理危害程度最高、具有放射性物质的“特殊场地”，并将其纳入全国特殊场地清单（表 6-2、表 6-3）。

表 6-2 英国与污染场地相关的环境类法规政策与标准指南

年份	类型	法规政策与指南名称
1990 年首次发布，最新版发布于 2023 年	法律	《环境保护法（IIA 污染土地）》
2000 年发布，2006 年修订	法律	《污染场地条例（英格兰）》 《污染场地条例（威尔士）》 《污染场地条例（苏格兰）》 《污染场地条例（北爱尔兰）》
2020 年发布，2021 年更新	标准规范	《土地污染风险管理指南》
2012 年发布	法定指南	《污染场地法定指南》
2012 年首次发布，最新版发布于 2018 年	法定指南	《放射性污染土地：法定指南》

表 6-3 基于“风险”分级的英国污染场地分类

概念	阐述
“受污染影响的土地”（Land Affected by Contamination）	用于描述更广泛的土地类别，是指其中存在污染物，但通常没有足够的风险成为“污染场地”
“污染场地”（Contaminated Land）	对人类健康、财产、生物或生态系统、受控水域正在造成或潜在造成重大危害的场地[20]，法定判断依据为存在“不可接受的风险”
“特殊场地”（Special Site）	“污染场地”中有放射性物质等情况、危害特别严重的类型

在顶层设计上，英国政府通过规划类、环境类法规政策“双管齐下”的方式，明确各级环境与规划部门职责和分工、建立部门协作机制，共同建设各类场地土壤污染与土地利用数据库，结合“风险”分级、“棕地登记册”和“规划许可”等制度，共同建立污染场地分类治理与再利用的方式，形成规划与环境系统协同共治的总体框架。

（3）实践路径：规划引导、风险分级的治理与再利用路径

在实践中，英国规划系统根据污染场地风险分级分类情况，制定不同的规划准入要求，形成3种风险管理与再利用的实践路径。

第一，在《国家规划政策框架》等政策要求与“棕地登记册”相关法规指南指导下，地方规划当局应将棕地土地利用数据库中的土地作为优先考虑的规划储备用地，同时要参考地方环境部门的污染场地与疑似污染场地档案，筛选污染程度较低的棕地，结合上位规划、周边发展需求，将适合住宅开发的棕地尽可能多地纳入“棕地登记册”，优先用于住宅开发建设，以响应“未来 60%的住宅将建立在棕地之上”的国家政策总目标。

第二，针对“受污染影响的土地”，根据规划类指南《国家规划实践指南——受污染影响的土地》与环境类指南《土地污染风险管理指南》，同步评估场地规划用途与修复管控方案，若方案经评估论证能将场地风险控制在可接受范围内，则可获得地方规划当局发布的“规划许可”，允许再开发利用。

第三，针对污染程度极其严重且无法通过任何其他方式处理的“污染土地”和“特殊场地”，一般不允许进入规划系统，需要先开展修复管控，通过实施验收后，再根据情况判断能否再开发利用。

据英国政府统计，利用规划系统、通过开发受污染的场地来治理土壤污染的方式占比高达80%～90%，是英国识别、处理污染场地的最主要方式[167,168]，成功实现了英国政府通过棕地再开发平衡污染治理的成本、振兴城市衰退地区，以及提升经济、环境、社会多重效益的综合目标。

6.2.2 美国体系

（1）基本观念：从“彻底清理”到“治用融合”

美国政府在最开始处理污染场地时几乎完全集中在健康和环境问题上，采取“彻底清理”的法规标准，但实践证明，这种过于严苛的模式不可持续，造成资金难以为继、修复后场地仍处于荒废状态、治理与再利用积极性低下等尴尬境况。

20世纪90年代，美国政府发起了公共和私人组织之间的合作关系——“棕地国家伙伴关系”，旨在保护公众健康与环境、治理被污染的场地、促进经济发展、创造工作机会。经过这一时期的努力，美国逐步从“彻底清理”的理念与模式转向注重经济成本效益、治理与再利用紧密结合的模式[169]，强调经济发展、环境保护、社区振兴“三位一体”。

（2）顶层设计：多种计划并举、经济驱动、上下联动治理与再利用的总体框架

USEPA作为美国主管环境治理的联邦行政部门，与住房与城市发展部、经济发展署、

交通部等部门以及地方政府密切合作，建立了各类污染场地数据库，以环境图集-棕地数据库、国家优先名录（NPL）为代表，并推出多种污染场地治理与再利用计划。超级基金场地等风险最高的 NPL 场地主要由 USEPA 负责管理，以棕地为代表的其他污染场地则主要由地方环境部门管理，地方政府往往在 USEPA 推出的 B&LR、VCP、AWP 等计划的基础上，进一步创新棕地治理与再开发计划（表 6-4）。

表 6-4 美国主要的污染场地治理与再利用计划

发布年份	计划名称	面向的污染场地类型	计划概况与目标
1980	超级基金计划（Superfund Program）	超级基金场地	通过清理全国最严重的危险废物场地，解决其对公共卫生和自然环境的威胁，支持当地经济发展、提高生活质量
1991	州自愿清理计划［State Brownfields and Voluntary Response（VCP）Program］	棕地	资助各州开展棕地评估、清理，促进利益相关者积极参与棕地清理与再利用
1995	棕地与土地振兴计划［Brownfields & Land Revitalization（B&LR）Program］	棕地	为棕地评估、清理、技术援助、培训和研究提供直接资金或贷款，旨在使各州、部落、社区和其他利益相关者能够共同努力，及时预防、评估、安全清理和可持续地再利用棕地
1999	超级基金再利用计划（Superfund Redevelopment Initiative）	超级基金场地	强调在超级基金清理的所有阶段考虑再利用目标，为社区提供再利用规划和技术援助，以支持将超级基金场地恢复为办公园区、运动场、湿地和住宅区等安全、高效的再利用状态
2010	棕地区域规划计划［Brownfields Area-Wide Planning（BF AWP）Program］	多个棕地聚集，由基础设施相连接，总体上限制了周边经济、环境和社会发展的地方	面向当地商业走廊、社区、城市街区、市中心区或其他具有单个大型或多个棕地的区域，通过帮助这些棕地区域进行必要的研究，制定区域范围棕地评估、清理和再利用的规划。重点考虑 3 个方面：①保护公众健康与环境；②经济上可行；③反映社区对该地区的愿景

为保障各项计划落实，美国政府出台了一系列法律法规与政策倡议，第一，授权 USEPA 的各类计划并确保行政机构的执行权；第二，明确志愿清理与开发者的有限责任，打消因责任不确定而产生的顾虑；第三，通过设立基金、征收税款、政府拨款、设立赠款等多种方式，为各类计划奠定了扎实的资金基础，同时通过税收减免等优惠政策进一步吸引私人资本积极参与（表 6-5）。

表 6-5　美国污染场地治理与再利用资金政策法规

相关法律政策	类型	资金立项与主要用途
《综合环境响应、赔偿和责任法》(简称超级基金法)(1980 年发布)	设立基金	设立有害物质响应信托基金（超级基金），通过收取税收、成本回收以及罚款，用于资助应急响应和清理工作
	设立赠款	设立州和部落响应计划赠款，每年 5 000 万美元，支持各州、部落和地区开展棕地评估或清理；购买环境保险或为棕地清理活动制定其他保险机制
	征收税款	对 1981 年 4 月 1 日—1985 年 9 月 30 日内的国内和进口石油以及化学原料征税，以资助清理废弃的危险废物场地
《超级基金修正案和重新授权法案》(1986 年发布)	设立基金	设立地下储罐泄漏（LUST）信托基金；通过对在美国销售的每加仑[①]汽车燃料征收 0.1 美分的税，支付地下储罐（UST）泄漏清理费用
	征收税款	重新授权对进口化学物质和企业环境收入征税
《石油污染法》(1990 年发布)	征收税款 设立基金	将污染清理的费用作为石油处理行业的责任，设立基于石油产业税收的补偿信托基金
《棕地国家伙伴关系行动议程》(1995 年发布)	政府拨款	联邦政府投资 3 亿美元，以协助废弃或未充分利用的污染场地清理和再利用
《纳税人救济法》(1997 年发布)	税收减免	向棕地开发商、投资者提供税收减免
《小企业责任救济和棕地振兴法案》(简称棕地法，2002 年发布)	政府拨款	要求国会每年拨款给 USEPA，通过棕地计划分配，支持棕地评估、清理与工作培训
《美国再投资和复苏法案》(2009 年发布)	政府拨款	6 亿美元用于超级基金场地有毒废弃物治理；2 亿美元用于 UST 治理；1 亿美元用于棕地清理与再利用；500 万美元用于工作培训
《减税和就业法》(2017 年发布)	税收减免	根据投资周期缓收或免除机会区（经济衰退、低收入人口聚集、棕地问题突出的地区）投资者的资本利得税，以吸引私人资本、刺激社区经济发展
《棕地利用、投资和地方发展法案》(2018 年发布)	设立赠款	设立多用途赠款，用于目标区域的一个或多个棕地进行棕地规划、评估和清理活动
《基础设施投资和就业法案》(2021 年发布)与《降低通货膨胀法案》(2022 年发布)	政府拨款	拨款 3 亿美元用于清理 NPL 场地的遗留污染
	征收税款	自 2023 年 4 月 16 日起永久恢复对美国原油和进口石油产品的超级基金税
	政府拨款	国会在常规拨款程序之外向 USEPA 提供了超过 15 亿美元赠款，包括 12 亿美元棕地计划赠款、3 亿美元的州和部落响应计划赠款，用于支持棕地再利用规划、建设、实施，这是美国有史以来最大的单一投资

① 1 加仑≈0.003 79 m^3。

各类计划进一步将资金细化为多种赠款，为利益相关者提供种子资金，支持其开展污染场地治理与再利用相关活动。据 USEPA 统计，截至 2023 年 7 月 1 日，仅棕地与土地振兴计划就支持了 37 015 个场地的风险评估，修复治理了 2 531 个地块，将 10 448 个地块恢复至可被再利用的状态，总面积达 660.8 km^2；拉动了 397 亿美元的经济创收，提供 270 514 个工作岗位，实现了巨大的经济杠杆效益。

如此，美国政府通过一系列行动倡议、法律政策、资金赠款支持各类污染场地治理与再利用计划，利用国家拨款、种子基金、税收减免等经济手段激励各类利益相关者“自下而上”申请各类计划赠款，USEPA 及地方政府“自上而下”地拨付赠款、提供技术援助与就业发展培训，形成了多计划并举、经济驱动、上下联动的总体框架，引起棕地治理和再利用热潮，为推动美国城市复兴、经济发展发挥了积极作用。

6.2.3　实践路径：“场地治理”与“区域规划”平行并进

在各类计划引导下，美国在治理和开发污染场地的过程中形成了 “场地治理型”与“区域规划型”两种实践路径。

“场地治理型”以单个污染地块为对象，以棕地计划、超级基金计划为代表，以满足目标用途的修复治理为目标，旨在避免过度修复，路径特点是将再利用融入修复治理全过程。根据《棕地路线图》等实践指南，在场地评估、场地调查、评估并选择治理方案、制定并实施治理方案等阶段，都要充分考虑场地的未来目标用途，将治理方案与再利用目标相结合，在信息增量的过程中不断优化、调整治理与再利用方案。

“区域规划型”则以具有多个污染场地的片区为对象，可以同时纳入棕地与 NPL 场地，以棕地区域规划计划、棕地机会区计划为代表。在《再利用规划手册》《面向未来的超级基金再利用规划手册》《社区土地振兴指南》等实践指南与 USEPA 提供的各类规划与评估工具帮助下，开发商、社区、地方政府、业主等利益相关者从区域土地利用规划入手，通过区域发展目标与问题分析、再利用影响因素评估分析，整合社区目标、场地分析与修复方案，研究哪些棕地可以成为社区振兴的催化剂，制定再利用概念规划与近期、远期实施行动，逐步完成区域污染场地治理与土地再利用。

在两条路径并行的情况下，美国治理与再利用污染场地的成效显著。据统计，2006—2023 年，美国各州已将 14 985 km^2 的土地恢复到可被安全再利用的状态；截至 2023 年，近 60%的 NPL 场地已完成治理与再利用，被用于公园、购物中心、运动场、野生动物保护区、制造业用地、光伏场地、住宅以及新基础设施等多种用途。

6.3 国际可持续风险管控与再利用经验对我国政策启示

经过数十年的发展，英国、美国等起步较早的国家都建立了较为成熟的污染场地治理与再开发体系。21 世纪以来，受到“可持续发展”理念的影响，美国、英国陆续成立可持续修复论坛，逐渐发展到将全过程、可持续风险管控与各级再利用规划相结合的新阶段，研发了相应的指南、工具，并进行了一定量的实践。

本研究首先总结了典型国家和地区污染场地的类型与范畴、风险管控概念及发展，从宏观层面分析目前其在污染场地风险管控方面所形成的法规政策与制度设计、行政管理体系架构等顶层设计特征，提炼总结开展污染场地风险管控的总体路径，形成深入的理解，最终落脚于总结污染场地可持续风险管控与再开发领域的前沿经验。

本研究认为，虽然各国在污染场地分类与界定、风险管控概念、宏观体系特征、总体路径等方面都存在一定程度的差异，但都已形成了将促进污染土地再开发利用融入治理过程的观念，并且都采取了根据污染与风险分级分类治理与再开发的总体路线，可以为处在土壤污染防治体系布局阶段的我国提供参考价值。在此基础上，基于对各国污染场地可持续风险管控与再开发领域的经验总结，提出将“可持续理念”融入我国污染场地风险管控与再开发实践中、构建相应的可持续评估与方法、编制适应我国国情的可持续风险管控与再利用的实践指南等建议。

6.3.1 以终为始，将风险管控方案与未来用途相结合

（1）建立“以终为始”的基本理念，完善法规制度等顶层设计

以英国、美国为代表的先锋国家当前树立了以开发带动治理，而非为治理而治理的理念，并形成了相应的顶层设计。

英国政府对受污染的土地一直采取“发展管理主义”（development managerialism）的思路，将其首先视为阻碍经济发展与城市（再）开发的问题，而不是以环境质量或公共卫生问题为主要切入点。[170]这种思路强调减缓城市衰退、保护经济利益、利用市场主导的再开发进程，将污染场地恢复使用。务实主义与成本效益控制成为有关政府解决此类问题的主题。在顶层设计上，通过一系列环境类法规标准、规划类法规政策与“棕地登记册”“规划许可”等制度设计形成了规划与环境系统联动，各级规划、环境部门共治，规划引导、风险分级分层管理与再开发的模式。规划系统成为英国处理受污染土地的首要手段，应用环境保护法 IIA 等环境法规条例成为最后的手段。据统计，英国几乎 90% 的污染场地通过规划系统解决，成功实现了英国政府控制成本的目的。

美国政府在最开始处理污染场地时几乎完全集中在健康和环境问题上，采取“彻底

清理”的严格法规标准，但由于对成本、未来土地用途或对土地开发行业的负面影响等方面的考虑不足，造成资金难以为继、治理数量不显著、修复后场地仍处于荒废状态、效益低下、治理与再开发积极性低下等尴尬境况。20 世纪 90 年代的“棕地再开发运动”影响深远，使美国逐步从“彻底清理”转向注重经济成本效益、与“再开发”目的紧密结合的治理模式，强调经济发展、环境保护、社区振兴“三位一体”。在顶层设计上，形成了以联邦、州、市各类污染场地治理与再开发项目为核心，以行动倡议、法律法规、资金政策作为支持保障，以 USEPA 主导、多部门合作、公众参与的上下联动机制。政府部门为各类项目编制实践指南，在路径设计上要求从一开始就考虑再开发目标，为各个环节提供丰富的工具、智囊与技术支持。一系列措施的推行引起城市棕地治理和再开发热潮，为推动美国城市复兴、经济发展发挥了积极作用。

欧盟国家在“可持续修复”的影响下，日益重视前期再利用规划对污染场地治理的引导作用，将再开发利用与土壤污染风险管控相结合可以大幅提高污染清理的综合效益。例如，荷兰通过实行综合的土壤环境管理，涵盖污染预防、土地可持续利用和污染场地修复，推动了土地的可持续利用，这一系统性的管理方式将各个环节有机地连接在一起，确保土地资源的长期可持续性和环境的整体健康。德国则是通过鲁尔区的区域棕地土地再生规划引领污染治理，在区域振兴的同时，完成土壤与地下水污染风险管控与修复，成为污染场地问题突出片区治理与再生的典范。

日本政府与学界也在积极探索污染场地再利用的多元途径，推进城市工业区域污染治理与再开发。

我国土壤污染防治工作起步较晚，于 2014 年、2021 年完成全国范围的土壤污染普查、重点行业企业详查等调查工作，初步摸清家底。《中华人民共和国土壤污染防治法》、“土十条”等法规政策，以及土壤污染调查、风险评估、修复等相关标准指南的出台，代表着我国土壤污染防治体系初具雏形。目前以土壤污染防治为主线，生态环境部门为主要监管部门，采用省级建设用地土壤污染风险管控和修复名录制度，对名录地块采取“先修复、再开发”的路径。虽然近些年的环境类政策呼吁应在各级规划将土壤污染纳入考虑范围，合理规划用途，协同治理，但由于长期以来土壤污染与风险认知不足、规划法规中对土壤污染防治的条例较为缺失、部门壁垒、尚未建立互相配合的法规制度与实践指南体系等问题，目前尚未形成将土壤污染防治与再开发利用紧密结合的顶层设计。建议将“以开发带动治理，而非为治理而治理”的理念融入顶层设计，从法规政策与制度机制、分级分类管理与再开发、部门权责分工与协同等方面进行完善。

（2）在规划层面将污染场地风险与未来用途相结合

可持续风险管控注重场地风险管控、修复方法选择与区域一级土地利用规划和建设的结合，越早考虑可持续发展原则，就有越多机会影响决策、提升效益。[170]英国 SuRF-UK

路线图、欧洲NICOLE 路线图都将区域一级的土地利用用途规划作为首个决策阶段；美国则推出“区域棕地规划”项目，筛选综合再利用潜力高的棕地优先治理，联合社区更新推进棕地治理与再开发。

建议结合我国国情，在区域规划层面将污染场地风险管控与未来用途规划相结合，在具体措施上，可从如下方面展开工作：①应在规划类法规中增加相应条例与指南，从顶层设计上加强各级国土空间规划与土壤污染治理体系的联动；②加强数据共享，将土壤污染调查与风险评估数据纳入国土空间规划“一张图”；③根据是否已有土地利用规划，分为两种情况，制定场地可持续风险管控与再利用实践指南。

6.3.2 分流而治，建立场地分类分级风险管控体系

英、美等国都建立了成熟的污染场地分级分类系统，主要依据风险程度、再开发可能性等因素。同时，也都建立了相应的分级、分类的污染场地数据库系统，便于各级部门分层管理（图 6-2）。这种分流治理与再开发的系统有助于厘清底数、落实各级各类污染场地监管与治理责任主体，制定不同的风险管控与再开发法规标准、实践路线。

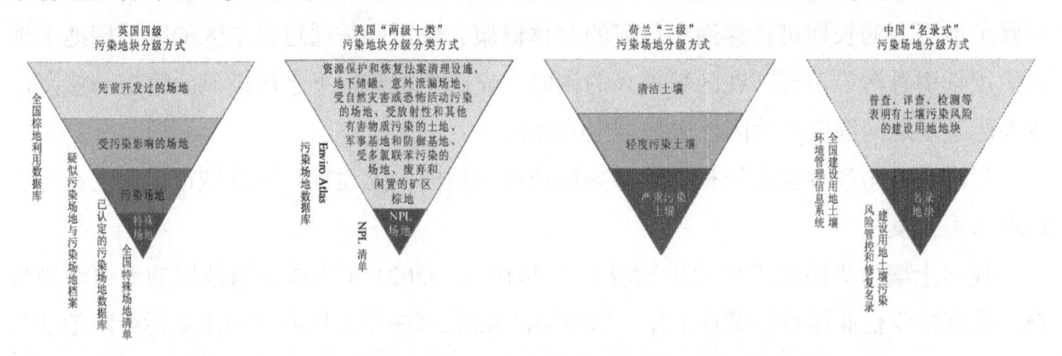

图 6-2 英、美、荷、中污染场地分级分类方式与相应数据库建设情况

（1）根据风险对污染场地分级、分类管理，分层次建设数据库

英国主要根据风险与危害程度、污染物性质将有污染的地块分为棕地、受污染影响的场地、污染场地、特殊场地 4 个级别。同样依据 4 级分类开展数据库建设，各地方建立棕地数据库，并汇总至全国数据库，主要由各级规划部门负责；各个地方当局负责监管统计疑似污染场地与污染场地档案；将已认定的污染场地数据库汇总至环境署，在相关部门间共享；危害程度最高、具有放射性物质的特殊场地纳入全国特殊场地清单，由 UK EA 直接管理。棕地、受污染影响的场地主要通过规划系统来处理，认定的污染场地、特殊场地主要由环境部门监管，目的是尽量通过再开发规划来平衡污染治理的成本，同时实现城市振兴与面貌革新、保护绿地等目的。

美国则根据场地风险、污染物性质、所属管理部门与法规分为 10 类场地，并根据

SEMS 评分系统将这些场地分为 NPL 名录内场地与名录外场地 2 级（在分类上存在一定的重合，在污染土地管理与再开发语境下，主要讨论超级基金场地、棕地两大类）。首先将污染程度最重、需要优先开展修复的场地纳入 NPL 系统，由 USEPA 直接负责；其他各类污染场地由各州、市环境相关部门统计建库，并汇总至 USEPA 等国家级部门合作建设的 Enviro Atlas 公开数据库，作为最主要类型的棕地由所在州级环境部门负责管理与再开发。

欧盟建立了污染土地名单制度与污染土地信息系统，由成员国确定国内污染场地名单和本国主管机关，通过开展场地污染风险评估，对土地建立长效的管控与监测机制。

日本设计了“指定对策区域”划定制度，将相关区域污染状况纳入污染登记簿。一方面，统计现有的污染场地数量、规模和类型，建立全国污染场地数据库；另一方面，通过建立台账制度公开污染场地详细信息，推动土地所有者、污染责任人积极参与并开展土壤污染治理修复相关工作。

我国目前仅针对农用地建立了分类制度，针对建设用地污染场地建立了名录制度，对其他也存在污染但未被纳入名录的场地未进行分级分类。在数据库建设上，有国务院生态环境等多个部门合作建设的全国土壤环境信息平台，以及由省级生态环境主管部门与自然资源等主管部门共同制定的建设用地土壤污染风险管控和修复名录清单。

通过比较英、美、中污染场地数据情况（表 6-6），可以看出我国的数据库建设存在总体底数不清、分级分类管理方法有待细化、各级各类数据库建设有待完善等问题，仍有较大的完善空间。第一，在纳入对象与数量上，虽然都是国土尺度数据库，但是通过国土面积、已知污染场地数量比较，可以看出我国当前公布的污染场地数量十分有限、难以反映实际情况。英、美将不同程度的污染场地都纳入其中，而我国仅将各省名录地块纳入其中。第二，在分级分类系统上，英、美的数据库采取分级分类分层建设的模式，将各级政府当局、环境、规划部门调动起来，权责范围清晰，组织效率高。第三，在数据库建设思路与具体属性上，英、美将数据库建设与城市再开发利用数据库相融合，形成既包含土壤污染信息又包含土地利用空间信息的数据库，以支持土地再开发。各级政府在制定辖区内污染场地修复管控与再开发规划时也有扎实的数据支持。

表 6-6　英、美、中各级各类污染场地数量比较

<table>
<tr><th>比较项</th><th>英国</th><th>美国</th><th>中国</th></tr>
<tr><td>陆地国土面积</td><td>24.41 万 km^2</td><td>937 万 km^2</td><td>960 万 km^2</td></tr>
<tr><td>受污染影响的场地数量</td><td>3 万多块</td><td rowspan="2">640 000～1 319 100 个设施（USEPA，2017 年）</td><td>未知</td></tr>
<tr><td>污染场地数量</td><td>1 382 个“污染场地”，占全国陆地面积比例约为 2%</td><td>无公开数量，普查表明点位超标率高达 16.1%</td></tr>
<tr><td>污染最严重的地块数量</td><td>89 个“特殊场地”</td><td>1 336 个 NPL 场地</td><td>1 356 个名录地块</td></tr>
</table>

对我国数据库建设建议如下：首先，在国家层面，建议通过生态环境部门、规划部门、工信部门等多部门合作，将第三次全国土地调查数据与普查和详查数据、全国建设用地土壤环境管理信息系统相结合，建立全国疑似污染地块、污染地块地理信息数据库，并将现存由各地方生态环境部门主管的土壤污染风险管控和修复名录进行整合。其次，建议加强生态环境部门与自然资源与规划部门的合作，将再开发规划与风险管控、修复紧密结合。根据风险评估、污染物性质、再开发优先级与可行性评估相结合，建立分级分类管理与再开发系统，完善各级各类数据库建设与信息共享。有助于将城镇中的低效用地、废弃的污染场地统一管理，纳入规划储备用地库，在当前三线划定的国情下，促进土地集约使用、高效利用。

（2）分流治理，设定不同的风险管控与再开发利用路线

英国在管理与再开发受污染影响的场地时，主要秉持“适用”（suitable-for-use）的原则，没有绝对的修复标准，一个场地的修复标准应与当前或未来的土地用途相适应：①确保修复要求适用于当前用途；②确保修复要求将适用于获得规划许可的任何未来新用途；③将修复要求限制在必要的工作范畴内——阻止与当前用途或未来用途有关的对人类健康或环境可能造成的不可接受的风险。

英国根据“适用”原则，依据场地污染、目标用途再开发的风险，规划部门、环境部门紧密合作，管理与再开发污染场地的实践路径可分为 3 类（图 6-3）：①针对曾开发利用过、可能存在污染但程度较轻的“棕地”，核心制度为“棕地登记册”，首先判断是否适合住宅用途，要求地方规划当局将适合住宅开发的棕地尽可能多地纳入“棕地登记册”，优先作为住宅用地再开发利用。②针对明确受到土壤污染影响，但尚未达到法定“污染场地”风险与危害程度的“受污染影响的土地”，可以利用规划系统，通过用途规划与风险管控协同治理，经过环境许可、规划许可，最终由地方规划当局保存符合原则的规划许可证，优先再开发利用。其中，协同决策的阶段包括区域规划决策阶段、场地设计决策阶段，更进一步的实践路径依照英国环境署所推荐的英国可持续修复论坛路线图[171]。当前，利用规划系统、通过开发受污染的场地来修复现有污染这类方式占比高达 80%～90%，是英国识别、处理受污染影响土地的最主要方式[172]。③针对污染程度严重，符合法律定义且无法通过任何其他方式（包括规划）处理的“污染土地”和大部分“特殊场地”，一般不允许进入规划流程，需要先开展修复管控工作，通过实施验收后，再根据情况判断是否进入再开发利用。

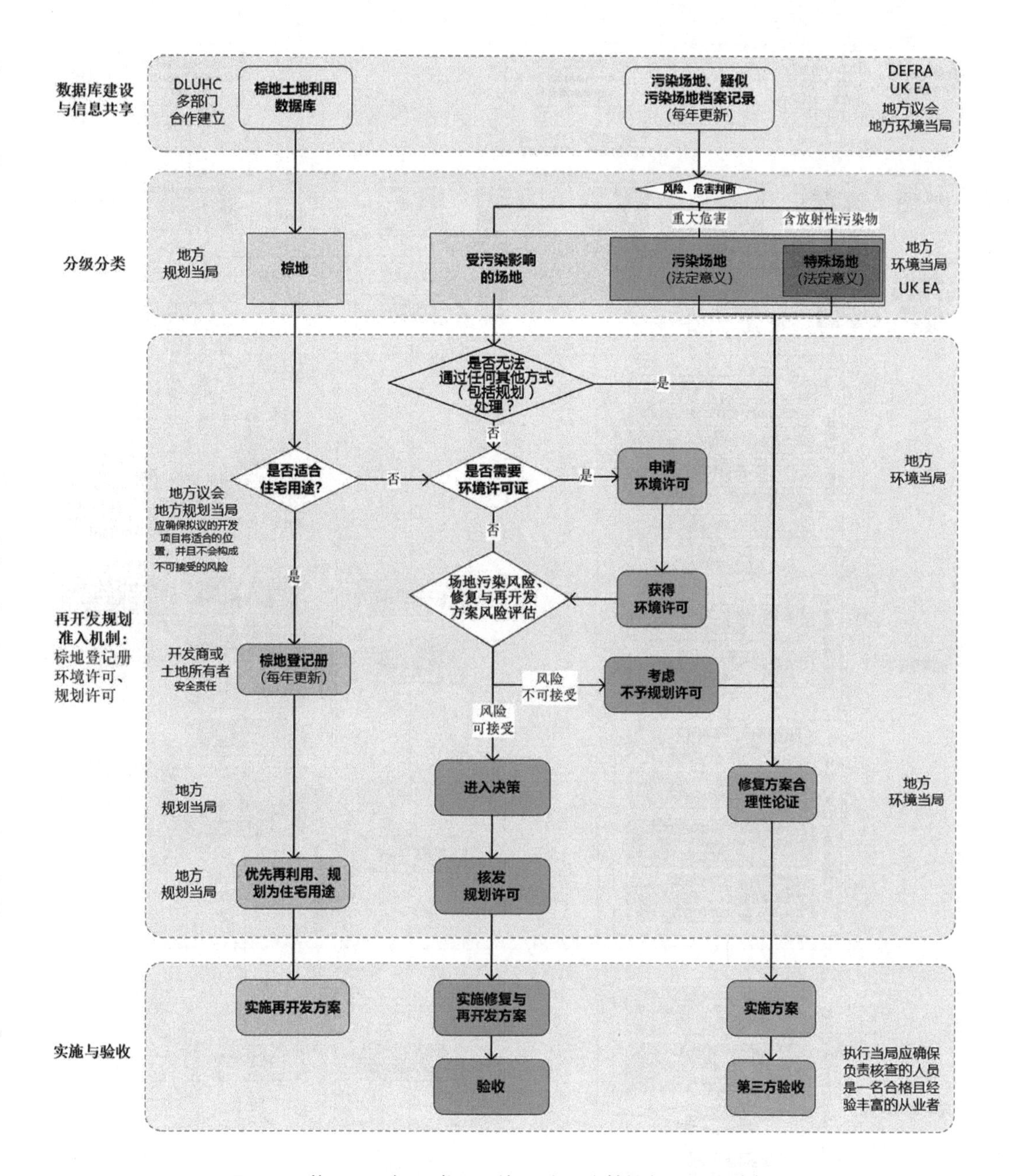

图 6-3 英国“四级三类”污染场地风险管控与再开发路径

美国管理与再开发棕地、超级基金场地等污染场地的实践路径可分为两类（图 6-4）。其中，面积最大、污染最严重的超级基金场地由国家一级跟踪监管，其他场地一般由州或地方一级进行跟踪监管。

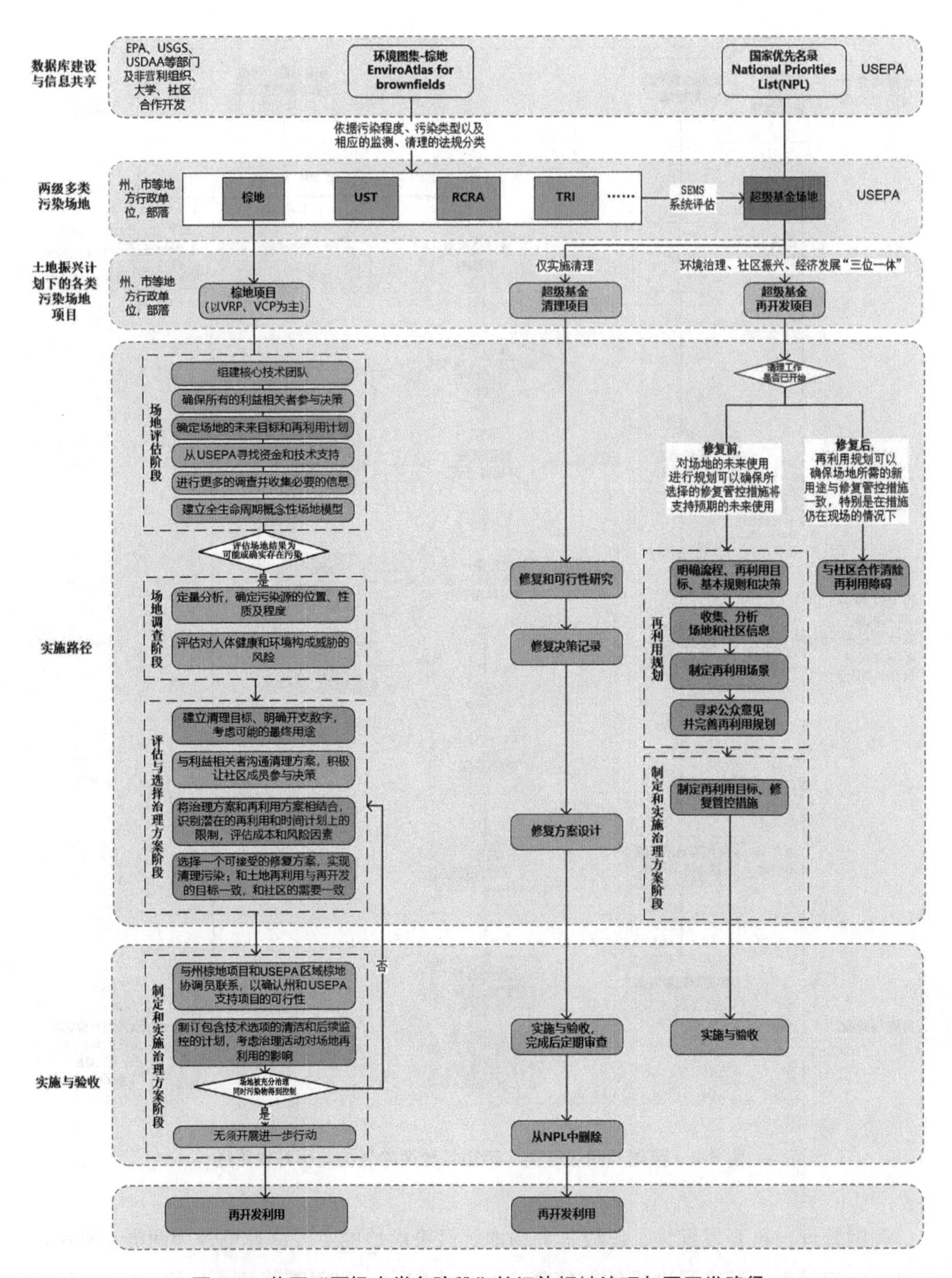

图 6-4　美国“两级十类多阶段”的污染场地治理与再开发路径

针对超级基金场地，则分为仅实施清理的超级基金清理项目，以及当前棕地与土地振兴计划下的超级基金再开发项目。后者将具体项目分为修复前、修复后，鼓励在修复前充分考虑场地的未来规划，确保所选的修复管控措施支持预期的未来土地利用，通过《再利用规划手册》《面向未来的超级基金再利用规划手册》《筹备超级基金预期规划方案、决策纪要、其他修复方案决策文件的指南》等文件，鼓励项目早期就开展再利用规划，以提升修复与再开发的综合效益，实现可持续性。针对棕地等污染场地，以 USEPA 棕地与土地振兴计划下的棕地计划、州级自愿清理计划为核心，由土壤污染责任人、志愿清理者申请项目，获批后依次开展场地评估、场地调查、评估并选择治理方案、制定并实施治理方案等步骤，最终由环境监管部门进行验收，通过后准许再开发利用。可以看到，从项目一开始就需要各类利益相关者参与决策，同时，在各个环节都需要充分考虑场地的未来目标与再利用规划，将治理方案与再利用规划相结合，进行评估与决策，并在信息增量的过程中不断调整、优化治理与再开发方案。

6.3.3 双线并行，构建可持续风险管控与再利用实践路径

在可持续理念的影响下，美国、英国、欧盟等典型国家和地区日益重视全程的风险管控与再利用相结合，并形成了各自的可持续风险管控实践路线、可持续评估指标与评估方法。例如，欧盟计划以及欧洲 NICOLE 等组织陆续研发了可持续修复与再利用实践指南，并形成可持续性评估指标与评估方法，并影响了欧洲各国。英国也经历了从评估场地污染对人类健康、生态系统与个人财产的风险以支持规划许可、风险管控方案决策的传统阶段，到应用 SuRF-UK 制定环境、生态、社会三重维度多个指标因子评估污染场地全过程风险管控，以及再开发规划设计各环节决策的可持续风险管控与再利用阶段，荷兰、丹麦等国也是如此。美国经历了从仅关注土壤污染治理修复到绿色修复再到考虑环境、社会、经济综合效益的可持续修复的过程。[71]虽然以欧美为代表的两种模式所经历的发展历程不同，但殊途同归，都走向了与全过程风险管控与再开发规划设计紧密结合、以实现可持续性为目标的方向。

我国目前采用的基本还是末端处理的方式，尚未建立起与规划设计相结合的、全过程风险管控的流程，另外，在污染场地认定、效果评估、监测阶段采用以污染管控值、筛选值为衡量标准的风险评估方法，并作为各阶段决策判断依据。从建立可持续性的全过程路径设计、完善各阶段评估方法提出建议。

（1）将可持续性思想融入全过程路径设计

可持续风险管控注重将可持续发展原则融入各个环节。例如，SuRF-UK 的污染场地可持续修复与再开发结合的模式，涵盖了地方规划阶段、项目设计阶段、修复方案设计阶段，并且制定了多种情境下的实践路径。欧洲学术组织之一的 NICOLE 也制定了可持续修复的路线图，决策阶段涵盖了区域与地方层面的空间规划、场地或项目层面的场地用途确定或项目设计、修复方案选择阶段等前期决策阶段，以及涉及方案实施、验证、

监测等过程的修复阶段。

我国近些年推出的《中华人民共和国土壤污染防治法》以及《建设用地土壤污染状况调查技术导则》（HJ 25.1—2019）、《建设用地土壤污染风险管控和修复监测技术导则》（HJ 25.2—2019）、《建设用地土壤污染风险评估技术导则》（HJ 25.3—2019）、《建设用地土壤修复技术导则》（HJ 25.4—2019）等标准指南主要针对两个阶段——调查、风险评估与名录地块认定阶段，修复方案编制与评估阶段。与英国 LCRM+NPPG-LAC、美国的棕地再开发等官方规定的实践指南相比，缺乏从土壤污染治理角度考虑上位规划用途的调整空间；与具有前沿性的可持续风险管控思想下的 NICOLE、SuRF-UK 等 roadmap 框架设计相比，缺乏对早期决策阶段的考虑。

建议编制适用于我国的可持续修复与再利用规划设计的指南，首先，与自然资源、规划等部门合作，明确国土空间规划总体规划、专项规划、详细规划等阶段与污染地块风险管控相关的决策接口，例如，在总体规划层面明确修复与再利用时序、制定风险管控与再利用方向和策略、确定可行的几种潜在用途或项目可能性，在详细规划层面结合更详细的场地污染调查数据确定最终的目标用途和风险管控与修复技术方案。

（2）建立可持续风险管控评估工具、方法和指标体系

SuRF-UK 不仅编制了框架指南，还给出了用于支持决策的三级可持续性评估方法与指标体系，包含 3 个维度 15 个指标因子。欧洲 TIMBRE 也制定了支持棕地再开发与修复方案选择的工具。USEPA 也推出了一系列支持各类棕地重建的工具与筛选评估表。

我国目前主要采用建设用地土壤污染风险筛选值、管控值来支持决策，是一种基于统一的风险值的评估方法。还处在先锋国家的上一个发展阶段（20 世纪 90 年代至 21 世纪初期，基于风险的决策方式）的水平。建议根据我国国情，秉持可持续风险管控的理念，尽快推出将再开发利用与风险管控相结合的决策工具、决策支持方法，构建决策评估指标，建立立足我国国情的、全过程的、可持续的风险管控与再开发利用决策工具箱。

6.4 中国可持续风险管控与再利用实践指南（建议稿）

基于国际经验研究，本研究提出我国可持续风险管控与再利用实践路径，构建全生命周期修复与再利用体系，研发“风险管控-景观再生”双驱耦合技术工具，推广绿色低碳修复方法，对于风险管控效果进行可持续性评估。

6.4.1 建立全生命周期修复管控与再利用体系

建立场地调查-风险评估-方案编制-方案评估-长期环境监测的 5 个阶段工作程序，有效联结我国污染场地前期修复管控与后期再生利用两大阶段，以实现污染场地全生命周

期可持续风险管控与再利用（图 6-5）。

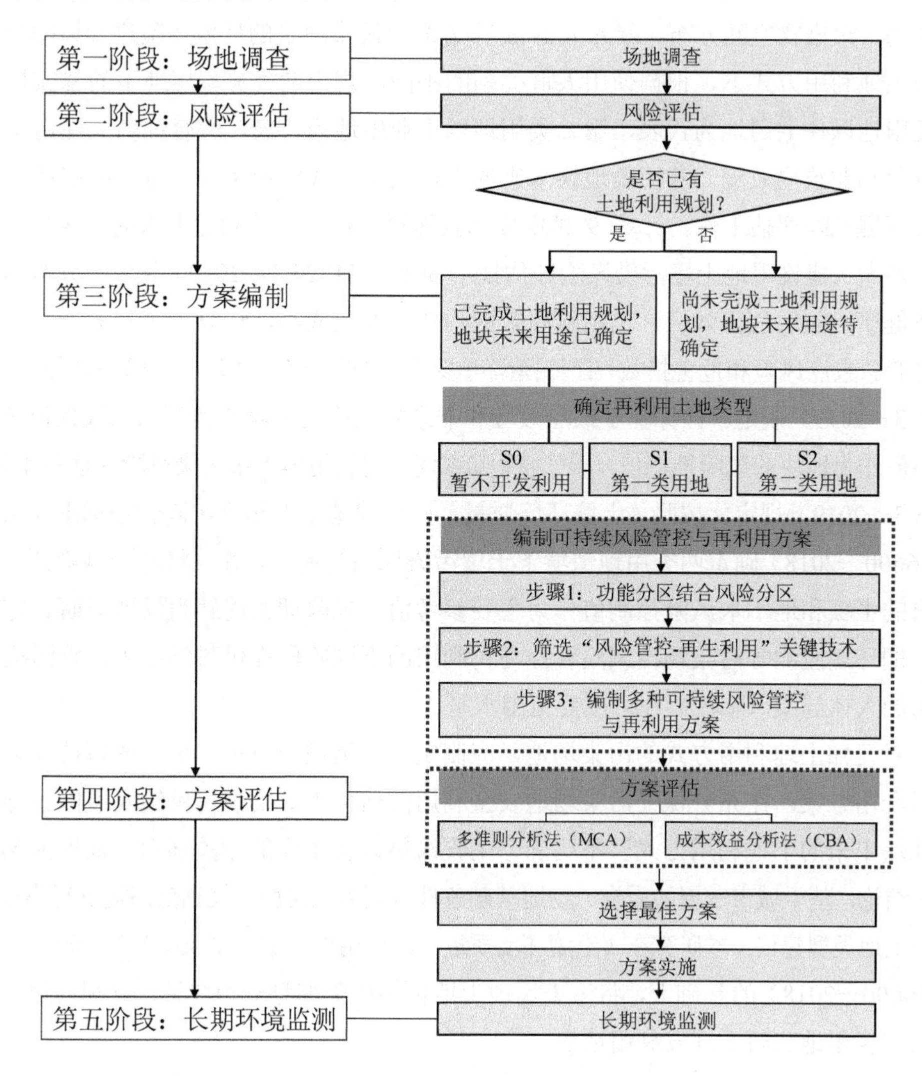

图 6-5 污染场地可持续风险管控与再利用实践路径（建议）

场地调查分为 3 个阶段，在实施过程中，应合理制定采样方案，推广绿色采样技术，减少二氧化碳排放，同时降低二次污染带来的风险。第一阶段场地环境调查为污染识别阶段，原则上不进行现场采样，以人员访谈、现场勘查、资料收集为主，若确认无污染风险，可结束调查活动。第二阶段场地环境调查为采样和分析阶段，包含初步采样和详细采样两大步骤，采样包含土壤采样和地下水采样，土壤采样点的布点方法、适用条件和地下水采样应参考《建设用地土壤污染状况调查技术导则》（HJ 25.1—2019）相关规定，在调查地块附近选择清洁对照点。第三阶段场地环境调查为补充采样和测试，可单独进行，也可与第二阶段共同开展。

风险评估基于场地调查获得的相关数据，根据污染地块未来的土地利用方式，从关注污染物、污染物空间分布、暴露人群 3 个方面对污染地块的环境风险进行风险评估。在不同土地利用方式下，根据使用人群类别的不同，规定两类典型用地下的暴露情景，第一类用地以住宅用地为代表，第二类用地以工业用地为代表，综合评估关注污染物的致癌风险和非致癌效应。若污染地块未来的土地利用方式暂不明确，可先按照第一类用地方式开展风险评估工作。计算 9 种主要暴露途径下污染土壤和地下水的暴露量，计算模型可参考《建设用地土壤污染风险评估技术导则》（HJ 25.3—2019）规定。分析污染物对人体健康风险的危害效应，包括致癌效应、非致癌效应等，计算土壤和地下水中单一污染物的总致癌风险和危害指数，计算模型可参考《建设用地土壤污染风险评估技术导则》（HJ 25.3—2019）规定。计算基于致癌效应和非致癌效应的土壤与地下水风险控制值，选择较小值作为地块的风险控制值，计算模型可参考《建设用地土壤污染风险评估技术导则》（HJ 25.3—2019）规定。按照《土壤环境质量　建设用地土壤污染风险管控标准（试行）》（GB 36600—2018）确定两类用地情境下土壤污染风险管制值，并且将基于风险评估模型计算出的土壤和地下水风险控制值作为主要参考值。风险评估能够为场地调研、方案编制、长期环境监测等污染场地风险管控与再利用的不同阶段提供科学分析，将污染物可能带来的人体健康风险控制在可接受范围水平。

针对已知土地利用方式的污染场地，应制定与当地城市发展相衔接的可持续风险管控与再利用方案，在充分保证污染场地安全利用的前提下，实现可持续发展的目标。若污染地块未来的土地利用方式暂不明确，主管污染修复工作的相关部门应根据前期调查评估的结论，基于城市发展的需求、场地基础条件等因素，为城市规划部门提供污染场地再利用的土地类型建议。本研究在《土壤环境质量　建设用地土壤污染风险管控标准（试行）》（GB 36600—2018）的基础上，将污染场地土地再利用类型划分为 3 种，分别为第一类用地、第二类用地和暂不开发利用地块。

在可持续风险管控与再利用方案实施后，对于土壤、土壤气、地表水、环境空气、室内空气等指标进行周期性监测，建立风险预警系统。长期监测目标包括：①风险管控措施的有效性监测；②地块残留污染物变化趋势；③地下水中污染物变化趋势；④污染物对敏感受体的影响。风险管控地块地下水与土壤监测点位布设应满足《污染地块风险管控与修复后长期环境监测技术指南》（T/CAEPI 59—2023）相关规定。监测周期和频次根据地块特点，宜 3～5 年划分为 1 个监测周期，每个监测周期结束时宜开展监测结果评估，首个监测周期内监测频次宜满足以下要求：①地下水：宜每年开展不少于 2 次地下水监测；②土壤：宜每年开展不少于 1 次土壤监测；③土壤气：宜每年开展不少于 2 次土壤气监测。地表水、环境空气、室内空气按照具体需求开展。

6.4.2 编制多情景可持续风险管控与再利用修复方案

编制修复技术方案，功能分区结合风险分区，构建“风险管控-景观再生”多元工具箱，编制多种可持续风险管控与再利用技术组合方案并进行关键技术筛选。修复方案编制的程序主要分为以下几个步骤：

1）功能分区结合风险分区。在可持续风险管控与再利用方案的制定中，首先应根据前期调查评估获得的相关研究数据，基于污染物浓度、类型和风险值等信息，绘制不同风险等级的关注污染物的空间区位图。在综合判定风险等级的基础上，一般按照风险由高至低，划定风险分区，实施分区分类管控和再生措施。建议分为核心管控区、重点管控区、一般管控区和安全利用区，针对不同的管控区域实施不同的风险管控和再生利用措施，制定“因区制宜”的分类策略：①核心管控区污染类型复杂、污染程度较高，需对重污染土壤进行治理，禁止人群靠近，减少高强度工程化修复，节约资金成本；②重点管控区需对污染物进行工程阻隔，严格控制污染进一步扩散，仅允许工人按要求定期进行采样及相关监测工作；③安全利用区和一般管控区内土壤污染相对较轻、工业遗存较多、风景质量较高，是未来功能利用的主要区域，主要采用生态复绿、雨水导排等措施控制污染的暴露途径，选择适宜的风险管控修复技术治理污染土壤，在确保安全利用的前提下为公众提供多样的游憩体验机会。

2）筛选“风险管控-再生利用”关键技术。根据污染地块污染治理目标和再利用规划用途类型，从“风险管控-再生利用”双驱耦合技术体系中选择适宜的风险管控技术和再生利用技术。风险管控修复技术应根据污染类型、污染物去除率、治理成本、治理周期、二次污染影响等指标构建修复技术筛选矩阵，选择适宜的修复技术。再生利用技术应结合污染风险、利用强度等指标，进行关键技术筛选。针对污染类型复杂且污染程度较高，未来开发强度较强的污染场地，可采用大幅竖向塑形、隔汇净用、植物修复等再生利用技术，针对污染类型复杂且污染程度较高，但未来开发强度较低的污染场地，可采用微地形处理、柔性导排、生态复绿等再生利用技术。

3）编制多种可持续风险管控与再利用方案。基于污染治理和再生利用目标，通过关键技术筛选，制定多种可持续风险管控与再利用技术组合方案（表 6-7）。

表 6-7 编制多种可持续风险管控与再利用技术组合方案

关键技术类别		方案 A	方案 B	方案 N
风险管控技术	评估技术	A-R1	B-R1	N-R1
	阻隔技术	A-R2	B-R2	N-R2
	管理技术	A-R3	B-R3	N-R3
	修复技术	A-R4	B-R4	N-R4

关键技术类别		方案A	方案B	方案N
再生利用技术	竖向塑形	A-D1	B-D1	N-D1
	柔性导排	A-D2	B-D2	N-D2
	隔汇净用	A-D3	B-D3	N-D3
	植物修复	A-D4	B-D4	N-D4

注：基于关键技术筛选，形成多种可持续风险管控与再利用技术组合方案，A、B、N 分别代表方案类别；R 代表风险管控技术，R1 代表评估技术，R2 代表阻隔技术，R3 代表管理技术，R4 代表修复技术；D 代表再生利用技术，D1 代表竖向塑形技术，D2 代表柔性导排技术，D3 代表隔汇净用技术，D4 代表植物修复技术。

6.4.3 对于修复方案的可持续性进行综合评估

基于多准则分析法和成本效益分析法，建立可持续风险管控与再利用方案评估体系，推广绿色修复技术，实现成本效益最大化。

针对不同土地利用情景下，可能存在多种可持续风险管控与再利用组合方案。本研究提出通过多准则分析法（MCA 方法）和成分效益分析法（CBA 方法）对各方案进行综合评估与比选，确定最优可持续风险管控方案。

多准则分析法（MCA 方法）旨在建立指标体系对方案的可持续性进行评估，从 4 个维度共 44 个指标评估与比选不同目标用途场景下污染场地可持续风险管控与再利用方案。环境指标包括 10 个子指标，分别为生态恢复、空气污染、温室气体排放、土壤变化、生态影响、水体污染、资源消耗、废物产生、绿色行为与潜在风险。社会指标包括 12 个子指标，分别为健康与安全、社区扰动、社会舆情、公众参与、信息公开、社会公平、政策相符性、区域适宜性、就业机会、生态文化、考核指标、宣传教育。经济指标包括 8 个子指标，分别为管控成本、隐藏成本、土地价值、经济效益、隐藏效益、环保投资、投融资创新与不确定性。技术指标包括 14 个子指标，分别为修复周期、修复效果、可持续性、管控位置、技术创新、技术可获性、技术成熟度、技术可行性、技术可操作性、应急管理、名录管理、安全利用、制度建设与能力建设。采用社会网络分析法（SNA）计算指标客观权重，进一步结合 DEMATEL-ANP 主观权重确定各个指标的综合权重系数，系数越大表示对风险管控可持续能力影响越大，对应指标即为污染场地可持续风险管控的关键影响因素。通过邀请专业人员对不同目标用途场景方案进行评分，最终得到排名列表。该表可充分显示每个方案整体可持续性以及在可持续性评估中的每个要素（环境、社会、经济、技术）之间的差异。

成分效益分析法（CBA 方法）通过比较不同方案的成本与效益，从而确定费效比最优方案。从场地修复成本和场地修复效益两个大方面 11 个小方面进行评估。场地修复成本项包括 4 小项，分别是修复和管理成本、修复过程中的健康损害、修复施工过程中的生态损害、其他成本。场地修复效益项包括 7 小项，分别是污染场地价值提升、周边经济发展提升、场地周边居住和生活环境提升、健康风险削减、生态质量提升、突发环境事件可能性削减和应对气候变化能力增强。

6.5 近零排放特色区域污染场地可持续风险管控与再开发

近零排放特色区域污染场地可持续风险管控与再开发专题研究基于全国绿色发展理念推行及“双碳”目标要求的大背景，结合北京市和通州区相关定位及政策，以北京城市副中心为研究区域，以原东方化工厂为研究场地，总结适用于通州区等以“零碳城市”“可持续发展”为目标的人口密集大中型城市的可持续风险管控与再利用的特色实践路线。

6.5.1 北京市通州区污染场地研究

（1）区域概况

北京市通州区位于北京市东南部，京杭大运河北端，地域辽阔、资源丰富、历史悠久，拥有古老的文化渊源、优越的地理位置、优美的自然风光、丰富的自然资源和良好的经济环境，为社会经济发展提供了有利的条件（图 6-6）。通州区面积 906 km^2，西临朝阳区、大兴区，北与顺义区接壤，东隔潮白河与河北省三河市、大厂回族自治县、香河县相连，南和天津市武清区、河北省廊坊市交界。紧邻北京中央商务区（CBD），西距国贸中心 13 km，北距首都机场 16 km，东距塘沽港 100 km，素有“一京二卫三通州”之称。全区地处永定河、潮白河洪冲积平原，地势平坦，平均海拔高度 20 m。分布 13 条河流，总长 245.3 km，主要河流有北运河、潮白河、凉水河、凤港减河。气候属于温暖带大陆性半湿润季风气候区。

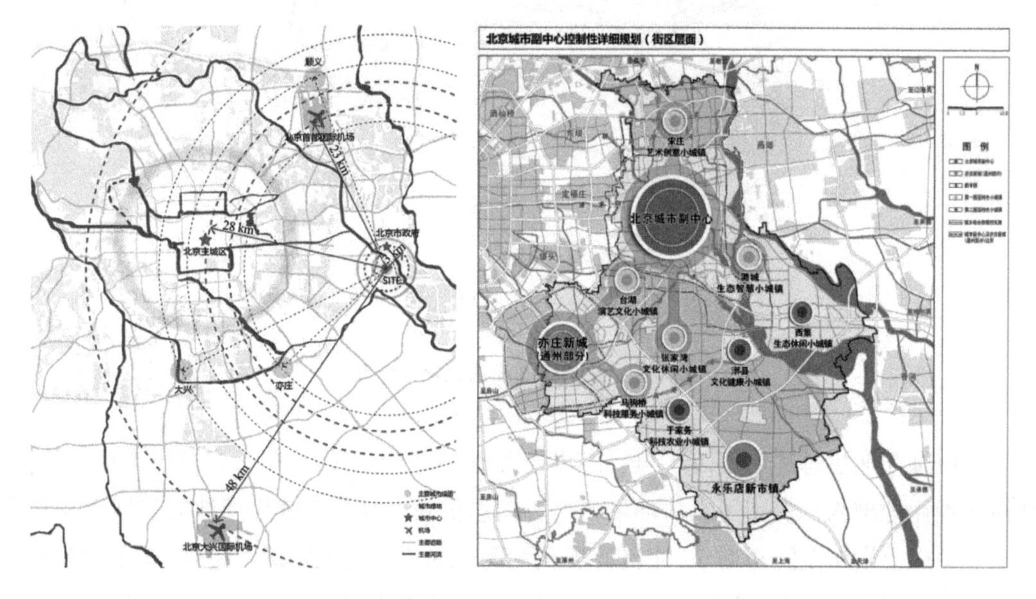

图 6-6 城市副中心区位示意图（左图为邵元绘制）

2012年，在北京市第十一次党代会上，北京市委、市政府明确提出“聚焦通州战略，打造功能完备的城市副中心”，更加明确了通州作为城市副中心定位，这也是北京市围绕中国特色世界城市目标，推动首都科学发展的一个重大战略决策。北京城市副中心（Beijing City Sub-center）的建设是为调整北京空间格局、治理大城市病、拓展发展新空间的需要，也是推动京津冀协同发展、探索人口经济密集地区优化开发模式的需要而提出的。规划范围为原通州新城规划建设区，总面积约155 km^2。外围控制区即通州全区约906 km^2，进而辐射带动廊坊北三县地区协同发展。

原东方化工厂地块位于通州区城市绿心建设范围内，始建于1978年，占地面积约176万 m^2。城市绿心规划范围西至现状六环路，南至京津公路，东、北至北运河，总规划面积约11.2 km^2，是北京城市副中心的有生命力的绿色地标。

（2）通州污染场地空间分布

通州区近年来开展了详查和普通建设用地调查，具体结果未能掌握。目前有4个污染场地纳入北京市污染场地名录，数十个场地开展建设用地调查，3家企业纳入通州区土壤污染重点监管单位名录。通州区潜在污染场地分布见图6-7。

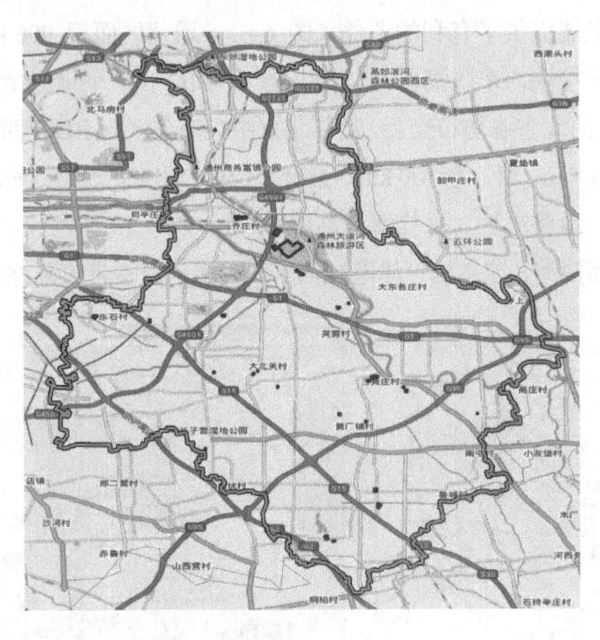

图6-7 通州区潜在污染场地分布

根据通州区生态环境局2022年上半年土壤污染防治工作情况，一是通过清单化监管，严格建设用地准入，保障了人居环境安全。动态更新全区重点建设用地需开展土壤调查项目清单。上半年全区新增27个需开展土壤调查的建设用地项目，完成14个项目地块调查评审，保障了上市地块土壤安全。建立了6个疑似污染地块、26个污染场地和4个北京市建设用地风险管控和修复名录地块清单，并长期实施管控。二是严格土壤重点监管单位和高中风险在产企业监管，防患于未然。部署和培训 4 家土壤重点监管单位和 5 家高、中风险在产企业开展土壤隐患排查和自行监测工作。并开展对上年度隐患排查及整改措施落实情况的现场监督检查，隐患排查问题点位全部完成整改。

（3）土壤与地下水污染修复总体情况

根据公开信息，通州区污染场地以化工和电镀企业为主，目前 4 个污染场地名录内企业都位于原东方化工厂及周边，都属于化工企业，目前处于风险管控阶段。目前掌握的 20 个存在污染的调查地块一半为化工行业，一半为电镀行业，集中在通州区南部的漷县、台湖、张家湾和永乐店等镇。

根据北京市生态环境局网站，截至 2023 年 4 月 17 日，北京市建设用地土壤污染风险管控和修复名录中污染场地共有 17 个，其中通州区 4 个（表 6-8）。

表 6-8 北京市通州区建设用地土壤污染风险管控和修复名录

序号	地块基本信息						纳入日期
	地块名称	所在区	详细地址	四至范围	地块面积/m^2	土地使用权人	
1	原东方化工厂DF-01 地块	通州区	滨河路 143 号	东侧和北侧近惠林路中段，西侧靠近东方化工厂建设者纪念碑	45 300	北京城市副中心投资建设集团有限公司	2019-07-25
2	原东方化工厂DF-02 地块	通州区	滨河路 143 号	西侧靠近上码头路南段，南侧 1 km 为京塘路，北侧近东方化工厂建设者纪念碑	54 200	北京城市副中心投资建设集团有限公司	2019-07-25
3	北京京通奥得赛化学有限公司地块	通州区	滨河路 143 号	东侧紧邻惠林路南段，南侧距京塘路 800 m，北侧为惠林路中段	30 400	北京城市副中心投资建设集团有限公司	2020-05-25
4	北京澳佳肥业-互益化工 C 区地块	通州区	滨河路 143 号	东侧为上码头路，西侧靠近六环路，北侧 600 m 为东方化工厂建设者纪念碑	47 771	北京城市副中心投资建设集团有限公司	2020-05-11

6.5.2 原东方化工厂污染场地研究

（1）场地区位

原北京东方化工厂所在地位于北京城市副中心东南部，区位优势明显、交通条件便利。规划场地从大运河漕运时期的交通枢纽，到工业时代北京市著名的化工基地，再到未来的零碳中心城市绿心，在城市发展中发挥了重要的作用（图 6-8）。

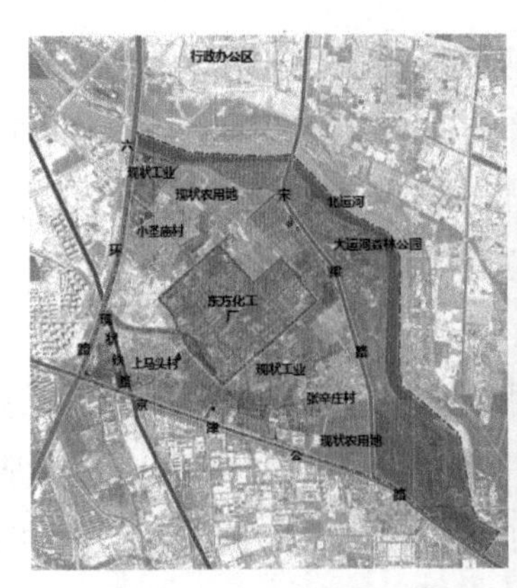

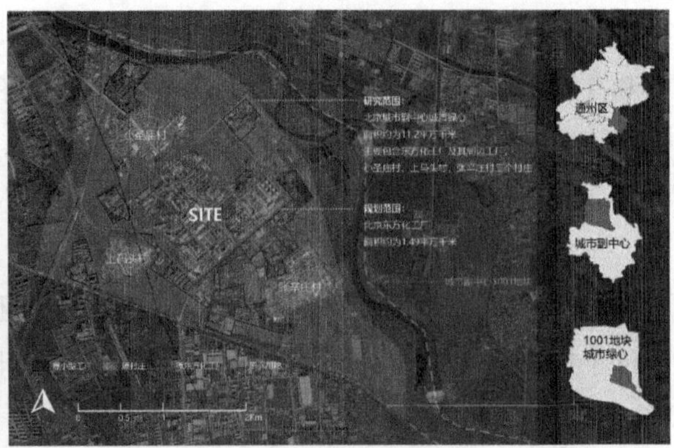

图 6-8　原东方化工厂地块范围图（右图为邵元绘制）

（2）规划总体定位和目标

《北京城市副中心控制性详细规划》对北京城市副中心的发展做了整体定位[173]，提出要创造城市副中心质量，让城市更可持续，要将城市副中心打造成为低碳高效的绿色城市等目标。原北京东方化工厂位于一级管控分区内，《北京城市副中心控制性详细规划》提出要对该地区进行土壤治理修复和风险管控，保障用地安全：进行生态治理，开展大规划植树造林，全面提升生态效应和碳汇能力（图 6-9）。这就要求在原北京东方化工厂修复的过程中，需充分采用生态方式治理污染，有效减少碳排放。目前绿心公园已于 2020 年建成开园，完成风险管控主体措施并开展长期环境监测。

图 6-9　原东方化工厂将再生为城市副中心重要的绿色生态空间

来源：《北京城市副中心控制性详细规划》。

《北京城市副中心控制性详细规划》提出场地需要建立完整的生态系统，提高生态环境品质和碳汇能力，具体要求如提高本地动植物种类和多样性等。同时要注意发挥生态空间在雨洪调蓄、雨水径流净化、生物多样性保护等方面的作用，如综合采用透水铺装、生态湿地等低影响开发措施进行雨水综合管理和利用。利用生态空间调蓄雨水，控制场地径流将是场地的另一主要目标。考虑到场地原工业用途对区域土壤和地下水的污染，有效控制场地径流、防止对周围环境产生进一步污染也必将是原东方化工厂改造的主要任务之一。

（3）场地污染与修复情况

场地于 2017 年 10 月底完成了原东方化工厂厂区范围内危险化学和废物清理以及生产设施拆除工作，但由于工厂 30 多年的化工生产活动和 1997 年的爆炸事故，场地土壤和地下水中仍可能存在不同程度的污染。[174]因此，北京市地质勘查技术院对整个厂区的土壤和地下水进行了污染调查与风险评估。根据原东方化工厂的生产工艺和主要污染事件，初步推测该场地潜在的污染物质主要有苯系物、多环芳烃、总石油烃、酯类以及重金属；结合潜在污染区域和潜在污染物识别结果，对相关区域进行布点采样，形成初步调查结果：针对发现污染的重点区域加密采样点，圈定污染羽边界和污染底界，在污染风险低的区域科学抽稀布点。结合北京市地质勘查技术院在 2018 年 7 月对原东方化工厂区域的土壤和地下水污染情况做的详细调查，以及北京市环境保护科学研究院结合污染调查结果与场地作为公园绿地的未来使用情况进行的场地风险评估，笔者将场地污染情况进行了整理总结。

根据现场污染情况，研究人员将场地划分为 DF-01～DF-06 共 6 个地块。DF-01 和 DF-02 地块是重度污染区域，DF-03 和 DF-04 地块是一般污染区域，DF-05 和 DF-06 地块是轻度污染区域（图 6-10）。

图 6-10　场地污染等级划分与原车间关系

1）重度污染地块（DF-01 和 DF-02）情况

该区域为原烯烃车间和仓储车间，由于工业生产过程中的管道等设施泄漏和废液直接倾倒导致该区域水土污染比较严重。其中，DF-01 地块土壤和地下水中超标污染物均为苯系物、氯代烃、多环芳烃；DF-02 地块水土污染比较严重，土壤中超标污染物为苯系物、多环芳烃，地下水中存在 NAPL 相污染，超标污染物为苯系物、氯代烃、多环芳烃、甲基叔丁基醚。

2）中度污染地块（DF-03 和 DF-04）情况

该区域为原东方化工厂仓储车间东侧和东南侧局部区域，其水土存在一定程度的污染。DF-03 地块土壤中超标的污染物主要是苯、氯仿，地下水中超标污染物主要是苯系物、二氯甲烷、萘、甲基叔丁基醚；DF-04 地块土壤中超标的污染物主要是苯，地下水中超标污染物主要是苯系物、二氯甲烷、萘。该区域土壤和地下水中的污染物健康风险均可接受，但研究人员保守建议实施工程阻隔和长期监测。

3）轻度污染地块（DF-05 和 DF-06）情况

本区域污染相对较轻。DF-05 地块中存在重金属、有机类污染超标，呈点状分布；地下水中存在污染超标，主要是苯、MTBE、萘；土壤和地下水中污染物的健康风险均可接受，因此研究人员建议对本地块实施长期监测等风险管控措施。同时建议该区域不规划建设人工湖等水域娱乐设施，不进行土方开挖等扰动地层的施工。DF-06 地块土壤和地下水未受到明显的污染，不需要管控，但建议设置一定数量的地下水监测井，以便及时发现污染物扩散并采取措施。此外在选择绿化植物时，考虑到区域的污染特性，建议选择能够促进污染物降解的植物。

6.5.3 北京市城市副中心污染场地风险管控多元技术与政策方案

（1）风险管控多元技术方案

针对北京市城市副中心污染场地的具体情况和实际问题，从技术列表中选择了风险管控技术（风险区划、阻隔技术）、风险管控管理技术（制度控制、长期监测、风险预警、景观再生设计）和风险管控评价技术（环境影响评估、综合效益分析、管理绩效评价、风险管控可持续评估），共计 3 类 10 项技术（表 6-9）。

表 6-9 适用于近零排放为目标的化工类污染场地的风险管控多元技术列表

技术名称	技术类别	技术内容
风险管控技术	风险区划	根据风险等级（一般以污染物浓度、污染物类型和风险值作为参考依据）对于风险区进行空间划分。根据不同风险等级进行分类分级管控和利用

技术名称	技术类别	技术内容
风险管控技术	阻 隔	采用阻隔、堵截、覆盖等工程措施，控制污染物迁移或阻断污染物暴露途径，使污染介质与周围环境隔离，避免污染物与人体接触和随降水或地下水迁移进而对人体和周围环境造成危害，降低和消除地块污染物对人体健康和环境的风险
风险管控管理技术	制度控制	通过限制地块使用、改变活动方式、向相关人群发布通知等行政或法律手段保护公众健康和环境安全的非工程措施
	长期监测	长期监测网络主要包含监测设备以及监控预警平台两大部分。一方面，可以对污染场地的土壤、地下水、大气、恶臭、气象进行实时数据收集和传输；另一方面，通过监测网络平台设置预警模块、数据库以及数据接口，实现施工时期与后期的长期环境监测
	风险预警	通过监控预警平台收集现场土壤、地下水、大气监测数据，判断风险管控效果，并对现场可能出现的污染扩散提出预警
	景观再生设计	针对承载人类活动的、需要实施风险管控或修复的污染地块，根据场地再利用的目标用途、污染物空间分布情况、相应的风险管控要求等信息，提出风险管控与景观设计相结合的技术方法。包括总体功能布局、空间结构、竖向设计、铺装与广场、建构筑物、雨洪管理、种植设计等方面
风险管控评价技术	环境影响评估	建立环境影响相关指标，综合全面评估风险管控措施对于场地边界范围内的环境影响
	综合效益分析	从成本、效益（土地价格变化效益、健康效益、地下水水质改善效益、生态服务价值效益）、社会经济影响等三大方面 6 个小方面对于风险管控综合效益进行评估
	管理绩效评价	构建“投入-产出”指标体系，对于污染场地风险管控管理效率进行评估
	风险管控可持续评估	从环境、社会、经济和技术 4 个方面构建 4 个维度 44 个指标，对场地全生命周期过程（包括场地调查阶段、方案设计阶段、施工与运行阶段、验收监测阶段和土地再利用阶段）所采取的风险管控措施的可持续表征进行综合评估

（2）风险管控政策方案

政策方案主要指环境经济政策。我国在 2016 年确定“风险管控”的场地污染控制思路后，环境经济政策尚处于起步阶段，仅于 2020 年出台了基金的管理办法，缺乏其他形式的经济支持政策。针对北京市原东方化工厂污染地块风险管控项目，本研究主要从强化碳排放“双控”制度、积极推进碳排放权交易市场建设、提升生态系统碳汇能力、污染场地修复方案成本效益分析制度 4 个方面制定环境经济政策方案，从财政补贴、税收、基金、绿色金融等方面健全完善政策体系，并加强与场地调查、监测、修复等相关制度和政策衔接（表 6-10）。

表 6-10 北京市城市副中心污染场地风险管控政策方案

政策类别	责任主体	政策内容
强化碳排放“双控”制度	区发展改革委、区生态环境局	强化碳排放控制目标约束作用，研究推进将能耗“双控”向碳排放总量和强度“双控”转变。实施碳排放总量和强度“双控”目标分解制度。 逐步推进在建设项目环境影响评价中开展碳排放评价
	污染场地使用权人	配合探索开展修复治理工程全过程碳排放评价
	地方政府环保监管部门	收集企业监测数据以评估碳排放足迹
	地方政府、污染场地使用权人	通过公司、政府网站及时向社会公众发布碳足迹等有关信息
积极推进碳排放权交易市场建设	区生态环境局	按照全市统一部署，开展年度碳排放权交易工作。探索开展污染场地修复管控工程碳市场交易试点，开展相关培训
	污染场地使用权人	参加相关培训，积极申报试点
提升生态系统碳汇能力	区园林绿化局	建立林业碳汇效益精准补偿机制，坚持全域多层次增绿固碳，促进园林绿地碳汇
	污染场地使用权人	评估场地再开发后的碳汇
污染场地修复方案成本效益分析制度	地方政府、污染场地使用权人	全面评估不同政策实施的投入成本、经济效益、环境效益以及社会效益

6.5.4 可持续风险管控与再开发关键技术综合应用

（1）风险管控可持续评估技术应用

基于课题 2“污染场地可持续风险管控模式研究”成果，从环境、社会、经济和技术 4 个方面构建既与国际水平接轨又具有鲜明中国特色的我国区域尺度场地可持续风险管控指标体系，共计 4 个维度 44 个指标。

空间尺度上，以原东方化工厂地块为示范应用区域。时间尺度上，从环境、社会、经济和技术 4 个维度对场地全生命周期过程（包括场地调查阶段、方案设计阶段、施工与运行阶段、验收监测阶段和土地再利用阶段）所采取的风险管控措施的可持续表征进行综合评估（图 6-11）。

基于风险管控大数据收集与整理，原东方化工厂场地信息可得性为 92.6%，风险管控各环节的最佳管理实践（BMPs）应用情况如表 6-11 所示。

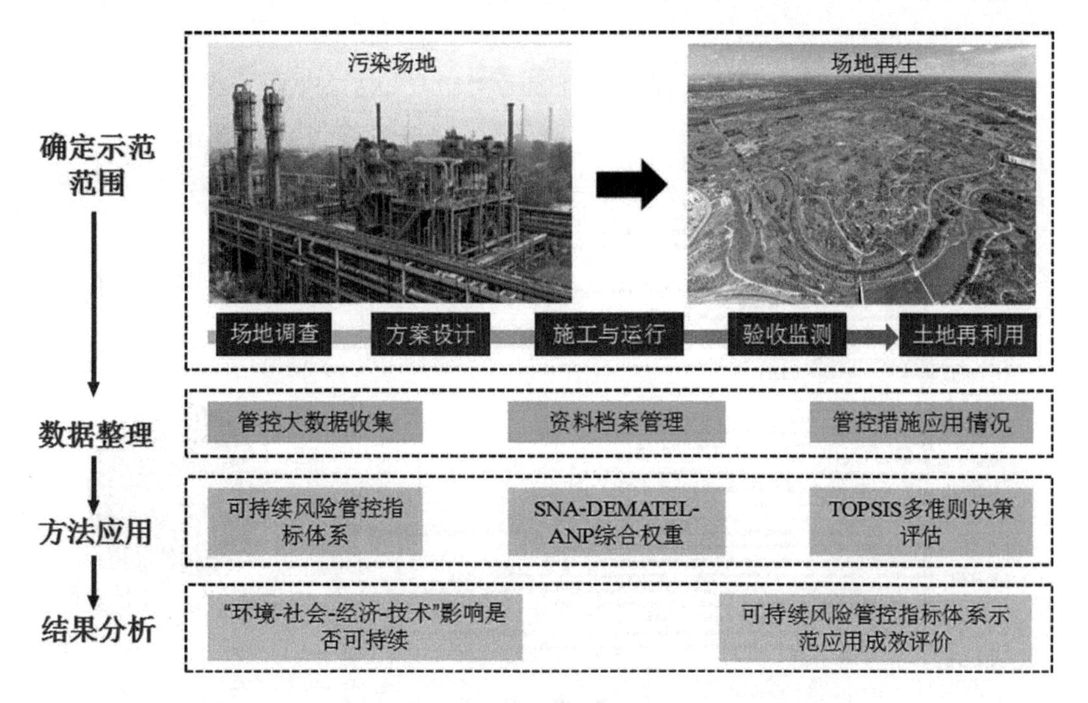

图 6-11 原东方化工厂地块可持续风险管控评价示范应用流程

表 6-11 东方化工厂地块 BMPs 应用情况统计表

管控阶段	采取/%	未采取/%	不确定/%	BMPs 数量总计
场地调查阶段	87.50	12.50	0.00	16
方案设计阶段	93.33	0.00	6.67	30
施工与运行阶段	85.00	5.00	10.00	40
验收监测阶段	81.82	9.09	9.09	11
土地再利用阶段	81.82	9.09	9.09	11
全生命周期	87.04	5.56	7.4	108

通过 TOPSIS（Technique for Order Preference by Similarity to an Ideal Solution）贴近度计算，结果表明，原东方化工厂地块的全过程管理表现为强可持续（0.934 5/1）（图 6-12）。

基于场地调研一手资料获取的数据完整度、可信度较高，通过对风险管控措施落实情况的系统梳理，开展多维度多量纲指标的统一量化和经验数据-机理模型的耦合应用，实现了风险管控全过程可持续水平在不同措施、不同环节和不同指标的定量表达，有效识别了影响风险管控可持续水平的关键因素（措施、指标和管控环节），为工程质量持续改善和其他管控项目可持续能力（尤其是社会可持续性）提升提供了科学的决策支持，可持续评价示范应用效果显著。

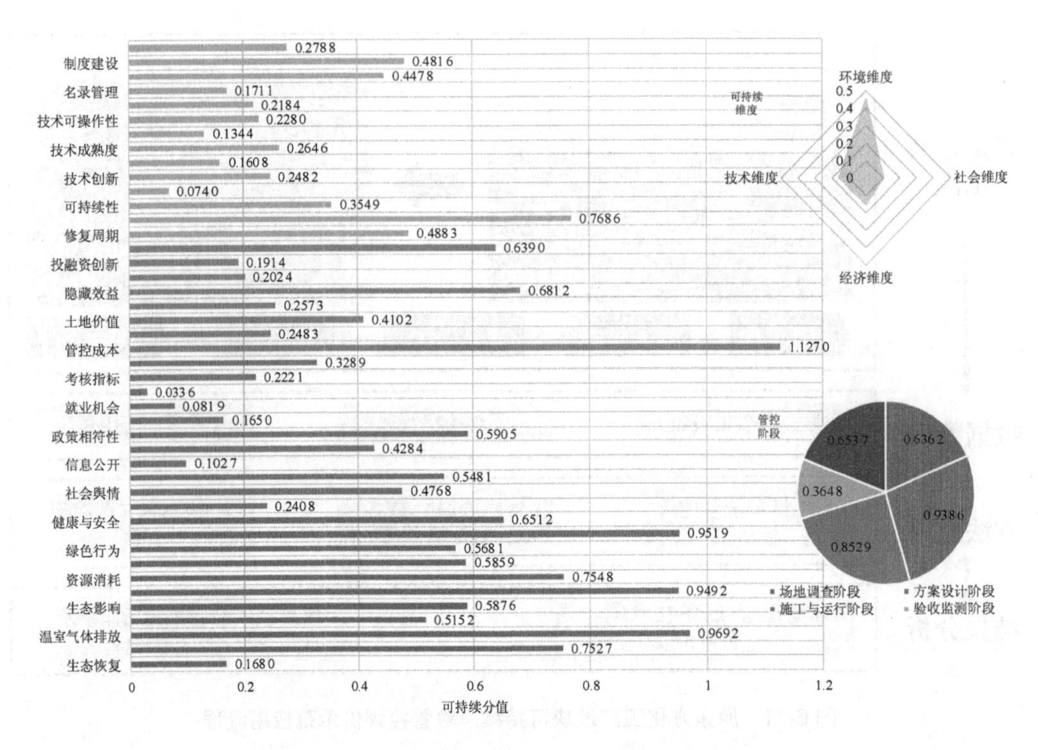

图 6-12 原东方化工厂风险管控可持续评价结果

（2）“成本-效益”评估技术应用

根据课题 3 污染场地风险管控政策费用效益评估技术体系的建立，以原东方化工厂为案例，对其进行污染场地风险管控措施的费用效益评估研究。以《地块修复和风险管控技术方案》中各项修复技术措施为对象，通过有关政策措施的梳理整合，从成本、效益（土地价格变化效益、健康效益、地下水水质改善效益、生态服务价值效益）、社会经济影响等三大方面 6 个小方面进行评估（图 6-13）。

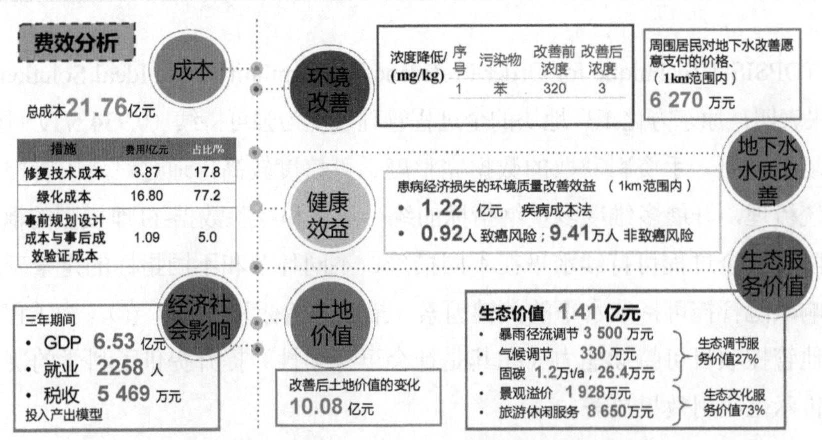

图 6-13 原东方化工厂风险管控的费用效益评估结果

1）费用包括风险管控措施实施事前规划设计成本与事后成效验证成本、污染改善工程成本。

2）效益包括土地价格变化效益、健康效益、地下水水质改善效益、生态服务价值效益。

3）经济社会影响包括政策实施对GDP、税收、居民收入以及就业的净影响。

（3）可持续风险区划技术应用

基于可持续科学理论，衔接已有生态环境空间区划，融合可持续发展指标、场地风险因素、成本效益分析等构建污染场地可持续风险管控区划模型，由污染场地风险评价、风险管控价值评估和可持续风险管控区划等级划分三部分组成。风险评价通过场地现有污染情况、周边风险受体脆弱性和周边在产企业造成的潜在风险进行计算。价值评估从场地管控过程损失和管控后土地资源价值两个方面进行分析。可持续风险管控区划指标及标准方法主要分为风险指标（风险受体脆弱性、交叉污染风险、污染程度）和效益指标（经济损失、经济价值、社会价值、生态价值）两类。

以原北京东方化工厂地块为示范应用场地，评价地块及周边1 km范围内的污染风险和管控效益（图6-14）。应用成效及评价如下。

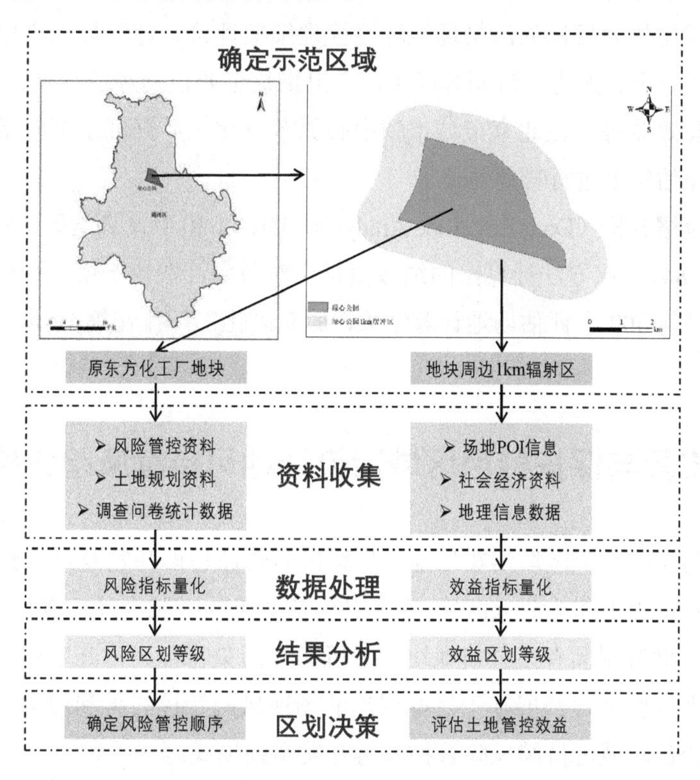

图6-14 原东方化工厂可持续风险管控区划工作流程

1）场地风险评估

从风险受体脆弱性、交叉污染风险和污染风险现状 3 个方面开展场地风险评估，原东方化工厂地块风险识别结果判定为高风险。地块 0～1 km 的人口密度为 2 336 人/km^2，医疗卫生用地数量、中小学数量、社会福利数量分别为 2 个、8 个、3 个，风险受体密度大、敏感性强；根据场地风险评估报告，该场地土壤和地下水中风险污染物数量均为 1 种（苯），由于地块周边仍存在在产企业 8 家，所以有污染物持续输入的潜在风险，污染源强度大。

2）场地效益评估

从经济损失、经济价值、社会价值和生态价值 4 个方面开展场地效益评估，原东方化工厂地块风险管控所产生的社会价值和生态价值较高，由于地块开发为公园绿地，不具备市场交易属性，所以经济价值主要体现为环境改善后对周边居住区的辐射拉动效应。

原东方化工厂经风险管控后再开发为绿心公园，开园当年所产生的价值总量为 69.15 亿元（617.41 元/m^2）。根据《东方化工厂污染场地修复及风险管控项目环境影响报告表》，场地风险管控投资总额为 50 000 万元（其中环保投资 1 161 万元），因此，原东方化工厂经风险管控后再开发为绿心公园开园当年所产生的净效益为 64.15 亿元（572.77 元/m^2）。

（4）管理绩效评价技术应用

开展以近零排放为目标的污染场地环境管理绩效评价，建立投入产出指标体系。投入指标主要包括资金、人力、时间等成本，产出指标主要包括环境污染、生态环境效益、经济效益、社会效益等。在北京市城市副中心原东方化工厂开展示范应用，与全国范围内 409 个地块评估结果进行排序对比。

根据数据包络分析（Data Envelope Analysis，DEA）模型计算结果，原东方化工厂得分为 1.047 084 847。该方法计算出的绩效值是相对效率，取决于用于相比较的整体数据集情况。根据目前 409 个评估场地计算结果，原东方化工厂排在第 16 名，属于绩效相对较高的地块。

6.6 生态修复与保护特色区域污染场地可持续风险管控与再开发

生态修复与保护特色区域污染场地可持续风险管控与再开发专题研究将生态、景观、旅游价值鲜明的黄山市作为研究区域，在风景价值突出的区域内筛选典型污染地块——黄山市新光不锈钢材料制品有限公司地块，分析场地污染特征、再开发用途、风险受体、可持续修复技术等要素，开展基于目标用途的场地风险管控与再利用实践研究，建立生态修复与保护特色区域可持续风险管控与再开发实践模式。

6.6.1 黄山新光不锈钢厂地块研究

（1）场地区位

黄山新光不锈钢厂（以下简称新光厂）位于安徽省黄山市休宁县溪口镇东充村，占地面积约 190 亩（12.67 hm^2）（图 6-15）。新光厂位于规划建设中的月潭湖旅游区的北入口处，自然资源条件良好。场地周边旅游资源丰富，北靠国家 4A 级旅游景区齐云山风景名胜区，南临新安江水系中的率水，位于重大水利工程月潭水库的上游。

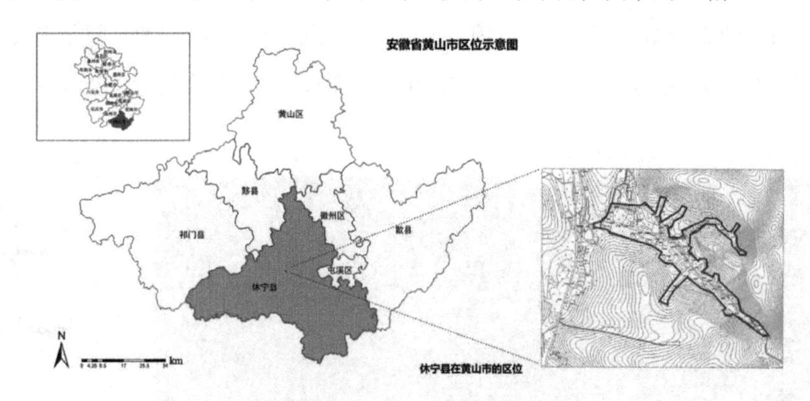

图 6-15 新光厂区位图（王藜喆绘制）

（2）场地山水城关系

黄山新光不锈钢厂场地三面环山，处于休宁县郊区，距离屯溪区中心城区 24 km，距离休宁县城 14 km，距离溪口镇 3 km。

场地南临新安江水系中的率水，率水是新安江水系的正源，为休宁县第一大河(图 6-16)。率水与横江在黄山市主城区屯溪区汇集，始称新安江。新安江流经歙县，而后流入浙江省境内，最终注入钱塘江。场地位于率水河月潭水库上游，处于月潭水库汇水范围内。

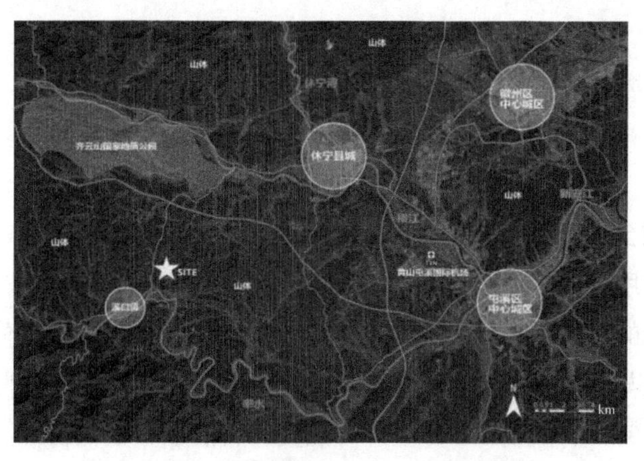

图 6-16 场地山水城关系图（王藜喆绘制）

（3）土壤污染情况及风险评估

根据原场地使用功能、工艺流程特点和污染特征，选择潜在污染较重的生产区作为土壤污染重点监测区域，重点监测区域选择有明显污染的部位进行监测布点，其余一般监测区域均匀布点；选择地下水流向上下游以及潜在污染严重区域进行地下水监测布点。[175]

对浅层土壤、深层土壤、地下水、地表水、废渣进行采样与监测，在调查范围内共布设 72 个土壤采样点、6 个地下水监测井、6 个地表水采样点、2 个废渣采样点，对样品中的 pH、13 种重金属（铜、镉、镍、锌、锑、铅、铍、砷、硒、钴、钼、汞、六价铬）、总石油烃、氟化物、氰化物、挥发性有机物、半挥发性有机物等指标进行分析（图 6-17）。

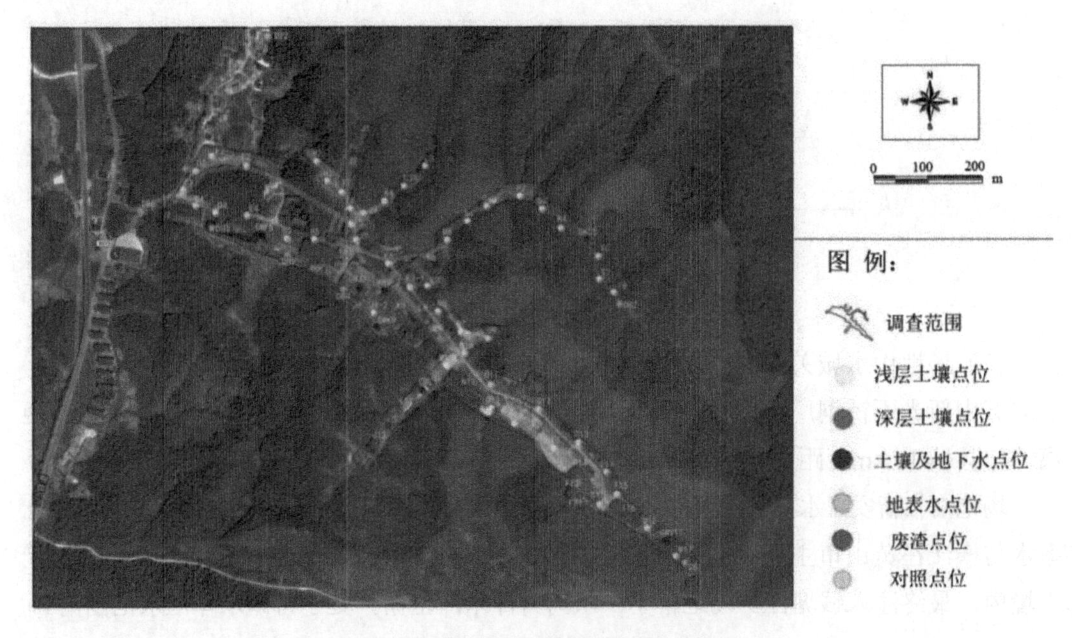

图 6-17 新光厂土壤污染调查采样布点

来源：《黄山市新光不锈钢材料制品有限公司场地环境调查评估报告》。

1）污染类型

因国内尚无完全的土壤污染物风险筛选标准，本次评价参考生态环境部发布的《土壤环境质量 建设用地土壤污染风险管控标准（试行）》中二类用地（非敏感）的标准，对该标准中未包括的污染物，使用得到业内广泛认可的 HERA 风险评估软件计算筛选值。将污染物检测结果与相应的风险筛选值进行对比，结果显示，场区内主要污染物为钴、铬、镍、砷、六价铬、有机物 PAHs 多环芳烃类、石油烃、氟化物。

2）污染原因分析

超出筛选值的污染物，如重金属（钴、铬、镍、砷、六价铬）、氟化物、石油烃，符合本场地的不锈钢及金属加工制品的生产特征，污染物产生的原因可能是调查地块生产经营期间未对产生的废水、废气和固体废物采取合适的污染防治措施，导致生产废水跑冒滴漏后下渗到土壤中，废气超标排放后沉降到地表，与乱堆乱放的固体废物一起经雨水冲淋后进入土壤和地下水中，或是停产设备拆除过程中设备泄漏的废机油随着废水进入土壤和地下水中。多环芳烃类主要在制氧车间、废渣场和老三楼处，推测为某些原辅料在高温加热时产生的副产物。

6.6.2　安徽省黄山市污染场地风险管控多元技术与政策方案

（1）风险管控多元技术方案

黄山多元技术的选择和政策方案以“生态修复”特色为主，确保地区生态系统的可持续健康。采用先进的生态工程技术，如植被恢复、水域治理和土壤改良，以提高黄山地区的生态稳定性，最终实现对黄山区域生态的全面修复。为此，针对黄山市区域污染场地制定风险管控多元技术方案，主要包括环境影响评估技术、综合效益分析技术、管理绩效评价技术和可持续评估技术，分别对黄山市区域污染场地风险管控措施进行全过程单元分析、建立污染场地风险管控“成本-效益”模型、综合评估污染场地管理效率以及对风险管控方案进行可持续性评价。本研究针对黄山新光厂场地污染地块的具体情况和实际问题，从技术列表中选择了工程技术（水平阻隔、生态覆绿）、管理技术（制度控制、长期监测）和评价技术（环境影响评估、综合效益分析、管理绩效评价、风险管控可持续评估）（表 6-12）。

表 6-12　适用于金属冶炼类污染场地的风险管控多元技术列表

技术名称	技术类别	技术内容
场地调研技术	初步调查	记录调查、现场勘查、走访与会谈
	详细调查	补充信息调查、初步采样与监测、确定污染物因子与最高污染浓度
	风险评估	确定场地特征参数及场地污染物浓度分布，计算场地内污染物的潜在风险及相关限制
区划技术	风险区划	根据风险等级（一般以污染物浓度、污染物类型和风险值作为参考依据）对于风险区进行空间划分。根据不同风险等级进行分类分级管控和利用
工程技术	水平阻隔	采用阻隔、堵截、覆盖等工程措施，控制污染物迁移或阻断污染物暴露途径，使污染介质与周围环境隔离，避免污染物与人体接触和随降水或地下水迁移进而对人体和周围环境造成危害，降低和消除地块污染物对人体健康和环境的风险
	生态覆绿	根据立地条件、经营目标和废弃地类型，宜乔则乔，宜灌则灌，宜草则草

技术名称	技术类别	技术内容
土壤修复技术	化学氧化	向污染土壤或地下水中添加氧化药剂，通过氧化作用，使土壤或地下水中污染物降解为毒性较低或无毒性物质的修复技术
	化学还原	向污染土壤或地下水中添加还原剂，通过还原作用，使土壤或地下水中污染物转化为毒性较低或无毒性物质的修复技术
	固化/稳定化	通过添加固化剂或稳定剂，将土壤中的有毒有害物质固定起来，或者改变有毒有害成分的赋存状态或化学组成形式，阻止其在环境中迁移和扩散，从而降低其危害的修复技术
	土壤气相抽提	通过添加固化剂或稳定剂，将土壤中的有毒有害物质固定起来，或者改变有毒有害成分的赋存状态或化学组成形式，阻止其在环境中迁移和扩散，从而降低其危害的修复技术
	原位热脱附	通过向地下输入热能，加热土壤及地下水，提高目标污染物的蒸汽压及溶解度，促进污染物挥发或溶解，并通过土壤气相抽提或多相抽提实现对目标污染物去除的技术
	异位热脱附	通过直接或间接方式对污染土壤进行加热，通过控制系统温度和物料停留时间，有选择地促使污染物汽化挥发，使目标污染物与土壤颗粒分离去除
	化学热升温解吸	通过在土壤中均匀掺混发热剂，在土壤中发生放热化学反应，促使土壤堆体温度升高，使土壤堆体温度接近或高于污染物（以挥发性物质为主）的沸点，促使污染物从土壤中加速解析
	水泥窑协同处置	利用水泥回转窑的高温、气体停留时间长、热容量大、热稳定性好、碱性环境、无废渣排放等特点，在生产水泥熟料的同时，焚烧固化处理污染土壤
	异位土壤淋洗	采用物理分离或化学淋洗等手段，通过添加水或合适的淋洗剂，分离重污染土壤组分或使污染物从土壤相转移到液相的技术
	生物堆	对污染土壤堆体采取人工强化措施，促进土壤中具备污染物降解能力的土著微生物或外源微生物的生长并降解土壤中的污染物
管理技术	制度控制	通过限制地块使用、改变活动方式、向相关人群发布通知等行政或法律手段保护公众健康和环境安全的非工程措施
	长期监测	长期监测网络主要包含监测设备以及监控预警平台两大部分。一方面，可以对污染场地的土壤、地下水、大气、恶臭、气象进行实时数据收集和传输；另一方面，通过监测网络平台设置预警模块、数据库以及数据接口，实现施工时期与后期的长期环境监测
评价技术	环境影响评估	建立环境影响相关指标，综合全面评估风险管控措施对于场地边界范围内的环境影响
	综合效益分析	从成本、效益（土地价格变化效益、健康效益、地下水水质改善效益、生态服务价值效益）、社会经济影响等三大方面 6 个小方面对于风险管控综合效益进行评估
	管理绩效评价	构建“投入-产出”指标体系，对于污染场地风险管控管理效率进行评估
	风险管控可持续评估	从环境、社会、经济和技术 4 个方面构建 4 个维度 44 个指标，对场地全生命周期过程（包括场地调查阶段、方案设计阶段、施工与运行阶段、验收监测阶段和土地再利用阶段）所采取的风险管控措施的可持续表征进行综合评估

（2）风险管控政策方案

针对新光不锈钢场地风险污染管控，本研究主要从法规标准、经济政策以及保障措施 3 个方面出发制定黄山市污染场地风险管控政策方案。其中在经济政策方面，从土壤污染防治责任机制、污染场地风险管控资金决策管理机构、污染场地治理多元化投融资模式、污染场地修复方案成本效益分析制度 4 个方面制定环境经济政策方案（表 6-13）。

表 6-13 黄山市新光不锈钢材料制品有限公司地块风险管控政策方案

方面	政策类别	责任主体	政策内容
法规标准	土壤环境保护监督管理制度	地方各级生态环境主管部门	负责本行政区域内污染地块环境调查、风险评估、风险管控或者治理与修复活动的环境保护监督管理
	“污染者担责”原则	造成地块土壤污染的单位或者个人（造成地块土壤污染的单位和个人无法认定的，由土地使用权人承担相应的主体责任）	应当承担环境调查、风险评估、风险管控或者治理与修复的主体责任
经济政策	土壤污染防治责任机制	地方政府、污染企业	双方共同签订土壤污染防治责任书，进一步明确场地污染者和控制者的责任范围
		污染企业	对用地进行土壤环境质量监测，评估污染治理成效并编制土壤环境质量报告
		地方政府环保监管部门	收集企业监测所得数据以及评估土壤环境质量报告
		地方政府、污染企业	通过公司、政府网站及时向社会公众发布有关信息
		污染企业	防范用地在后续更新、改造过程中产生新增污染；及时开展污染隐患排查并制定隐患整改方案
	污染场地风险管控资金决策管理机构	投资决策委员会	决定风险管控资金的投资方向及领域，并承担审核资金使用、收益分配、绩效评价以及投资退出机制等重大事项之责任
		污染场地风险管控资金管理人	负责建立 “募投管退”运营管理，规范投资项目遴选并负责与项目对接和跟踪管理，及时识别防范潜在的投资风险
		地方政府	作为监督观察方参与其中，享有资金投资决策的知情权
	污染场地治理多元化投融资模式	地方政府	捆绑污染场地治理后土地投资建设项目、转让复垦土地使用权
		地方政府、投资企业	创新融资举措，包括股份合作制、BOT、BLT、污染场地治理保证金信用制度、自我累积性融资、污染场地治理彩票等
	污染场地修复方案成本效益分析制度	地方政府、污染企业	全面评估不同政策实施的投入成本、经济效益、环境效益以及社会效益

方面	政策类别	责任主体	政策内容
保障措施	建立污染场地监管档案	地方政府	根据历史遗留和关停退役的场地污染情况，开展污染场地调查工作。摸清工业企业分布情况，确定污染场地基本信息，按污染危害的程度、敏感性及再开发利用的紧迫性进行分类管理
	强化污染源管控	地方政府	加强产业优化调整，严格新建污染项目准入门槛，严格执行排污许可制度
	完善政策法规与标准体系	国家政府、地方政府	治理修复责任承担制度、土地资源污染损害赔偿制度、污染土地流转与交易制度、污染责任追究制度
	规范土壤治理修复行业市场	地方政府	设立资质要求，提高从业门槛，规范其市场
	加强技术研发与推广应用	地方政府	攻克土壤治理修复关键技术，将现有的共性的、零散的土壤修复技术进行集成以发挥各自的技术优势
	加强宣教科普	地方政府	工业遗留场地的相关信息应该尽量公开化，并加强科普宣讲，提高公众认识并促进其参与污染场地的管理，促进公众对污染场地监管工作的理解与支持

6.6.3 可持续风险管控与再开发关键技术综合应用

（1）“成本-效益”评估技术应用

基于前述课题 3 研究成果，在污染场地风险管控政策费用效益评估技术体系建立的基础上，以黄山市新光不锈钢材料制品有限公司为案例，对其进行污染场地风险管控措施的费用效益评估研究。评估框架如图 6-18 所示。

结果显示，该化工厂风险管控共需投入 1 380.72 万元，如果考虑了社会经济、人类健康、生态效益等价值，产生 2 153.99 万元的效益（健康效益+土地价值+地下水水质改善+生态价值），产生的效益大于投入成本 773.27 万元，投资带动的经济影响是成本的 1.26 倍（图 6-19）。场地未来规划性质为商业服务业设施用地，商业建设过程中新增的投资可以带动就业的增加，带动相关产业的发展，未来建成之后，政府可新增税收，开发商可获得租金，也将会增加周边居民的幸福感。此外，本地块涉及上游月潭水库，本地块的风险管控将对月潭水库的建设起到积极作用，月潭水库的建设对构筑区域防洪保安体系、保障城市用水安全、保护和改善生态环境、提升黄山市的城市品位、促进国际性旅游城市建设等都具有极其重要的战略意义。如果不考虑生态、健康等效益，土地价值提升避免的污名损失为 1 710 万元，高于投入的成本 329 万元，产生的经济收益大于投入成本。

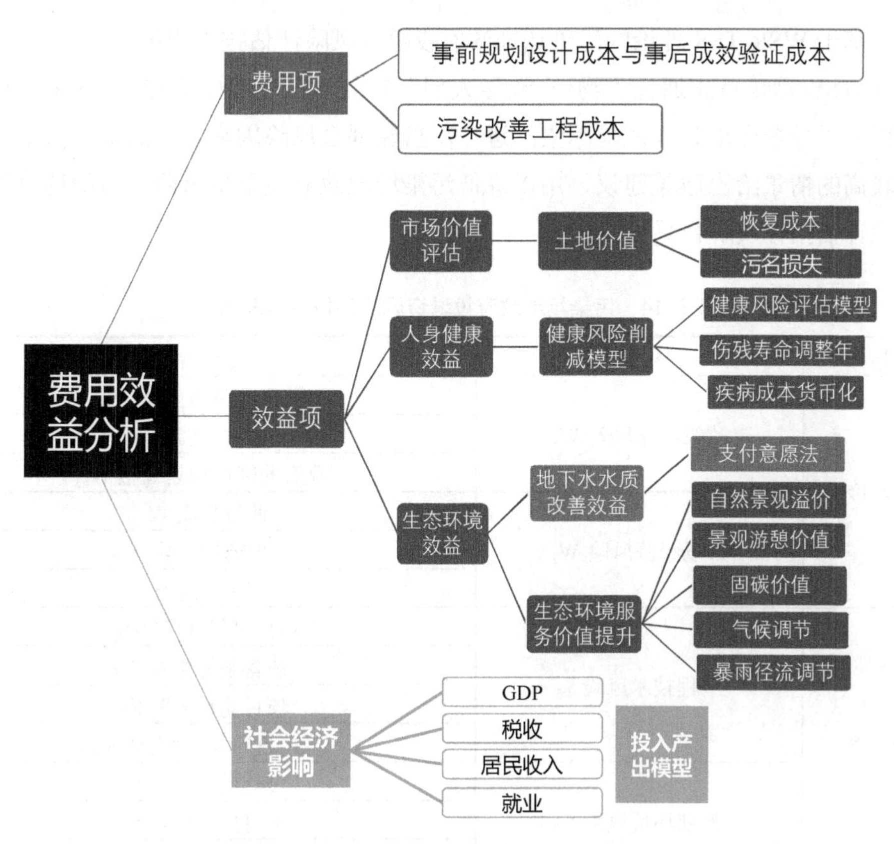

图 6-18 黄山市新光不锈钢厂场地风险管控的费用效益评估框架

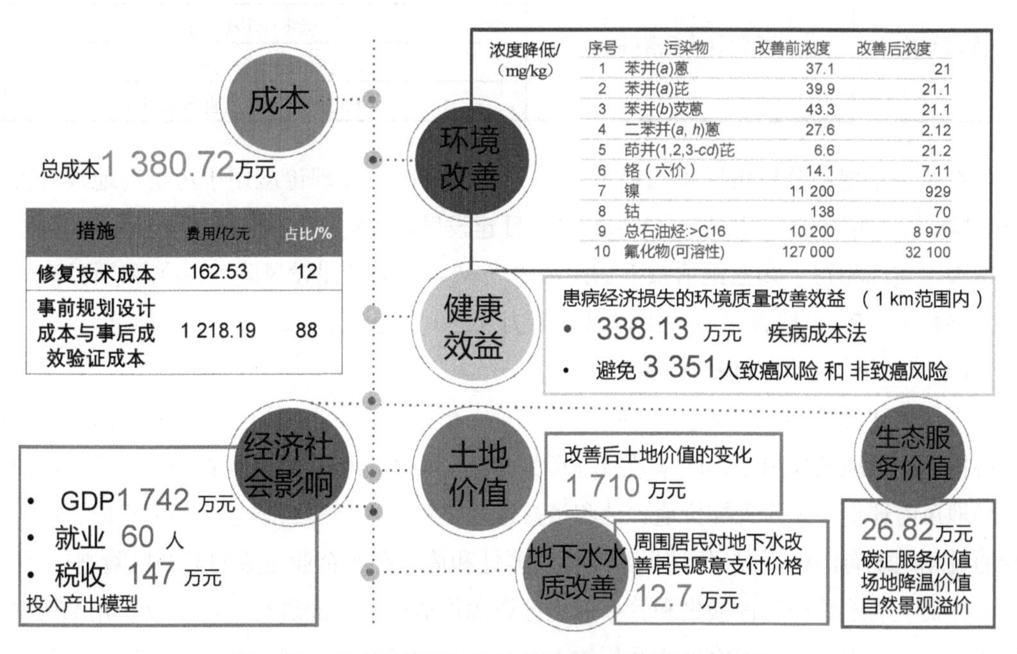

图 6-19 新光不锈钢厂风险管控的费用效益评估结果

（2）基于 WSR-TSS 理论的污染场地政府投融资风险评估技术应用

WSR-TSS 理论首先通过“物理-事理-人理”3 个维度对政府投融资的污染场地状况进行分析，尽量全面地识别风险因素；进一步搭建耦合风险因素发生的多维情景，针对风险性较高的情景给出政策建议，用以降低污染场地政府投融资风险。污染场地政府投融资风险评估指标及解释见表 6-14。

表 6-14 污染场地政府投融资风险评估指标及解释

一级指标	二级指标	三级指标
物理维度	政策法律风险 W_1	国家政策的更新 W_{11}
		法律法规的合理完善程度 W_{12}
		政府的区域规划调整 W_{13}
	市场经济风险 W_2	通货膨胀 W_{21}
		利率调控风险 W_{22}
		信用风险 W_{23}
事理维度	工程技术风险 S_3	项目可行性研究 S_{31}
		装备条件影响 S_{32}
		项目建设风险 S_{33}
		修复技术不确定性 S_{34}
	外部环境风险 S_4	公众反对风险 S_{41}
		不可抗力风险 S_{42}
		社会环境不稳定 S_{43}
人理维度	经营管理风险 R_5	运营能力风险 R_{51}
		运营控制风险 R_{52}
		承包商违约赔偿能力 R_{53}
		项目监督机制完善程度 R_{54}

对黄山市案例分析可以得出以下结论：①将 WSR-TSS 理论应用于污染场地政府投融资风险，二维情景下信用风险（W_{23}）和项目建设风险（S_{33}）的耦合风险值最高，风险分析结果与实际相符。②三维情景下信用风险（W_{23}）、项目建设风险（S_{33}）和项目监督机制完善程度（R_{54}）耦合风险最高，风险值为 0.339，风险分析结果与实际相符。

（3）可持续风险区划技术应用

在课题 4 的基础上，基于可持续科学理论，衔接已有生态环境空间区划，融合可持续发展指标、场地风险因素、成本效益分析等构建污染场地可持续风险管控区划模型，由污染场地风险评价、风险管控价值评估和可持续风险管控区划等级划分 3 部分组成。风险评价通过场地现有污染情况、周边风险受体脆弱性和周边在产企业造成的潜在风险进行计算。价值评估从场地管控过程损失和管控后土地资源价值两个方面进行分析。以新光不锈钢厂地块为示范应用区域，评价地块及周边 1 km 范围内的污染风险和管控效益（图 6-20）。

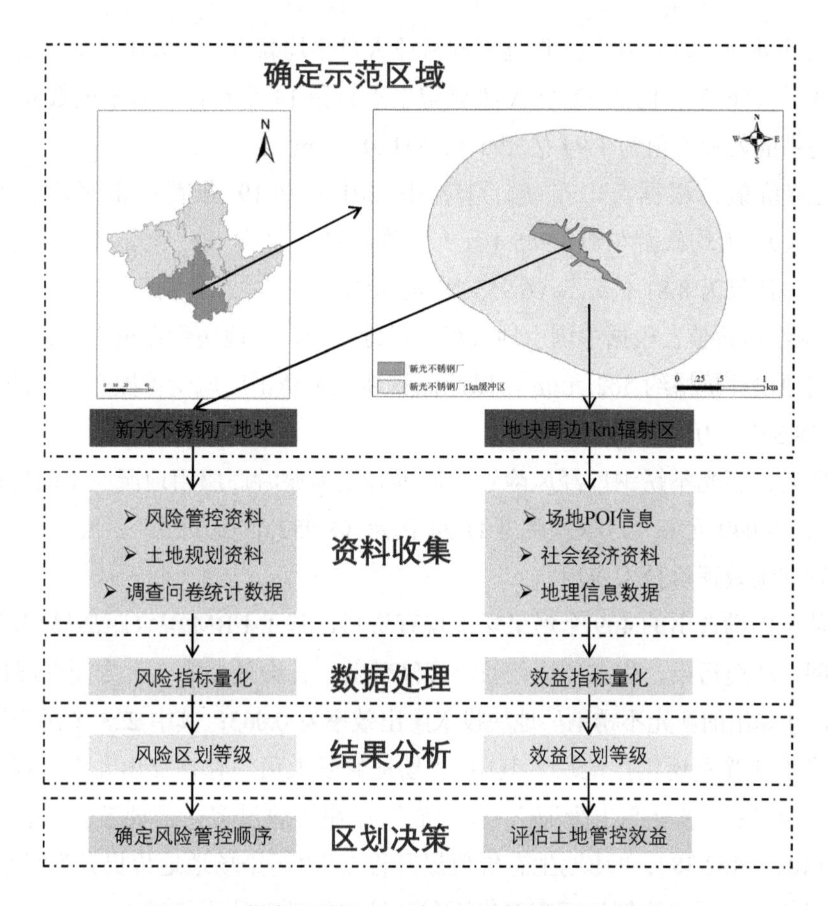

图 6-20 新光不锈钢厂可持续风险管控区划工作流程

从风险受体脆弱性、交叉污染风险和污染风险现状 3 个方面开展场地风险评估，新光不锈钢厂地块风险识别结果判定为风险可控。地块 0～1 km 的人口密度为 127 人/km^2，根据安徽省生态功能区划文件，该地块处于皖南山地丘陵生态区、新安江上游深林生态亚区、休祁南部中低山水源涵养与土壤保持生态功能区，该区的主要生态系统服务功能为水源涵养和森林生态，地块 1 km 范围内不存在其他敏感目标，风险受体种类少、分布范围小；根据场地风险评估报告，该场地土壤中风险污染物数量为 10 种，虽然污染物种类多，但风险链受作用目标限制，污染风险可控。

从经济损失、经济价值、社会价值和生态价值 4 个方面开展场地效益评估。结合黄山市旅游城市属性，假设新光不锈钢厂地块将作为商业服务业设施用地进行开发，计算其就业价值、旅游价值和土地经济价值。

1）就业价值：根据黄山市生态环境局提供的场地信息，以及月潭湖旅游总体规划，该地块的开发对于安置旅游就业有较大的潜力。根据黄山市统计年鉴中 2015—2019 年黄山市 5 年内平均接待旅游者人次推算带动创造的平均就业人数（23.88 万人），及 2015—

2019 年黄山市水利、环境和公共设施管理从业人员平均薪资（53 601 元/a），结合黄山市旅游景点数量（66 个，包括 52 个 A 级旅游景点数和 14 个红色旅游基地数），估算该地块开发后提供的就业价值为 1.94 亿元/a（1 531.58 元/m^2）。

2）旅游价值：根据黄山市统计年鉴中 2015—2019 年黄山市平均旅游总人数（5 903.8 万人）、人均旅游花费（985.4 元）和旅游景点数量（66 个），计算该地块被开发后的旅游价值估算为 8.81 亿元/a（6 955.26 元/m^2）。

3）土地经济价值：根据中国土地市场网供地结果，该地块所在黄山市休宁县溪口镇近期商服用地出让价格约 562 元/m^2，以此测算新光不锈钢厂风险管控开发后的土地经济价值为 7 118.367 8 万元。

综上所述，新光不锈钢厂经风险管控后再开发为旅游商服用地所产生的价值总量为 11.462 亿元（9 049 元/m^2），净效益为 11.34 亿元（8 952.63 元/m^2）。

（4）管理绩效评价技术应用

依托从全国筛选出的 409 个污染场地现有资料，基于 EBM 混合距离模型，从资金、人力、时间、环境污染、生态环境效益、经济效益、社会效益等 7 个方面开展投入-产出效率评估，计算出的新光不锈钢厂地块投入产出效率为 0.063；其中 228 个污染场地投入-产出效率高于新光不锈钢厂地块。其中，“场地修复人员”存在支出冗余，需要改进的松弛量为–2.433；“修复产生废液”“碳排放”存在排放过多，需要改进的松弛量分别为–1 503.140、–462.384；“场地生态价值提升程度”“污染场地地价提升”“提供公共管理与公共服务设施面积比例”存在产出不足，新光不锈钢厂污染场地环境管理绩效评价指标见表 6-15。

表 6-15 新光不锈钢厂污染场地环境管理绩效评价指标

一级指标	二级指标	三级指标	实际值	松弛量	数据来源
投入	资金	场地修复与风险管控资金投入	1 155	0.000	相关修复报告
	人力	场地修复人员	24	–2.433	相关修复报告-劳动定员
	时间	修复与风险管控时间	3.9	0	相关修复报告-工期与进度安排
产出	环境污染	修复产生固体废物	2.808	0	相关修复报告
		修复产生废液	1 765.32	–1 503.140	相关修复报告
		碳排放	604.672	–462.384	相关修复报告
	生态环境效益	固体废物处理量	10 397	0	相关修复报告
		废液处理量	2 750	0	相关修复报告
		场地生态价值提升程度	0.2	0.001	现场调查
	经济效益	污染场地地价提升	849.3	40 832.080	全国征地区片综合地价信息公开：http://gsgk.mnr.gov.cn/tdsc/qpdj
	社会效益	提高公共管理与公共服务设施面积比例	0	0.992	《月潭湖旅游区总体规划（2017—2030）》

通过分析新光不锈钢厂投入-产出效率，识别投入-产出效率低下的主要原因为“场地修复人员”存在支出冗余、“修复产生废液”排放过多、“碳排放”排放过多、“场地生态价值提升程度”产出不足、“污染场地地价提升”产出不足、“提高公共管理与公共服务设施面积比例”产出不足。建议后期污染土壤修复过程中，进一步优化修复方案，减少场地修复人员、修复废液排放量、碳排放量；合理规划污染地块用途，提高场地生态价值提升程度、污染场地地价、公共管理与公共服务设施面积比例等。

7 主要结论

研究围绕“识别关键问题-创新先进方法-突出研究增量-发挥应用效果”这条主线，经过 3 年左右的研究，在污染场地管理绩效评价技术方法、可持续风险管控评估与决策模式、经济政策体系与调控机制、可持续风险管控与再利用区划规划技术及实践应用技术等方面取得了重要进展，研发了污染场地管理绩效与风险管控基础数据库、可持续风险管控评价与决策系统、风险管控区划与规划决策支持平台等工具，提出了我国污染场地多层级可持续风险管控与再利用规划实践路径并在北京城市副中心、黄山市、天津市开展示范应用研究，对我国污染场地治理体系与治理能力现代化提供了重要支撑。

7.1 主要创新点

一是实现了面向污染场地治理现代化的行政-技术-经济协同发力的绩效评估技术组合创新。探索多尺度、多目标、多要素、多介质污染场地管理绩效的耦合机制，建立了基于 DPISIR（驱动力-压力-投入-状态-影响-响应）的污染场地绩效评估指标体系与模型方法，实现污染场地管理的理念创新；为污染场地管理综合评估提供技术支撑，实现技术创新；针对不同层级，如国家-省级-地市（区、县）层面上的绩效作用机理，构建可扩展的模型库或算法库，支撑可持续污染场地管理绩效评估，实现管理集成创新。

二是实现了基于全过程可持续污染场地风险管控预测和模式决策创新。结合污染场地风险管控大数据库，运用深度学习算法自动模拟不同情景、大时空尺度下的场地风险变化趋势及管控的风险效益平衡点，实现我国污染场地风险管控中长期发展规律的预测。以多元层次可持续发展理念的交叉融合为核心思想，系统构建我国区域尺度上涵盖风险管控全过程和可持续发展全方位的“3+4+5+N”污染场地可持续风险管控指标体系，深入揭示了污染场地环境风险管理不同阶段、不同可持续发展维度和不同可持续行为之间的交互作用机理，实现可持续发展目标导向下多层次、多维度、全过程的区域尺度风险管控决策模式创新。研发了融入可持续性多维目标的可持续风险管控综合评估与决策系统，开展定量评估和效益最优决策方案比选。

三是实现了场地风险识别-损害量化-管控成本-服务价值定量化核算与经济政策机制

创新。以“理论分析-框架建立-规范化模式”为逻辑链条，构建污染场地风险管控经济政策体系与规范化模式；提出污染场地风险管控经济政策评估的综合模型和效益定量化评估技术方法，提出了基于环境净效益最大和生态环境恢复导向的污染场地风险管控经济政策多目标调控技术；针对污染场地治理修复中的资金投融资“瓶颈”问题，研究建立了一套较完整的投资决策和风险管理评价体系。

四是实现了可持续风险管理理论的场地区划与规划技术创新。紧扣“十四五”绿色发展和美丽中国建设目标，构建了面向区域可持续发展和治理体系现代化的多维度多尺度污染场地风险区划技术方法，构建了以景观价值提升为核心驱动模式的可持续风险管控专项规划体系，建立了区域场地可持续风险管控区划-规划交互决策创新驱动机制与交互决策支撑工具，从地块-园区-城市-国家多尺度探索区划与规划的核心要素和实施路径，选取京津冀等重点区域、工业聚集开发区和典型污染场地开展案例分析与示范应用，实现新时期污染场地可持续风险管控区划与规划理论和实践创新。

五是实现了污染场地可持续风险管控与再利用实践模式创新。对比研究全球范围内污染场地可持续风险管控的实践指南或实践路线图，建立适用于我国污染场地可持续风险管控与再利用实践框架和路线，形成了以“零碳城市”“可持续发展”为目标的污染场地风险管控多元技术与经济政策方案。在安徽省黄山市、北京城市副中心系统开展可持续风险管控与景观再生示范应用项目、生态修复与保护类示范应用项目、近零排放类示范项目的应用研究，创新嵌入景观生态价值量化的地块修复与再利用综合效益评估方法应用。

7.2 关键技术突破

一是解决了我国污染场地绩效评价机制不完善问题，首次系统全面提出了绩效评价指标、评价方法和评价机制。二是解决了我国污染场地中长期风险管控不到位问题，创新性提出了中长期风险管控预测模型、可持续风险管控指标体系和风险管控决策模式。三是解决了我国污染场地经济政策体系不健全问题，建立了经济政策体系、政策定量化评估模型和有效的投融资模式。四是解决了我国污染场地风险区划和专项规划技术不足问题，研究并首次提出了可持续的风险区划与规划技术工具。五是解决了我国污染场地可持续风险管控与再利用实践模式薄弱问题，提出了场地可持续风险管控多元技术路径与政策方案。

7.3 管理决策效果

研究始终坚持“以决策管理”为导向，一是为污染场地风险管理决策提供了多套科学决策支持工具，包括污染场地环境管理绩效评价技术指南、污染场地风险管控环境经济政策规范化模式技术指南、污染场地风险防控投融资规范化模式指南、污染场地风险管控区划技术指南、污染场地风险管控专项规划技术指南、污染场地可持续风险管控与再利用实践指南、不同类型的污染场地风险管控多元技术与政策方案等成果，这些成果通过了专家论证，并提交给了生态环境部土壤生态环境司，得到高度评价与认可。二是全力为国家污染场地风险管控与决策管理工作提供支撑。参与全国人大《中华人民共和国土壤污染防治法》的评估，提交评估报告，得到全国人大领导的肯定；参与生态环境部土壤生态环境司《关于促进土壤污染绿色低碳修复的指导意见》专题研究，为意见出台提供支持；支持生态环境部土壤生态环境司，开展《"十四五"土壤、地下水和农业农村生态环境保护规划》中期评估；研究提交的《气候变化对土壤污染修复成效和技术适应性的影响分析以及对策建议》《农药类污染地块修复管控存在的问题及其完善对策分析》《构建土壤修复碳排放清单技术及其碳核算体系》等多份决策专报、调研报告得到生态环境部领导的肯定与批示。

7.4 示范应用效果

研究成果核心技术的突破，引领了我国区域-园区-污染场地尺度风险管控和修复的绿色可持续发展，推动了我国土壤污染治理体系与治理能力现代化进程。研究成果在北京、天津、河北、安徽、湖南等省（市）污染场地修复和风险管控若干案例中推广应用，精准识别可持续风险管控短板，为我国落实污染场地最佳管理实践提供了一批可复制、可借鉴、可推广的经验，推动了我国土壤污染防治工作的过程规范化、管控长效化、效益最大化，有效提升了区域土壤环境管理水平。特别是以安徽省黄山市、北京城市副中心开展可持续风险管控与景观再生示范应用、生态修复与保护类示范应用和近零排放类示范应用研究，将绩效管理方法、风险管控决策模式、场地综合效益评估方法、区划与规划技术等进行验证，强化方法的科学性和可行性，为高效持续开展污染场地风险管控提供了决策支持工具，为降低区域土壤污染修复能耗物耗水平、优化修复方案、提升修复效能等提供评价方法和依据，为将土壤污染风险管控纳入可持续高质量发展总体布局提供了思路和路径，应用成果也得到了安徽省黄山市、北京市通州区等地方政府和企业的高度认可。

参考文献

[1] Halkos G，Tzeremes N，et al. A conditional directional distance function approach for measuring regional environmental efficiency：Evidence from UK regions[J]. European Journal of Operational Research，2013，227（1）：182-189.

[2] 王金南，曹东，曹颖. 环境绩效评估：考量地方环保实绩[J]. 环境保护，2009（16）：23-24.

[3] Organization for Economic Cooperation and Development（OECD）. OECD core set of indicators for environmental performance reviews：A synthesis report by the group on the state of the environment[R]. Paris：OECD，1993.

[4] International Organization for Standardization（ISO）. ISO 14031：Environmental performance evaluation-guidelines[S]. Switzerland：ISO，2013.

[5] Segnestam L. Environmental performance indicators[R]. Washington D C：The World Bank Environment Department，1999.

[6] Segnestam L. Indicators of environment and sustainable development[R]. Washington D C：The World Bank Environment Department，2002.

[7] Yale Center for Environmental Law & Policy，Columbia University. 2020 Environmental Performance Index[R]. New Haven，2020.

[8] United Nations Department of Economic and Social Affairs. Indicators of sustainable development：guidelines and methodologies[R]. Copenhagen：UN，2007.

[9] 王夏晖，高彦鑫，李松，等. 基于 DPSIR 概念模型的土壤环境成效评估方法研究[J]. 环境保护科学，2016（42）：19-23.

[10] 董战峰，郝春旭，王婷，等. 中国省级区域环境绩效评价方法研究[J]. 环境污染与防治，2016，38（2）：86-90.

[11] Pollard S J，Brookes A，Earl N，et al. Integrating decision tools for the sustainable management of land contamination[J]. Sci Total Environ，2004，325：15-28.

[12] Wang Z，Feng C. Sources of production inefficiency and productivity growth in China：A global data envelopment analysis[J]. Energy Economics，2015，49：380-389.

[13] Vaninsky A. Prospective national and regional environmental performance：Boundary estimations using

a combined data envelopment e stochastic frontier analysis approach[J]. Energy，2010，35：3657-3665.

[14] 谷庆宝，颜增光，周友亚，等. 美国超级基金制度及其污染场地环境管理[J]. 环境保护研究，2007（20）：84-88.

[15] The Dominion of Canada. Federal contaminated sites and solid waste landfills inventory policy[R]. Ottawa：Treasury Board of Canada Secretariat，2000.

[16] The Kingdom of Netherlands. Soil Protection Act（SPA）[R]. Amsterdam：the Netherlands Ministry of Housing Spatial Planning and the Environment，1987.

[17] 陈梦舫，骆永明，宋静等. 中、英、美污染场地风险评估导则异同与启示[J]. 环境监测管理与技术，2011，23（3）：14-18.

[18] Song B，Zeng G，Gong J，et al. Evaluation methods for assessing effectiveness of in situ remediation of soil and sediment contaminated with organic pollutants and heavy metals[J]. Environment International，2017，105：43-55.

[19] Wang J，Hu Q，Wang X，et al. Protecting China's soil by law[J]. Science，2016，354（6312）：562-562.

[20] Hu B，Xue J，Zhou Y，et al. Modelling bioaccumulation of heavy metals in soil-crop ecosystems and identifying its controlling factors using machine learning [J]. Environmental Pollution，2020，262：114308.

[21] Song M，Fisher R，Wang J，et al. Environmental performance evaluation with big data：theories and methods[J]. Annals of Operations Research，2016，270：459-472.

[22] SuRF-US. Sustainable Remediation White Paper—Itegrating Sustainable Principles，Practices，and Metrics into Remediation Projects[R]. Remediation，2011：5-114.

[23] SuRF-UK.A Framework for Assessing the Sustainability of Soil and Groundwater Remediation[R]. 2010（Mar.）.

[24] USEPA（U.S. Environmental Protection Agency）. Best Management Practices（BMPs）for Soils Treatment Technologies[R]. 1997，Available at：https：//www.epa.gov/sites/default/files/2016-01/documents/bmpfin.pdf.

[25] Rosén L，Back P E，Söderqvis T，et al. SCORE：A novel multi-criteria decision analysis approach to assessing the sustainability of contaminated land remediation[J]. Sci. Total Environ. 2015，511：621-638.

[26] Villanueva V，Carreño M，Gil-Nagel A，et al. Identifying key unmet needs and value drivers in the treatment of focal-onset seizures（FOS）in patients with drug-resistant epilepsy（DRE）in Spain through Multi-Criteria Decision Analysis（MCDA）[J]. Epilepsy & Behav，2021，122，108222.

[27] Chen C，Zhang X M，Chen J A，et al. Assessment of site contaminated soil remediation based on an input output life cycle assessment[J]. J. Clean. Prod，2020，263，121422.

[28] 孟豪，梅丹兵，邓璟菲，等. 北京市污染场地土壤修复工程实证分析[J]. 中国环境科学，2023，43（2）：764-771.

[29] 刘文晓，夏天翔，张丽娜，等. 基于修复效果的污染土壤修复工程环境足迹分析[J]. 环境科学研究，2022，35（10）：2367-2377.

[30] 中国环境保护产业协会. 污染地块绿色可持续修复通则：TCAEPI 26—2020[S]. 2020.

[31] 刘文晓，夏天翔，张丽娜，等. 基于修复效果的污染土壤修复工程足迹分析[J]. 环境科学研究，2022，35（10）：2367-2377.

[32] Consult S R. Environmental/economic evaluation and optimising of contaminated sites remediation-method to involve environmental assessment[J]. EU LIFE Project，2000（96）：223-230.

[33] 潘文. 场地重金属污染损害评估与环境修复技术筛选矩阵研究[D]. 北京：中国地质大学（北京），2021.

[34] USEPA. National oil and hazardous substance pollution contingency plan. Proposed Rule，53 Federal Register 51394，Washington D C.[EB/OL][2023-5-10]. http：//www.epa.gov，1988.

[35] Hou D，Al-Tabbaa A，O'Connor D，et al. Sustainable remediation and redevelopment of brownfield sites[J].Nature Reviews Earth & Environment，2023.

[36] Remediation Technologies for Cleaning Up Contaminated Sites [EB/OL]. [2023-5-10]. https：//www.epa.gov.

[37] Viscusi J. How costly is"clean"? An analysis of the benefits and costs of superfund site remediations[J]. Journal of Policy Analysis & Management，1999，18（1）：2-27.

[38] 胡涛，朱力. 美国环境风险管理体系建设概况与启示[J]. 中国环境观察，2016（Z1）：112-119.

[39] 焦文涛，方引青，李绍华，等. 美国污染地块风险管控的发展历程、演变特征及启示[J]. 环境工程学报，2021，15（5）：1821-1830.

[40] O'Connor D，Hou D Y. Targeting cleanups towards a more sustainable future[J]. Environmental Science：Processes & Impacts，2018，20（2）：266-269.

[41] 陈潇. 利益集团与美国农业资源环境保护政策演变研究（1933—1996）[D]. 沈阳：辽宁大学，2020.

[42] 温丹丹，解洲胜，鹿腾. 国外工业污染场地土壤修复治理与再利用——以德国鲁尔区为例[J]. 中国国土资源经济，2018（5）：52-58.

[43] 高阳，刘路路，王子彤，等. 德国土壤污染防治体系研究及其经验借鉴[J]. 环境保护，2019，47（13）：27-31.

[44] 董斌，凌晨. 土壤污染防治基金制度建构：域外经验与本土实践[J]. 大连海事大学学报（社会科学版），2019，18（6）：55-61.

[45] 李述贤. 污染场地治理修复经济政策研究[J]. 科技创新导报，2017，14（3）：71-73.

[46] Annemarie P van Wezel，Ron O G Franken，Eric Drissen，et al. Societal cost-benefit analysis for soil remediation in the Netherlands[J]. Integr Environ Assess Manag，2008，4（1）：61-74.

[47] Tore Söderqvist，Petra Brinkhoff，Tommy Norberg，et al. Cost-benefit analysis as a part of sustainability assessment of remediation alternatives for contaminated land[J]. Journal of Environmental Management，

2015，157：267-278.

[48] Marjolein Spaans，Jan Jacob Trip，Ries van der Wouden. Evaluating the impact of national government involvement in local redevelopment projects in the Netherlands[J]. Cities，2013，31：29-36.

[49] 魏旭. 荷兰土壤污染修复标准制度述评[J]. 环境保护，2018，46（18）：73-77.

[50] 胡一. 英国棕地治理开发案例分析与启示[J]. 西部大开发（土地开发工程研究），2019，4（4）：27-32，37.

[51] 单菁菁，王斐. 城市棕地治理开发的国际经验及借鉴[J]. 北京工业大学学报（社会科学版），2019，19（6）：56-62.

[52] 李旭，聂小琴，舒天楚，等. 中美管理政策差异对污染场地安全利用的启示[J]. 环境污染与防治，2021，43（4）：510-515.

[53] 占松林. 生态环保项目 EOD 运作模式研究[J]. 中国工程咨询，2021（2）：70-74.

[54] 范利军，戴亚素，赵沁娜. 城市棕地治理 PIPP 融资模式研究[J]. 环境科学与技术，2015，38（7）：171-175.

[55] 李述贤. 污染场地治理修复经济政策研究[J]. 科技创新导报，2017，14（3）：71-73.

[56] 高彦鑫，王夏晖，李志涛，等. 我国土壤修复产业资金框架的构建与研究[J]. 环境科学与技术，2014，37（S2）：597-601.

[57] 王红旗，许洁，吴枭雄，等. 我国土壤修复产业的资金瓶颈及对策分析[J]. 中国环境管理，2017，9（4）：23-28.

[58] 马中，徐湘博，赵航，等. 论“土十条”污染耕地修复资金需求及实现机制[J]. 环境保护，2017，45（16）：43-46.

[59] 蓝虹，马越，沈成琳. 论构建我国政府性土壤修复信托基金[J]. 上海金融，2014（12）：94-97.

[60] 董战峰，璩爱玉，王夏晖，等. 设立国家土壤污染防治基金研究[J]. 环境保护，2018，46（13）：53-57.

[61] 周志方，周宁馨，刘金豪. 土壤重金属污染修复基金组织机制研究——基于“央地”分权视角[J]. 当代经济，2020（8）：52-57.

[62] 周志方，史琦，潘美旭，等. 土壤污染修复基金预算管理体系构建——基于收支平衡视角[J]. 财会通讯，2021（6）：163-167.

[63] 王云. 土壤修复融资机制研究[J]. 绿叶，2018（4）：48-58.

[64] 张红振，董璟琦，高胜达，等. 中国土壤修复产业健康发展建议[J]. 环境保护，2017，45（11）：58-61.

[65] 孙院贞. 社会资本参与土壤修复行业的创新投融资模式探究[J]. 商讯，2020（21）：144-145.

[66] 王妍. 我国有色金属工业土壤重金属污染防治的现状与对策[J]. 有色金属（冶炼部分），2021（3）：1-9.

[67] 国家环保总局. 关于切实做好企业搬迁过程中环境污染防治工作的通知[EB/OL].（2004-06-01）[2021-07-06]. http：//www.mee.gov.cn/gkml/zj/bgt/200910/t20091022_173879.htm，2004-06-01/2021-07-06.

[68] 环境保护部. 关于加强土壤污染防治工作的意见[EB/OL].（2008-06-06）[2021-07-06]. http：//www.

mee.gov.cn/gkml/hbb/bwj/200910/t20091022_174598.htm，2008-06-06/2021-07-06.

[69] 环境保护部，工业和信息化部，国土资源部，等. 关于保障工业企业场地再开发利用环境安全的通知[EB/OL].（2016-06-10）[2021-07-06]. http：//www.qingdao.gov.cn/n172/n31282353/n31282355/180411160513735361.html，2016-06-10/2021-07-06.

[70] 财政部，生态环境部，农业农村部，等. 关于印发《土壤污染防治基金管理办法》的通知[EB/OL].（2021-01-17）[2021-07-06]. http：//www.gov.cn/zhengce/zhengceku/2020-02/27/content_5483796.htm，2020-01-17/2021-07-06.

[71] 陈卫平，谢天，李笑诺，等. 欧美发达国家场地土壤污染防治技术体系概述[J]. 土壤学报，2018，55（3）：527-542.

[72] 日本. 公害对策基本法[Z]. 1967.

[73] 黄沈发，杨洁，吴健，等. 城市再开发场地污染风险管控研究及实践[J]. 环境保护，2018，46（1）：5.

[74] 郑晓笛. 基于"棕色土方"概念的棕地再生风景园林学途径[D]. 北京：清华大学，2014.

[75] Walker L，Owen R. Regeneration：vision，courage and patience[M].//KIRKWOOD N.Manufactured sites：rethinking the post-industrial landscape.Spon Press：2001，82-101.

[76] Bardos R P，Bone B D，Boyle R，et al. The rationale for simple approaches for sustainability assessment and management in contaminated land practice [J]. Science of The Total Environment，2016：563-564（755-768）.

[77] Coulon F，Bardos P，Harries N，et al. Land contamination and brownfield management policy development in China：learning from the UK experience [J]. 2016.

[78] 鲍青琴. 中国省际区域的资源环境绩效综合评价及其影响因素研究[D]. 杭州：浙江工商大学，2018.

[79] 曹东，宋存义，曹颖，等. 国外开展环境绩效评估的情况及对我国的启示[J]. 价值工程，2008（10）：7-12.

[80] 陈涛，王长通. 大气环境绩效审计评价指标体系构建研究——基于 PSR 模型[J]. 会计之友，2019（15）：128-134.

[81] 董璟琦，张红振，雷秋霜，等. 污染场地修复生命周期评估程序与模型的研究进展[J]. 环境污染与防治，2016，38（12）：89-95.

[82] 董昕. 基于 PSR 模型的水环境绩效审计评价体系构建及应用[J]. 财会通讯，2018（13）：73-77.

[83] 郭四代，仝梦，张华. 我国环境治理投资效率及其影响因素分析[J]. 统计与决策，2018，34（8）：113-117.

[84] 郝春旭，赵艺柯，董战峰，等. "十二五"环境绩效与经济发展耦合性分析[J]. 生态经济，2019，35（3）：181-186，205.

[85] 华坚，任俊，徐敏，等. 基于三阶段 DEA 的中国区域二氧化碳排放绩效评价研究[J]. 资源科学，2013，35（7）：1447-1454.

[86] Demattê J A M，Dotto A C，Bedin L G，et al. Soil analytical quality control by traditional and spectroscopy techniques：Constructing the future of a hybrid laboratory for low environmental impact[J]. Geoderma，2019.

[87] Peteru S，Duchelle A E，Stickler C M，et al. Participatory use of a tool to assess governance for sustainable landscapes；proceedings of the frontiers in forests and global change，F，2021[C].

[88] Sebestyén V，Bulla M，Redey A L，et al. Network model-based analysis of the goals，targets and indicators of sustainable development for strategic environmental assessment[J]. Journal of environmental management，2019，238：126-135.

[89] 吴姬，林积泉，唐闻雄. 海南省省控土壤环境监测基础点位布设思路与方法[J]. 中国环境监测，2023，39（1）：29-37.

[90] Wei J，Zheng X，Liu J. Modeling analysis of heavy metal evaluation in complex geological soil based on nemerow index method[J]. Metals，2023.

[91] He J，Yang Y，Christakos G，et al. Assessment of soil heavy metal pollution using stochastic site indicators[J]. Geoderma，2019.

[92] Bampa F，O'Sullivan L，Madena K，et al. Harvesting european knowledge on soil functions and land management using multi - criteria decision analysis[J]. Soil Use and Management，2019，35：20-26.

[93] Bennett N，Satterfield T. Environmental governance：A practical framework to guide design，evaluation，and analysis[J]. Conservation Letters，2018，11.

[94] Bakker K，Ritts M. Smart Earth：A meta-review and implications for environmental governance[J]. Global Environmental Change，2018.

[95] 王盟，李萍，念腾飞，等. 沥青烟中 16 种 PAHs 组成及毒性当量变化规律研究[J]. 安全与环境学报，2023，23（1）：296-303.

[96] 初玉婷，李晓岚，廉海荣，等. 基于特征代表性的土壤环境质量监测点布局优化方法[J]. 农业环境科学学报，2023，42（11）：2430-2439.

[97] 王超，李辉林，胡清，等. 我国土壤环境的风险评估技术分析与展望[J]. 生态毒理学报，2021，16（1）：28-42.

[98] Juerges N，HANSJÜRGENS B. Soil governance in the transition towards a sustainable bioeconomy – A review[J]. Journal of Cleaner Production，2018，170：1628-1639.

[99] Demattê J A M，Dotto A C，Bedin L G，et al. Soil analytical quality control by traditional and spectroscopy techniques：Constructing the future of a hybrid laboratory for low environmental impact[J]. Geoderma，2019.

[100] Peteru S，Duchelle A E，Stickler C M，et al. Participatory use of a tool to assess governance for sustainable landscapes；proceedings of the frontiers in forests and global change，F，2021[C].

[101] Sebestyén V，Bulla M，Redey A L，et al. Network model-based analysis of the goals，targets and indicators of sustainable development for strategic environmental assessment[J]. Journal of

Environmental Management，2019，238：126-135.

[102] Ştefănut S，Manole A，Ion M C，et al. Developing a novel warning-informative system as a tool for environmental decision-making based on biomonitoring[J]. Ecological Indicators，2018，89：480-487.

[103] 徐冠球，何荣，石海明，等. 天津渤海湾近岸海域表层沉积物重金属环境质量评价及来源分析[J]. 海洋环境科学，2023，42（3）：459-465，92.

[104] 张明博，于梓涵，高照琴，等. “两高”产业园区规划环境影响评价指标体系构建研究[J]. 环境工程技术学报，2022，12（6）：1788-1795.

[105] Hu X，Belle J H，Meng X，et al. Estimating $PM_{2.5}$ concentrations in the conterminous United States using the random forest approach[J]. Environmental science & technology，2017，51（12）：6936-6944.

[106] Deluca N M，Mullikin A，Brumm P，et al. Using geospatial data and random forest to predict PFAS contamination in fish tissue in the Columbia river basin，United States[J]. Environmental Science & Technology，2023，57（37）：14024-14035.

[107] Fajardo C，Costa G，Nande M P，et al. Pb，Cd，and Zn soil contamination：Monitoring functional and structural impacts on the microbiome[J]. Applied Soil Ecology，2019，135：56-64.

[108] Zhang J，Liu Z，Tian B，et al. Assessment of soil heavy metal pollution in provinces of China based on different soil types：From normalization to soil quality criteria and ecological risk assessment[J]. Journal of hazardous materials，2022，441：129891.

[109] Doyi I，Essumang D K，Gbeddy G，et al. Spatial distribution，accumulation and human health risk assessment of heavy metals in soil and groundwater of the Tano Basin，Ghana[J]. Ecotoxicology and environmental safety，2018，165：540-546.

[110] Xu Z Q，Ni S J，Tuo X G，et al. Calculation of heavy metal's toxicity coefficient in the evaluation of potential ecological risk index[J]. Environmental Science & Technology，2008，31（2）：112-115.

[111] Tóth G，Hermann T，Szatmári G，et al. Maps of heavy metals in the soils of the European Union and proposed priority areas for detailed assessment[J]. Science of the Total Environment，2016，565：1054-1062.

[112] Luo H，Wang Q，Guan Q，et al. Heavy metal pollution levels，source apportionment and risk assessment in dust storms in key cities in Northwest China[J]. Journal of Hazardous Materials，2021，422：126878.

[113] Maas S，Scheifler R，Benslama M，et al. Spatial distribution of heavy metal concentrations in urban，suburban and agricultural soils in a Mediterranean city of Algeria[J]. Environmental Pollution，2010，158（6）：2294-2301.

[114] Yang D，Deng W，Tan A，et al. Protonation stabilized high As/F mobility red mud for Pb/As polluted soil remediation[J]. Journal of Hazardous Materials，2020，404 Pt B：124143.

[115] Li S，Yang B，Wang M，et al. Environmental quality standards for agricultural land in China：What should be improved on derivation methodology？[J]. Journal of Environmental Management，2022，324：116334.

[116] Nathanail C P，Bakker L M，Bardos P，et al. Towards an international standard：The ISO/DIS 18504 standard on sustainable remediation[J]. Remediation Journal，2017，28（1）：9-15.

[117] 中华人民共和国生态环境部. 关于发布《土壤环境质量　农用地土壤污染风险管控标准（试行）》等两项国家环境质量标准的公告[Z]. 2018.

[118] Li Z. PBCLM：A top-down causal modeling framework for soil standards and global sustainable agriculture[J]. Environmental Pollution，2020，263 Pt A：114404.

[119] 张健琳，瞿明凯，陈剑. 中国西南地区金属矿开采对矿区土壤重金属影响的 Meta 分析[J]. 环境科学，2021，42：4414-4421.

[120] Hu B，Shao S，Ni H，et al. Current status，spatial features，health risks，and potential driving factors of soil heavy metal pollution in China at province level[J]. Environmental Pollution，2020，266：1-21.

[121] Ren S，Song C，Ye S，et al. The spatiotemporal variation in heavy metals in China's farmland soil over the past 20 years：A meta-analysis[J]. Science of the Total Environment，2022，806：150322.

[122] 梁宗正，胡碧峰，谢模典. 长江经济带土壤重金属污染分布特征及影响因素[J]. 经济地理，2023：43，148-159，171.

[123] Hu Y，Cheng H. Application of Stochastic Models in Identification and Apportionment of Heavy Metal Pollution Sources in the Surface Soils of a Large-Scale Region[J]. Environmental Science & Technology，2013，47：3752-3760.

[124] 张红振，陆军，董璟琦，等，我国土壤修复产业预测分析和发展战略[M]. 北京：中国环境出版集团，2020.

[125] 董战峰，璩爱玉，郝春旭，等. 中国土壤修复与治理的投融资政策最新进展与展望[J]. 中国环境管理，2016，8（5）：44-49.

[126] 郝春旭，彭忱，徐秀丽，等. 污染场地风险管控环境经济政策作用路径与体系构建[J]. 环境保护，2023，51（7）：28-33.

[127] 常春英，李朝晖，吴文成，等. 中国省级土壤污染防治基金设立思考与探索[J]. 中国环境管理，2022，14（6）：135-142.

[128] 张立，尤瑜. 中国环境经济政策的演进过程与治理逻辑[J]. 华东经济管理，2019，33（7）：34-43.

[129] 董斌，凌晨. 土壤污染防治基金制度建构：域外经验与本土实践[J]. 大连海事大学学报（社会科学版），2019，18（6）：55-61.

[130] 郝春旭，唐星涵，董战峰，等. 我国土壤污染防治经济政策体系构建研究[J]. 环境保护，2023，51（3）：40-44.

[131] 杜芸，张岩岩，张家峰，等. 污染场地治理修复中的利益主体问题研究[J]. 中国资源综合利用，2023，41（8）：123-129.

[132] 刘桂环，文一惠，谢婧，等. 完善国家主体功能区框架下生态保护补偿政策的思考[J]. 环境保护，

2015，43（23）：39-42.

[133] 薛剑青. 构建国家公园生态补偿机制研究[D]. 福州：福建师范大学，2020.

[134] 赵燕. 西藏极高海拔生态搬迁安置区融入新型城镇化的路径[J]. 西藏民族大学学报（哲学社会科学版），2023，44（5）：130-136.

[135] 周志方，史琦，潘美旭，等. 土壤污染修复基金预算管理体系构建——基于收支平衡视角[J]. 财会通讯，2021（6）：163-167.

[136] 刘桂春，毛佳婷. 环境税对京津冀废气排放企业节能减排的影响[J]. 环境保护与循环经济，2021，41（1）：5-9.

[137] 刘瑛玮. 庄河市环境污染第三方治理问题与对策研究[D]. 大连：大连海事大学，2020.

[138] 王琳，李云鹏. 数字资本的运行规律与中国特色作用机制分析[J]. 教学与研究，2024（2）：45-57.

[139] 董战峰，昌敦虎，郝春旭，等. 全面推进美丽中国建设的环境经济政策创新研究[J]. 生态经济，2023，39（12）：13-18.

[140] 王动. 环境规制与企业技术进步的实证与规范研究[D]. 郑州：河南大学，2011.

[141] 郝春旭，彭忱，徐秀丽，等. 污染场地风险管控环境经济政策作用路径与体系构建[J]. 环境保护，2023，51（7）：28-33.

[142] 薛英岚，张鸿宇，郝春旭，等. 污染场地风险管控环境经济政策体系：国外经验与本土实践[J]. 中国环境管理，2021，13（5）：135-142.

[143] 颜彭莉. 资金：建立融资机制，探索商业模式[J]. 环境经济，2016（Z8）：19.

[144] 任勇，周国梅，李丽平，等. 环境政策的经济分析与指南：以电力行业为案例[M]. 中国环境科学出版社，2011.

[145] 赵丹，於方，王膑. 环境损害评估中修复方案的费用效益分析[J]. 环境保护科学，2016，42（6）：16-22.

[146] 何茜. 绿色金融的起源、发展和全球实践[J]. 西南大学学报（社会科学版），2021，47（1）：83-94.

[147] 王兆苏，宋玲玲，武娟妮，等. 土壤污染防治专项资金使用管理的现状、问题与对策[J]. 环境保护，2021，49（13）：39-45.

[148] 张姝，李义松. 土壤污染防治基金制度及其完善[J]. 江苏警官学院学报，2021，36（4）：30-35.

[149] 顾涛. PPP 项目投融资风险与防范[J]. 时代商家，2021（21）：4-5，8.

[150] 陈婉. "PPP+EOD" 创新城市可持续发展新模式[J]. 环境经济，2021（15）：26-29.

[151] 王盈盈，王守清. 生态导向的政府和社会资本合作（PPP+EOD）模式之探讨[J]. 环境保护，2022，50（14）：44-48.

[152] 梁红雨. 流域综合治理探索专项债券+市场化融资[J]. 中国投资（中英文），2021（Z1）：78-79.

[153] 刘乙敏，李义纯，肖荣波. 西方国家工业污染场地管理经验及其对中国的借鉴[J]. 生态环境学报，2013，22（8）：1438-1443.

[154] 臧文超，丁文娟，张俊丽，等. 发达国家和地区污染场地法律制度体系及启示[J]. 环境保护科学，

2016，42（4）：1-5.

[155] 孙群郎，郑殿娟. 从环境治理到经济再开发——20 世纪 90 年代美国城市棕地治理政策的转向[J]. 吉林大学社会科学学报，2023，63（1）：195-207，240.

[156] 李旭，聂小琴，舒天楚，等. 中美管理政策差异对污染场地安全利用的启示[J]. 环境污染与防治，2021，43（4）：510-515.

[157] 李云祯，董荐，刘姝媛，等. 基于风险管控思路的土壤污染防治研究与展望[J]. 生态环境学报，2017，26（6）：1075-1084.

[158] 陈梦舫，骆永明，宋静，等. 中、英、美污染场地风险评估导则异同与启示[J]. 环境监测管理与技术，2011，23（3）：14-18.

[159] 陈卫平，谢天，李笑诺，等. 欧美发达国家场地土壤污染防治技术体系概述[J]. 土壤学报，2018，55（3）：527-542.

[160] 张红振，骆永明，夏家淇，等. 基于风险的土壤环境质量标准国际比较与启示[J]. 环境科学，2011，32（3）：795-802.

[161] 马妍，史鹏飞，彭政，等. 国外污染场地制度控制及对我国场地风险管控的启示[J]. 环境工程学报，2022，16（12）：4095-4107.

[162] Catney P，Henneberry J，Meadowcroft J，et al. Dealing with contaminated land in the UK through "development managerialism"[J]. Journal of Environmental Policy & Planning，2006，8（4）：331-356.

[163] Dixon T. Sustainable brownfield regeneration：liveable places from problem spaces[M]. Oxford：Blackwell Science Publish，2007.

[164] Department for Levelling Up，Housing and Communities. National Planning Policy Framework[G/OL].（2023-09-05）[2023-12-08]. https：//www.gov.uk/government/publications/national-planning-policy-framework--2.

[165] UK. The Town and Country Planning（Brownfield Land Register）Regulations 2017[EB/OL]. [2023-12-08]. https：//www.legislation.gov.uk/uksi/2017/403/contents/made.

[166] UK Department for Levelling Up，Housing and Communities and Ministry of Housing，Communities & Local Government. Brownfield land registers[S/OL].（2017-07-28）[2023-12-08]. https：//www.gov.uk/guidance/ brownfield-land-registers.

[167] UK. Part 2A of the Environmental Protection Act 1990[EB/OL]. 1990.https：//assets.publishing.service.gov.uk/media/5a757dfa40f0b6360e47489d/pb13735cont-land-guidance.pdf.

[168] UK Enmental Agency. Dealing with contaminated land in England progress from April 2000 to December 2013[EB/OL]. https：//assets.publishing.service.gov.uk/government/uploads/system/uploads/attachment_data/file/513158/State_of_contaminated_land_report.pdf.

[169] 臧文超，丁文娟，张俊丽，等. 发达国家和地区污染场地法律制度体系及启示[J]. 环境保护科学，

2016，42（4）：1-5.

[170] YMPÄRISTÖMINISTERIÖ. Pilaantuneen maa-alueen riskinarviointi ja kestävä riskinhallinta[M]. 2014.

[171] SuRF-UK. A Framework for Assessing the Sustainability of Soil and Groundwater Remediation[EB/OL]. [2023-10-20].

[172] UK EA. Dealing with contaminated land in England progress from April 2000 to December 2013[EB/OL]. https：//assets.publishing.service.gov.uk/government/uploads/system/uploads/attachment_data/file/513158/State_of_contaminated_land_report.pdf.

[173] 《北京城市副中心控制性详细规划（街区层面）》（2016—2035 年）[Z]. 2018.

[174] 东方化工厂 DF-01/DF-02 地块土壤和地下水污染风险评估报告[Z]. 2018.

[175] 《黄山市新光不锈钢材料制品有限公司场地环境调查评估报告》，编制时间为 2018 年 8 月，调查单位为南京大学环境规划设计研究院股份公司.